我国南方大豆种质资源筛选与评价

◎ 年 海 马启彬 主编

中国农业科学技术出版社

图书在版编目（CIP）数据

我国南方大豆种质资源筛选与评价 / 年海，马启彬主编 .—北京：中国农业科学技术出版社，2021. 1

ISBN 978-7-5116-5172-3

Ⅰ. ①我… Ⅱ. ①年…②马… Ⅲ. ①大豆-种质资源-研究-中国 Ⅳ. ①S565. 102. 4

中国版本图书馆 CIP 数据核字（2021）第 023467 号

责任编辑 贺可香
责任校对 贾海霞
责任印制 姜义伟 王思文

出 版 者 中国农业科学技术出版社
北京市中关村南大街 12 号 邮编：100081
电　　话 (010)82106638(编辑室) (010)82109702(发行部)
(010)82109709(读者服务部)
传　　真 (010)82106650
网　　址 http://www.castp.cn
经 销 者 各地新华书店
印 刷 者 北京建宏印刷有限公司
开　　本 185 mm×260 mm 1/16
印　　张 17. 75
字　　数 420 千字
版　　次 2021 年 1 月第 1 版 2021 年 1 月第 1 次印刷
定　　价 120. 00 元

本书得到华南农业大学重大科研成果培育项目（项目编号 4100－219288）、国家大豆产业技术体系建设专项“热带亚热带大豆品种改良”（项目编号 CARS-04-PS09）、国家自然科学基金项目“大豆白粉病抗性基因的定位及其抗病分子机理研究”（项目编号 31971966）、国家重点研发计划“耐逆大豆新品种培育及栽培配套技术的研究及示范”“生物技术与常规育种相结合的育种技术体系优化及应用研究”（项目编号 2017YFD0101505、2017FYD0101506-4）、农业农村部转基因新品种培育重大专项“抗旱抗逆转基因大豆新品种培育”（项目编号 2016ZX08004002-007）、广东省重点领域研发计划项目“热带亚热带高产优质大豆新品种选育”（项目编号 2020B020220008）等资助。

《我国南方大豆种质资源筛选与评价》

编 委 会

学术顾问： 盖钧镒

主　　编： 年　海　马启彬

副 主 编： 程艳波　连腾祥

编写人员： 宋恩亮　江炳志　程春明　孙炳蕊
任海龙　赵青松　蔡占东　侯鹰翔
李　杨

前 言

南方大豆产区是我国大豆主要产区之一，栽培历史悠久，品种资源丰富，是我国大豆品种资源的重要组成部分。本地区大豆育种单位在20世纪50年代就开展品种资源研究工作，通过深入农村调查收集了一大批地方品种，此后又不断引进国内外大豆种质资源，结合品种整理进行性状观测与评价。尤其是从巴西、非洲引进的品种作为育种亲本与我国南方大豆品种进行杂交，培育出一大批适合华南大豆产区和西南大豆产区春播和夏播的优良品种，对提高本地区大豆产量、蛋白质含量、耐酸铝低磷胁迫等发挥了重要作用。

目前，我国大豆育种正处在一个重要阶段，国内大豆总产量远远满足不了市场需求，沿海大豆加工企业与大豆主产区存在着严重的供求矛盾。南方大豆加工业非常发达，需对各类专用的优质食用大豆和高蛋白大豆需求量大。由于受高温高湿、酸铝低磷胁迫、土地资源和比较效益低等因素的限制，南方大豆在生产上无法大面积种植，大豆总量供应不足。为了适应大豆育种攻关的需要，华南农业大学国家大豆改良中心广东分中心、广西壮族自治区农业科学院经济作物研究所、浙江省农业科学院作物与核技术利用研究所、福建省农业科学院作物科学研究所、中国农业科学院油料作物研究所、四川农业大学等十几个单位集中力量、发挥各自优势进行协作。在各单位原有工作的基础上，统一方案，分工合作，全面系统地开展南方大豆种质资源鉴定评价工作。本项研究共鉴定了广东、广西、湖南、福建、江西、海南等省区和国外部分大豆品种近1 700份、野生大豆近300份，主要鉴定性状包括生育期、农艺性状、耐酸铝、耐低磷、耐镉、耐铜、疫霉根腐病抗性、白粉病抗性等，并同时开展了南方栽培大豆和野生大豆遗传多样性分析。本项研究立题准确，资料完整，数据可靠，科学性强，具有国内先进水平，是我国作物品种资源研究方面的一项重大科研成果。现将大豆种质资源筛选和评价结果、大豆遗传多样性评价结果汇编成册，供大豆育种家、大豆科技工作者、食品加工与营养科技工作者参考应用。

大豆种质资源在筛选与鉴定研究、遗传多样性分析的工作过程中得到有关单位的大力协助，谨此谢意。由于时间仓促，书中不足之处在所难免，敬请读者提出宝贵意见。

编 者

2020年6月2日

目　录

第一章　南方夏秋大豆资源耐铝性评价 ……………………………………（1）
第一节　引　言 ……………………………………………………………（1）
第二节　南方夏秋大豆资源耐铝性评价 ……………………………………（2）
参考文献 …………………………………………………………………（13）
第二章　南方夏秋大豆资源重要农艺性状差异评价 ………………………（16）
第一节　引　言 ……………………………………………………………（16）
第二节　南方夏秋大豆农艺性状的多样性 …………………………………（17）
第三节　不同试验地点农艺性状数据方差分析 ……………………………（19）
第四节　农艺性状间的相关性分析 …………………………………………（19）
第五节　主成分分析 ………………………………………………………（20）
第六节　小　结 ……………………………………………………………（21）
参考文献 …………………………………………………………………（21）
第三章　南方夏秋大豆群体的遗传多样性分析 ……………………………（22）
第一节　引　言 ……………………………………………………………（22）
第二节　南方晚熟夏秋大豆群体遗传多样性及聚类分析 ……………………（23）
第三节　晚熟夏秋大豆群体结构情况 ………………………………………（32）
第四节　LD 结构分析 ………………………………………………………（34）
第五节　南方晚熟夏秋大豆与野生大豆多样性差异 …………………………（36）
第六节　小　结 ……………………………………………………………（40）
参考文献 …………………………………………………………………（41）
第四章　华南野生大豆磷效率性状鉴定与评价 ……………………………（44）
第一节　引　言 ……………………………………………………………（44）
第二节　不同磷效率性状变化分析 …………………………………………（45）
第三节　不同基因型磷效率能力分析 ………………………………………（49）
第四节　各性状遗传相关性分析 ……………………………………………（54）
第五节　小　结 ……………………………………………………………（55）
参考文献 …………………………………………………………………（57）
第五章　华南夏大豆资源的耐镉性评价及 SSR 关联分析 …………………（60）
第一节　引　言 ……………………………………………………………（60）
第二节　华南夏大豆耐镉性评价 ……………………………………………（61）

第三节　大豆耐镉性状与 SSR 标记的关联分析 …………………………… (63)
第四节　不同大豆品种对镉胁迫的响应 …………………………… (77)
参考文献 …………………………… (85)
第六章　南方夏秋大豆耐铜性评价及与 SSR 标记的关联分析 …………… (86)
第一节　引　言 …………………………… (86)
第二节　南方夏秋大豆耐铜性评价 …………………………… (87)
第三节　大豆耐铜品种与敏感品种的耐性验证 …………………………… (88)
第四节　铜胁迫下夏秋大豆主根相对伸长率与 SSR 标记的关联分析 ……… (93)
参考文献 …………………………… (97)
第七章　湖南及华南部分地区栽培大豆与野生大豆遗传多样性分析 ……… (99)
第一节　引　言 …………………………… (99)
第二节　基于表型性状的遗传多样性分析 …………………………… (102)
第三节　基于 SSR 标记的遗传多样性分析 …………………………… (108)
第四节　基于 SRAP 标记的遗传多样性分析 …………………………… (131)
第五节　三种标记相关性分析 …………………………… (144)
第六节　小　结 …………………………… (147)
参考文献 …………………………… (148)
第八章　湖南新田野生大豆遗传多样性分析 …………………………… (151)
第一节　引　言 …………………………… (151)
第二节　41 个 SSR 位点多样性分析 …………………………… (152)
第三节　大冠岭附近野生大豆居群遗传多样性分析 …………………………… (153)
第四节　大冠岭附近野生大豆群体的遗传分化及各居群间的基因流 ………… (154)
第五节　大冠岭附近野生大豆居群遗传距离和聚类分析 …………………… (155)
第六节　居群遗传距离和地理距离相关分析 …………………………… (158)
第七节　空间自相关分析 …………………………… (158)
第八节　海拔和居群遗传多样性的关系 …………………………… (158)
参考文献 …………………………… (159)
第九章　大豆疫霉根腐病抗病性资源筛选 …………………………… (161)
第一节　引　言 …………………………… (161)
第二节　栽培大豆的抗病性鉴定结果 …………………………… (162)
第三节　野生大豆的抗病性鉴定结果 …………………………… (162)
第四节　华南地区大豆种质资源的抗病性评价 …………………………… (163)
参考文献 …………………………… (164)
第十章　华南大豆抗疫霉根腐病资源筛选 …………………………… (167)
第一节　引　言 …………………………… (167)
第二节　华南地区推广应用的大豆品种及骨干亲本对 7 个疫霉菌菌株的
反应 …………………………… (168)
第三节　华南地区大豆资源抗大豆疫霉菌株 PGD1 筛选 …………………… (174)

第四节　华南地区多抗大豆疫霉根腐病资源筛选 …………………… (175)
第五节　华南大豆品种抗疫霉根腐病基因推导 …………………… (181)
第六节　小　结 …………………… (184)
参考文献 …………………… (185)
第十一章　大豆白粉病菌鉴定及其抗性遗传研究 …………………… (187)
第一节　引　言 …………………… (187)
第二节　大豆白粉病菌的鉴定 …………………… (187)
第三节　南方大豆种质资源白粉病抗性评价 …………………… (191)
第四节　抗性栽培大豆资源的分布 …………………… (191)
第五节　大豆抗性遗传分析 …………………… (192)
第六节　大豆抗病位点的定位 …………………… (193)
参考文献 …………………… (197)
附录 …………………… (199)
广州大豆白粉病菌（GZ01）ITS DNA 序列 …………………… (269)

第一章　南方夏秋大豆资源耐铝性评价

第一节　引　言

铝是地壳中含量最丰富的金属元素，其平均含量占地壳总重量的7%左右。在自然界中，铝多以难溶的硅酸盐和氧化铝的形式存在。通常情况下，这两种形式的铝化合物对植物和环境没有毒害作用（Matsumoto，2000；姜应和等，2004），当环境pH值小于5.0的条件下，铝以八面体六水合物 $[Al(H_2O)_6]^{3+}$ 的形式存在，通常称为 Al^{3+}，当pH值升高时，去质子化形成 $(AlOH)^{2+}$ 和 $[Al(OH)_2]^+$ 的单体形态，这些形态的铝对植物都有很大的毒害作用，又称活性铝（Delhaize et al.，1995；Bi et al.，2001）。因此，土壤中的铝形态及对植物的毒害作用均受土壤pH值影响。全世界约有39.5亿 hm^2 酸性土壤，占世界可耕地土壤的40%，主要分布在热带、亚热带及温带地区，尤其是发展中国家（Kochian et al.，2004）。我国酸性土壤遍及南方14个省区，约占全国土地总面积的22.7%（万洪富等，2009）。在酸性土壤中，铝毒是植物生长和作物产量的主要限制因素（Ma et al.，2003）。

铝毒最明显的症状就是根伸长受到的抑制，最先受到毒害的是根尖，受到铝伤害的根尖膨大，根尖表皮细胞坏死脱落，根系变得粗短，呈褐色（Miyasaka et al.，1991），影响矿质元素和水分的吸收，导致植株矮小，叶片小、黄化、卷曲，茎、叶和叶脉变紫，与缺磷、缺钙、缺铁的症状类似（Ojima，1989）。Ryan等（1993）发现仅仅玉米根尖2~3mm的部分（包括分生组织和根冠）暴露于铝溶液中就足以抑制根的生长；而将铝选择性地供给根伸长区或除根尖以外其余部分，根的生长不受影响。植物受铝毒害后，95%的铝积累在根部，运输到地上部分的极少。相对于成熟组织而言，根尖积累更多的铝，也受到更大的伤害。进入根系的铝大部分结合在细胞壁（Ma，2007），改变了根尖细胞壁的组分，如纤维素、半纤维素增加，使细胞壁变厚、硬化，降低了细胞壁的伸展性（Tabuchi et al.，2001），还可以与质膜的磷脂或膜蛋白紧密结合，改变膜脂的组分、流动性和质膜表面的电荷状况，降低质膜对电解质和非电解质值的渗透、钙离子通道活性和质膜 H^+-ATPase活性（何龙飞等，1999），能够嵌入酶的金属结合位点，扰乱细胞正常代谢和信号传导（Rengel et al.，1992）。植物为了抵抗铝毒害，根系会积累并分泌柠檬酸、草酸、苹果酸等有机酸，这些有机酸作为铝离子的配位基，它们与铝离子形成无毒害的螯合物（Jin et al.，2006）。其中，大豆对铝毒的抗性与根尖柠檬酸的分泌，与质膜 H^+-ATPase的基因上调表达有关，使用质膜 H^+-ATPase的有效抑制剂矾酸盐可以明显降低大豆质膜 H^+-ATPase 的活性和根尖柠檬酸的分泌量（Kim et al.，2010）。

遗传基础狭窄是目前制约我国大豆产量和品质的关键因素，急需在现有种质资源中挖掘优异资源应用到大豆育种中，拓宽大豆育种遗传基础，改善我国大豆生产的现状。目前全国性主要病虫害有大豆花叶病毒病、大豆孢囊线虫病和细菌性斑点病，东北地区有灰斑病和大豆食心虫，南方为害较重的有锈病、根腐病和食叶性害虫。此外，西部干旱瘠薄，东北盐碱危害较重，南方地区铝毒严重。这些问题的解决除加强田间管理、防治病虫害和增强抗逆性外，培育高产、优质、适应性广、高抗病虫害的大豆优良品种是最经济有效的措施（杨春明等，2003）。截至 2002 年，我国已陆续对 140 223份次大豆种质资源品质、抗逆性、抗病性和抗虫性等 17 个性状进行了鉴定，从中筛选出一批具有优异特性的材料（邱丽娟等，2002）。作为我国大豆生产重要产地的华南地区，要想提高其生产能力，必须克服酸性土壤中铝毒的影响。因此，在南方大豆材料中筛选耐铝毒材料并用于育种过程对大豆生产具有重要的意义。

大豆的耐铝性是多基因数量性状，目前利用分离群体进行 QTL 定位找到了部分与耐铝性相关的 QTLs，但是数量不多。运用关联分析的方法对大豆耐铝性进行的研究少见报道，目前已经成功在玉米、水稻、小麦、大豆等作物中进行，并在产量、品质、抗逆性等方面取得重要进展；在耐铝性研究方面，该方法在应用研究玉米、小麦、水稻等作物中成功挖掘到耐铝相关的基因或标记。因此本研究采用主根相对伸长率作为指标对南方夏秋大豆资源进行耐铝评价，为下一步耐铝遗传研究奠定基础。

第二节　南方夏秋大豆资源耐铝性评价

由 296 份夏秋大豆材料构成的群体，铝胁迫下的主根相对伸长率为 17.41%～117.93%，平均值为 54.0%，变异系数为 0.351，其中 RRE 大于 0.5 的材料占 55.1%。95.0%夏秋大豆的主根伸长率为 20%～90%。主根相对伸长率小于 20%的材料仅有 2 份，分别是两份四川材料曾家绿黄豆、汉源红花迟豆子。大于 90%的材料有 12 份，包括湖南材料 7 份、广西壮族自治区（以下简称广西）材料 3 份、四川材料 2 份。

对不同来源的材料进行耐铝性比较发现，湖南材料对铝的耐性最好，根相对伸长率和耐性材料比例都是最高；海南材料在各省份材料比较中最差，根相对伸长率和耐性材料比例都是最小（表 1-1），从变异范围来看也是湖南材料最大，广西和四川材料中铝敏感材料较多（图 1-1）。大豆材料耐铝性评价结果详见表 1-2。

表 1-1　不同来源材料耐铝性比较

材料来源	平均相对伸长率	相对伸长率范围	抗性材料比例（RRE>0.5）（%）
全部材料	0.54±0.01	0.17～1.18	55.29
福建	0.54±0.04	0.25～0.87	50.00
广东	0.49±0.05	0.26～0.88	50.00

（续表）

材料来源	平均相对伸长率	相对伸长率范围	抗性材料比例（RRE>0.5）（%）
广西	0.51±0.03	0.21～1.10	47.50
海南	0.46±0.05	0.23～0.73	41.67
湖南	0.58±0.02	0.25～1.18	65.85
江西	0.51±0.03	0.26～0.80	48.28
四川	0.51±0.02	0.17～1.00	50.00

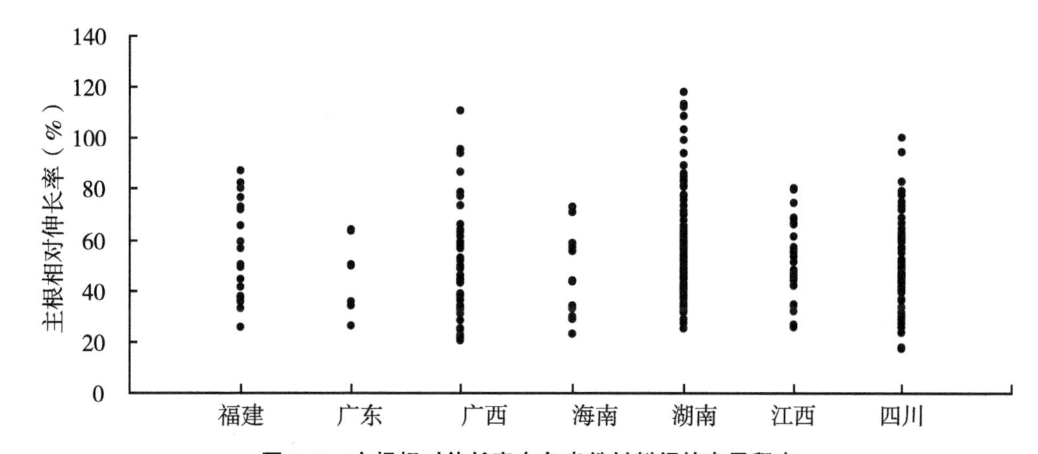

图 1-1　主根相对伸长率在各省份材料间的变异程度

表 1-2　296 份南方夏秋大豆资源耐铝性评价

编号	名称	来源	对照根伸长量（cm）	铝胁迫下根的伸长量（cm）	根相对伸长率（%）
ZDD21543	小黄豆	福建安溪	2.51	0.94	37.52
ZDD21528	白花黄皮	福建大田	1.75	1.53	87.11
ZDD21562	古黄豆-4	福建古田	1.04	0.52	50.42
ZDD06439	将乐乌豆	福建将乐	1.56	0.93	59.46
ZDD21704	竹舟青皮豆-1	福建将乐	3.08	0.78	25.49
ZDD21538	黄皮田埂豆-1	福建连城	2.45	1.38	56.61
ZDD21757	蚁蚣包-2	福建连城	2.49	0.82	32.83
ZDD06418	宁化红花青	福建宁化	1.56	0.58	37.00
ZDD21598	小黄豆-2	福建宁化	2.05	1.35	65.77
ZDD21535	黄豆-2	福建清流	1.09	0.78	71.94
ZDD21540	蚁蚣包	福建清流	1.98	0.71	35.69

（续表）

编号	名称	来源	对照根伸长量（cm）	铝胁迫下根的伸长量（cm）	根相对伸长率（%）
ZDD21692	下冬豆	福建清流	2.65	1.93	72.78
ZDD06438	沙县乌豆	福建沙县	1.82	0.68	37.13
ZDD21604	黄皮田埂豆-1	福建顺昌	1.46	1.21	82.53
ZDD21578	珍珠豆-2	福建泰宁	1.59	1.28	80.25
ZDD21742	大青豆-2	福建泰宁	1.90	0.78	41.36
ZDD06444	漳平青仁乌	福建漳平	2.38	0.98	41.29
ZDD06426	长汀高脚红花青	福建长汀	2.73	1.22	44.74
ZDD21732	菜皮豆	福建长汀	2.18	1.67	76.61
ZDD06410	诏安秋大豆	福建诏安	3.63	1.79	49.26
ZDD16866	化州大黄豆	广东化州	1.59	0.80	49.86
ZDD22233	桥头黄豆	广东怀集	2.30	1.46	63.40
ZDD22237	夏至青豆	广东怀集	1.49	0.39	26.21
ZDD22234	大粒青皮豆-1	广东蕉岭	1.98	1.27	64.14
ZDD22244	懒人豆-5	广东乐昌	2.86	1.02	35.62
ZDD16872	春黑豆	广东廉江	3.27	1.11	33.98
ZDD16869	蚁公苞	广东南雄	2.40	0.82	34.24
ZDD22242	四九黑豆-2	广东台山	2.84	1.42	50.15
ZDD22318	黎塘八月黄	广西宾阳	2.61	1.53	58.49
ZDD17044	凤山八月豆	广西凤山	1.61	0.61	37.61
ZDD06814	恭城青皮豆	广西恭城	2.36	0.73	30.82
ZDD17022	77-27	广西桂林	2.35	1.23	52.12
ZDD06773	柏枝豆	广西合浦	2.77	0.63	22.73
ZDD06803	大乌豆	广西合浦	1.69	0.55	32.55
ZDD17149	合浦外地豆	广西合浦	2.62	0.95	36.33
ZDD17204	上树黄豆	广西贺县	2.76	1.60	57.79
ZDD17042	环江八月黄	广西环江	1.63	1.28	78.57
ZDD22309	环江六月黄 1	广西环江	1.88	0.94	50.05
ZDD17227	石芽黄	广西来宾	3.18	0.79	25.01
ZDD17021	灵川黄豆	广西灵川	1.23	0.47	38.67
ZDD06763	柳城十月黄	广西柳城	1.43	0.85	59.35

（续表）

编号	名称	来源	对照根伸长量（cm）	铝胁迫下根的伸长量（cm）	根相对伸长率（%）
ZDD17011	半斤豆	广西龙胜	1.51	0.93	61.33
ZDD17015	白花豆	广西龙胜	2.65	1.29	48.58
ZDD17016	二早豆	广西龙胜	2.46	1.80	73.22
ZDD17125	响水黄豆（黄荚）	广西龙州	3.14	2.08	66.05
ZDD17256	响水黑豆	广西龙州	1.55	0.82	53.10
ZDD17258	科甲黑豆	广西龙州	2.40	1.06	44.39
ZDD17075	隆林隆或黄豆	广西隆林	1.66	0.72	43.17
ZDD17068	十月黄	广西鹿寨	1.46	1.08	73.63
ZDD17106	马山周六本地黄	广西马山	2.32	1.07	46.10
ZDD17233	马山仁蜂黄豆	广西马山	2.32	0.66	28.40
ZDD17028	黄皮八月豆	广西南丹	2.23	0.85	38.32
ZDD17032	十月黄	广西南丹	1.77	1.11	62.93
ZDD17157	绿皮豆	广西南丹	2.19	0.96	43.84
ZDD17143	宁明海渊本地黄	广西宁明	1.21	0.41	34.00
ZDD17153	十月青	广西平乐	2.99	0.64	21.52
ZDD22344	泰圩大青豆 1	广西浦北	2.55	0.96	37.51
ZDD22365	泰圩褐豆 2	广西浦北	1.37	1.52	110.71
ZDD17009	全州小黄豆	广西全州	1.74	0.98	56.50
ZDD17010	石塘茶豆	广西全州	2.09	1.33	63.73
ZDD17189	狗叫黄豆	广西田林	1.91	1.82	95.58
ZDD17112	武鸣白壳黄豆	广西武鸣	1.43	1.34	94.06
ZDD17113	罗圩平果黄豆	广西武鸣	1.68	1.30	77.19
ZDD17226	寺村黑豆	广西象州	2.82	0.93	32.90
ZDD06792	山黄	广西忻城	2.81	0.96	34.28
ZDD17072	忻城棒豆	广西忻城	1.51	1.31	86.40
ZDD17074	小颗黄豆	广西忻城	1.76	0.36	20.58
ZDD22316	忻城七月黄 2	广西忻城	2.11	0.52	24.74
ZDD17203	羊头十月青	广西钟山	1.94	0.64	33.18
ZDD14747	湘西茶黄豆	湖南	2.53	1.05	41.34
ZDD14742	保靖茶黄豆	湖南保靖	2.06	1.31	63.55

（续表）

编号	名称	来源	对照根伸长量（cm）	铝胁迫下根的伸长量（cm）	根相对伸长率（%）
ZDD14689	常德中和青豆	湖南常德	2.49	1.20	48.06
ZDD14722	常德春黑豆	湖南常德	3.11	1.19	38.21
ZDD14678	常宁五爪豆	湖南常宁	2.75	1.74	63.35
ZDD14738	板桥十月黄	湖南常宁	2.01	1.71	85.17
ZDD14652	辰溪大黄豆	湖南辰溪	3.27	1.86	56.80
ZDD22094	辰溪青皮豆 1	湖南辰溪	3.30	1.53	46.21
ZDD22113	辰溪黑豆 1	湖南辰溪	2.08	1.01	48.22
ZDD14657	城步九月豆	湖南城步	1.99	1.19	59.91
ZDD14659	金南黄豆	湖南城步	1.92	1.34	69.81
ZDD14712	城步南山青豆	湖南城步	1.31	0.69	52.88
ZDD14748	城步八月褐豆	湖南城步	2.86	0.71	24.99
ZDD14753	城步九月褐豆	湖南城步	1.63	0.86	52.48
ZDD14602	通选一号	湖南大通湖	2.15	0.86	39.86
ZDD22084	新桥绿皮豆 2	湖南大庸	1.68	0.91	54.13
ZDD22104	新桥黑豆	湖南大庸	1.22	0.71	57.87
ZDD22107	黄家铺黑豆 3	湖南大庸	1.50	0.61	40.74
ZDD14703	凤凰青皮豆<乙>	湖南凤凰	1.99	2.16	108.38
ZDD14705	凤凰迟青皮豆	湖南凤凰	2.34	1.41	60.08
ZDD22092	野竹青皮豆 3	湖南古丈	2.30	1.16	50.22
ZDD22093	野竹青皮豆 4	湖南古丈	2.12	1.63	76.96
ZDD22110	野竹黑豆	湖南古丈	2.28	1.72	75.42
ZDD22127	野竹褐豆	湖南古丈	2.44	1.79	73.36
ZDD22049	汨罗八月黄	湖南汨罗	1.73	1.04	60.50
ZDD22081	汨罗青豆 2	湖南汨罗	2.19	1.85	84.45
ZDD22082	汨罗青豆 3	湖南汨罗	1.55	0.97	62.38
ZDD22102	汨罗黑豆 1	湖南汨罗	2.25	1.24	55.34
ZDD22103	汨罗黑豆 2	湖南汨罗	1.38	0.67	48.43
ZDD22126	汨罗褐豆	湖南汨罗	1.64	1.24	75.52
ZDD14680	茬前黄豆	湖南桂东	1.85	0.69	37.55
ZDD14682	大同黄豆	湖南桂东	1.40	0.84	60.22

（续表）

编号	名称	来源	对照根伸长量（cm）	铝胁迫下根的伸长量（cm）	根相对伸长率（%）
ZDD06527	乌壳黄	湖南衡南	1.71	1.09	63.98
ZDD14765	衡南高脚黄	湖南衡南	1.92	0.56	28.94
ZDD06529	大黄豆	湖南衡山	1.89	0.89	47.09
ZDD14775	衡山秋黑豆	湖南衡山	2.09	1.08	51.41
ZDD14694	花垣八月豆	湖南花垣	2.16	2.23	103.24
ZDD14695	花垣绿皮豆	湖南花垣	2.18	1.03	47.04
ZDD14725	花垣小黑豆	湖南花垣	2.84	1.73	61.02
ZDD14726	花垣黑皮豆	湖南花垣	3.21	2.01	62.67
ZDD14743	花垣褐皮豆	湖南花垣	1.90	0.65	34.07
ZDD14599	华容重阳豆乙	湖南华容	2.84	1.35	47.52
ZDD14736	会同黑豆	湖南会同	2.22	1.02	45.82
ZDD14653	吉首黄豆	湖南吉首	1.94	1.27	65.21
ZDD14654	吉首白皮豆	湖南吉首	2.23	1.52	67.87
ZDD14734	吉首黑皮豆	湖南吉首	1.55	0.76	49.24
ZDD14746	吉首酱皮豆	湖南吉首	1.31	1.48	113.44
ZDD22111	马劲坳黑豆	湖南吉首	2.37	1.49	63.03
ZDD14684	八月大黄豆<甲>	湖南江华	2.39	1.95	81.48
ZDD14685	八月大黄豆<乙>	湖南江华	1.72	0.88	51.17
ZDD14686	十月小黄豆	湖南江华	1.49	0.48	31.89
ZDD14719	十月青豆	湖南江华	2.54	1.26	49.49
ZDD14720	八月青豆	湖南江华	1.71	1.05	61.05
ZDD22079	桥市八月黄	湖南江华	2.01	1.27	63.32
ZDD06531	黄豆2号	湖南江永	1.72	1.39	80.61
ZDD14676	官庄黄豆<甲>	湖南醴陵	2.22	1.08	48.58
ZDD14752	官庄黄豆<乙>	湖南醴陵	1.66	1.43	86.18
ZDD22118	建财乡黑豆	湖南涟源	1.88	0.59	31.28
ZDD14683	零陵茅草豆	湖南零陵	1.64	0.44	27.08
ZDD14671	沙市八月黄	湖南浏阳	2.02	0.74	36.83
ZDD14783	矮生泥豆	湖南浏阳	1.86	0.63	33.52
ZDD14698	内溪青豆<甲>	湖南龙山	2.37	0.83	35.09

（续表）

编号	名称	来源	对照根伸长量（cm）	铝胁迫下根的伸长量（cm）	根相对伸长率（%）
ZDD14699	内溪青豆<乙>	湖南龙山	1.64	1.63	99.15
ZDD14700	内溪双平豆	湖南龙山	2.58	1.37	53.20
ZDD14729	龙山黑皮豆	湖南龙山	2.93	1.44	49.13
ZDD14730	黑耶黑壳豆	湖南龙山	2.66	1.11	41.75
ZDD14745	龙山茶黄豆	湖南龙山	2.32	1.25	53.83
ZDD22073	小沙江黄豆	湖南隆回	2.26	1.74	76.86
ZDD22068	郭公坪黄豆	湖南麻阳	1.34	1.15	85.73
ZDD22100	南县八月黑豆	湖南南县	1.94	1.15	59.38
ZDD06528	黄毛豆	湖南宁远	1.81	0.93	51.19
ZDD14770	禾亭药豆	湖南宁远	2.48	1.46	58.61
ZDD14673	平江大鹏豆<乙>	湖南平江	1.54	0.69	44.95
ZDD14675	平江八月黄<乙>	湖南平江	2.02	1.27	62.59
ZDD14751	平江大鹏豆<甲>	湖南平江	1.89	1.01	53.42
ZDD14648	黔阳黄豆	湖南黔阳	2.20	1.56	71.21
ZDD14732	黔阳黑皮豆	湖南黔阳	1.96	1.22	62.08
ZDD22061	人潮溪黄豆 3	湖南桑植	2.05	1.09	53.21
ZDD22087	人潮溪绿皮豆	湖南桑植	3.11	1.52	48.84
ZDD22123	紫花冬黄豆	湖南桑植	1.86	1.16	62.22
ZDD22124	白花冬黄豆	湖南桑植	2.79	1.60	57.44
ZDD14615	石门大白粒	湖南石门	3.72	1.02	27.48
ZDD14617	石门夏黄豆	湖南石门	1.74	0.99	57.27
ZDD14723	石门黑黄豆	湖南石门	2.15	1.79	83.20
ZDD14724	东山黑豆	湖南石门	2.57	2.00	77.78
ZDD14740	石门茶黄豆	湖南石门	2.10	1.09	51.85
ZDD14662	绥宁八月黄<甲>	湖南绥宁	1.48	0.86	58.62
ZDD14664	绥宁八月黄<丙>	湖南绥宁	1.82	1.19	65.56
ZDD14749	黄双八月黄<丁>	湖南绥宁	1.79	0.81	45.48
ZDD14741	桃江红豆	湖南桃江	2.15	0.87	40.56
ZDD14666	圳上黄豆	湖南新化	2.38	1.35	56.93
ZDD22075	横阳大黄豆 2	湖南新化	2.31	1.36	58.78

（续表）

编号	名称	来源	对照根伸长量（cm）	铝胁迫下根的伸长量（cm）	根相对伸长率（%）
ZDD22097	横阳青皮豆	湖南新化	2.70	1.61	59.65
ZDD14645	新晃黄豆	湖南新晃	1.54	1.81	117.93
ZDD14701	新晃青皮豆	湖南新晃	2.13	1.22	57.14
ZDD14731	新晃黑豆	湖南新晃	1.50	1.34	89.12
ZDD14711	溆浦绿豆	湖南溆浦	1.74	0.95	54.70
ZDD22069	溆浦绿豆选	湖南溆浦	1.72	0.77	44.83
ZDD14690	益阳堤青豆	湖南益阳	2.18	0.99	45.46
ZDD22071	桂花豆	湖南益阳	2.56	1.38	53.90
ZDD22072	麻竹豆	湖南益阳	1.13	1.27	112.44
ZDD14635	永顺二颗早	湖南永顺	2.67	1.19	44.58
ZDD14638	永顺黄大粒	湖南永顺	1.66	1.16	69.94
ZDD14697	永顺青颗豆	湖南永顺	1.75	1.64	93.97
ZDD14727	永顺黑茶豆<甲>	湖南永顺	2.68	1.15	42.80
ZDD14728	永顺黑茶豆<乙>	湖南永顺	1.42	1.21	85.12
ZDD14744	永顺茶黄豆	湖南永顺	1.91	0.81	42.28
ZDD22065	王村黄豆 3	湖南永顺	2.82	0.92	32.66
ZDD22078	石头乡黄豆	湖南永州	2.11	1.11	52.56
ZDD14672	攸县八月黄	湖南攸县	1.86	1.05	56.59
ZDD22132	峦山紫豆	湖南攸县	1.40	0.99	71.05
ZDD14649	沅陵矮子早<甲>	湖南沅陵	1.63	1.15	70.46
ZDD14651	沅陵早黄豆	湖南沅陵	2.78	1.55	55.73
ZDD14707	沅陵青皮豆<甲>	湖南沅陵	1.81	1.01	55.86
ZDD14708	沅陵青皮豆<乙>	湖南沅陵	2.71	1.15	42.32
ZDD14733	官茬黑豆	湖南沅陵	1.87	0.69	37.05
ZDD14688	岳阳八月爆	湖南岳阳	2.22	0.94	42.25
ZDD14739	君山大青豆	湖南岳阳	1.25	0.49	39.16
ZDD22101	黄沙镇黑豆	湖南岳阳	1.30	0.65	50.26
ZDD14714	铜宫十月黄	湖南长沙	2.31	1.16	50.10
ZDD14782	长沙泥豆	湖南长沙	0.74	0.43	57.59

（续表）

编号	名称	来源	对照根伸长量（cm）	铝胁迫下根的伸长量（cm）	根相对伸长率（%）
ZDD14759	湘 328	湖南省作物科学研究所	1.70	1.41	82.66
ZDD14394	猫眼豆	江西崇义	1.97	1.06	53.45
ZDD21855	黄田洋豆	江西德兴	1.43	0.69	48.02
ZDD21856	丰城麻豆	江西丰城	2.04	1.36	66.50
ZDD14472	铁籽豆	江西抚州	1.88	1.03	54.85
ZDD14391	蚂蚁包	江西赣州	1.89	1.28	67.90
ZDD14407	高安八月黄	江西高安	2.32	0.79	33.83
ZDD14304	黄皮田豆	江西贵溪	1.93	1.09	56.69
ZDD06464	横峰蚂蚁窝	江西横峰	2.19	1.04	47.45
ZDD06468	横峰浙江豆	江西横峰	2.48	1.52	61.56
ZDD14438	青皮豆	江西靖安	1.98	0.84	42.10
ZDD14274	二暑早	江西九江	2.37	1.14	48.29
ZDD14320	田豆	江西临川	2.02	1.61	79.55
ZDD14331	八月黄	江西宁都	2.81	1.23	43.82
ZDD14389	红皮大豆	江西萍乡	1.64	0.69	41.74
ZDD14363	田埂豆	江西铅山	2.24	1.01	44.89
ZDD14409	大黄珠	江西铅山	2.20	1.63	74.24
ZDD06461	上饶八月白	江西上饶	1.92	0.99	51.48
ZDD06477	上饶矮子窝	江西上饶	1.67	0.95	57.16
ZDD06483	上饶黑山豆	江西上饶	1.53	1.23	80.07
ZDD14289	六月豆	江西上饶	1.71	0.78	45.93
ZDD14441	上饶青皮豆	江西上饶	2.21	0.57	25.59
ZDD21904	大青豆	江西上饶	3.02	2.01	66.32
ZDD14476	茶豆	江西遂川	1.46	0.81	55.60
ZDD14319	苏茅钻	江西万载	2.33	1.60	68.57
ZDD14335	婺源青皮豆	江西婺源	1.82	0.58	31.73
ZDD14338	箍脑豆	江西婺源	1.47	0.39	26.88
ZDD14401	晚黄豆	江西新建	3.46	1.19	34.47
ZDD14286	晚黄大豆	江西余干	3.24	1.36	41.91

（续表）

编号	名称	来源	对照根伸长量（cm）	铝胁迫下根的伸长量（cm）	根相对伸长率（%）
ZDD14469	晚豆	江西余干	1.71	0.75	43.95
ZDD13481	白毛子	四川宝兴	2.07	1.04	50.49
ZDD12389	乌眼窝	四川北川	2.93	1.36	46.42
ZDD12413	大黑豆	四川北川	2.81	1.41	49.97
ZDD12419	小绛色豆	四川北川	1.69	0.43	25.68
ZDD13321	六月黄	四川苍溪	3.06	1.81	59.07
ZDD12864	崇庆九月黄	四川崇庆	1.21	0.55	45.67
ZDD13336	双花黄角豆	四川大邑	2.30	1.38	60.13
ZDD12395	八月黄	四川垫江	3.32	2.06	61.97
ZDD13218	白大豆	四川垫江	1.41	0.61	43.00
ZDD13815	扁子酱色豆	四川渡口	2.43	0.82	33.68
ZDD13222	六月黄-2	四川丰都	2.81	1.72	61.17
ZDD20736	白毛豆	四川奉节	1.93	1.53	79.30
ZDD13748	酱色豆	四川涪陵	2.36	1.19	50.58
ZDD13821	花大豆	四川富顺	1.88	0.74	39.17
ZDD13329	观阁小冬豆	四川广安	2.31	1.66	72.02
ZDD13330	大豆	四川广安	1.81	0.57	31.47
ZDD12407	曾家绿黄豆	四川广元	2.27	1.17	51.42
ZDD13357	黄豆	四川广元	3.41	0.59	17.41
ZDD12887	汉源红花迟豆子	四川汉源	1.65	0.29	17.83
ZDD12902	汉源前进青皮豆	四川汉源	2.13	1.12	52.56
ZDD12910	汉源巴利小黑豆	四川汉源	1.61	0.63	39.25
ZDD13673	大白毛豆-1	四川汉源	1.50	0.78	51.67
ZDD13274	冬豆	四川简阳	1.88	1.06	56.42
ZDD12844	剑阁八月黄	四川剑阁	1.28	0.83	64.73
ZDD13646	青皮豆	四川九龙	1.81	1.30	72.01
ZDD13795	棕色早豆子	四川九龙	1.11	0.74	66.52
ZDD13295	桩桩豆	四川筠连	1.87	1.18	63.10
ZDD13696	黑药豆	四川筠连	1.89	1.15	61.01
ZDD12397	八月黄	四川开县	2.42	0.57	23.75

（续表）

编号	名称	来源	对照根伸长量（cm）	铝胁迫下根的伸长量（cm）	根相对伸长率（%）
ZDD13802	洛史-1	四川雷波	3.73	1.81	48.53
ZDD13209	城南早豆-2	四川梁平	1.15	0.91	78.99
ZDD13409	白水豆	四川芦山	1.21	1.14	94.63
ZDD13411	早黄豆	四川芦山	1.98	0.93	46.90
ZDD13598	早黄豆-2	四川泸州	1.06	0.31	29.68
ZDD12903	眉山绿皮豆	四川眉山	1.84	0.95	51.76
ZDD13519	新进白豆	四川美姑	1.55	1.21	77.57
ZDD13617	绿皮豆-2	四川绵阳	1.58	1.19	75.00
ZDD12403	黄白壳	四川冕宁	2.36	1.22	51.69
ZDD12404	迟黄豆	四川冕宁	1.97	1.64	83.03
ZDD20776	大绿黄豆	四川冕宁	2.34	1.03	43.88
ZDD13431	白毛豆	四川名山	1.94	0.96	49.74
ZDD13433	赶谷黄-2	四川名山	2.41	0.66	27.26
ZDD12890	南川小黄豆	四川南川	1.78	0.65	36.52
ZDD13681	半年豆-2	四川南川	1.22	0.41	33.54
ZDD13772	大香豆	四川彭山	2.70	1.98	73.33
ZDD12896	彭县绿豆	四川彭县	2.96	1.63	54.85
ZDD12873	邛崃白毛子	四川邛崃	2.68	1.26	46.98
ZDD12908	邛崃西江黑豆	四川邛崃	1.33	0.48	35.94
ZDD13689	黑豆子	四川荣县	2.66	0.76	28.58
ZDD13765	猪肝豆	四川荣县	1.67	0.69	41.25
ZDD13230	大黄豆-1	四川石柱	3.03	1.22	40.22
ZDD20754	小白豆	四川天全	1.31	0.66	50.19
ZDD12847	通江黄豆	四川通江	2.46	1.13	46.07
ZDD12848	通江赶谷黄	四川通江	1.58	0.74	46.77
ZDD12400	十月黄	四川西昌	1.54	0.61	39.39
ZDD12418	大黑豆	四川西昌	2.46	0.91	36.81
ZDD13808	皂角豆	四川西昌	3.05	1.73	56.89
ZDD12860	新都六月黄	四川新都	2.30	1.58	68.56
ZDD13693	小黑豆	四川叙永	1.96	0.91	46.38

（续表）

编号	名称	来源	对照根伸长量（cm）	铝胁迫下根的伸长量（cm）	根相对伸长率（%）
ZDD13407	黄豆	四川雅安	2.28	1.02	44.87
ZDD13634	绿黄豆	四川雅安	2.26	1.14	50.32
ZDD13810	合哨茶豆	四川盐源	1.85	1.11	59.80
ZDD13440	早黄豆-1	四川荥经	1.09	1.10	100.05
ZDD13543	六月黄	四川越西	1.93	0.85	44.04
ZDD16874	黑壳乌豆	海南澄迈	2.21	1.22	55.33
ZDD16876	定安小黑豆	海南定安	2.03	0.67	33.11
ZDD16877	葵黑豆	海南定安	1.58	1.12	71.04
—	H16	海南	1.48	0.84	57.09
—	H17	海南	1.73	0.40	23.15
—	H19	海南	2.31	1.36	58.95
—	H21	海南	2.14	0.64	29.91
—	H42	海南	2.44	1.08	44.26
—	H51	海南	1.95	0.66	33.93
—	H53	海南	1.62	1.18	72.94
—	H54	海南	2.15	0.62	28.58
—	H64	海南	2.32	1.01	43.64

参考文献

何龙飞，沈振国，刘友良，1999. 铝胁迫对小麦根系液泡膜 ATP 酶、焦磷酸酶活性和膜脂组成的效应［J］. 植物生理学报（4）：350.

姜应和，周莉菊，彭秀英，2004. 铝在土壤中的形态及其植物毒性研究概况［J］. 草原与草坪（3）：16-19.

孔祥超，李红梅，耿甜，等，2012. 大豆种质资源对大豆孢囊线虫 3 号和 4 号生理小种的抗性鉴定［J］. 植物保护（1）：146-150.

孟凡立，李文滨，段玉玺，等，2010. 大豆蚜虫抗性鉴定技术及抗性资源筛选［J］. 大豆科学（3）：457-460.

齐波，赵团结，盖钧镒，2007. 中国大豆种质资源耐铝毒性的变异特点及优选［J］. 大豆科学（6）：813-819.

邱丽娟，常汝镇，陈可明，等，2002. 中国大豆（*Glycine max*）品种资源保存与更

新状况分析 [J]. 植物遗传资源科学 (2): 34-39.
任海龙, 马启彬, 杨存义, 等, 2012. 华南地区大豆育种材料抗疫霉根腐病鉴定 [J]. 大豆科学 (3): 453-456.
孙继颖, 高聚林, 薛春雷, 等, 2007. 不同品种大豆抗旱性能比较研究 [J]. 华北农学报 (6): 91-97.
万洪富, 周建民, 陈能场, 等, 2009. 我国酸性土壤地区土壤环境质量标准实践中的修改建议——以铅、镍和镉的标准研究为例 [J]. 土壤, 41 (2): 192-195.
王继安, 罗秋香, 2001. 大豆食心虫抗性品种鉴定及抗性性状分析 [J]. 中国油料作物学报 (2): 58-60.
吴巧娟, 2004. 大豆对食叶性害虫抗性的鉴定和抗虫相关基因的克隆及其 CAPS 标记 [D]. 南京: 南京农业大学.
徐刚, 郜李斌, 陶波, 等, 2008. 大豆资源对大豆花叶病毒病 (SMV) 东北 3 号及黄淮 7 号株系的抗性研究 [J]. 东北农业大学学报 (10): 11-14.
杨春明, 吕景良, 杨光宇, 等, 2003. 中国大豆遗传资源研究进展 [J]. 吉林农业科学 (4): 17-22.
张淑珍, 徐鹏飞, 吴俊江, 等, 2006. 黑龙江省大豆品种对细菌性斑点病的田间抗病性调查及室内接种鉴定分析 [J]. 东北农业大学学报 (5): 588-591.
Bi S P, YANG X D, ZHANG F P, et al., 2001. Analytical methodologies for aluminium speciation in environmental and biological samples-a review [J]. Fresenius J Anal Chem, 370 (8): 984-996.
DELHAIZE E, RYAN P R, 1995. Aluminum toxicity and tolerance in plants [J]. Plant Physiol, 107 (2): 315-321.
KOCHIAN L V, HOEKENGA O A, PINEROS M A, 2004. How do crop plants tolerate acid soils? Mechanisms of aluminum tolerance and phosphorous efficiency [J]. Annu Rev Plant Biol (55): 459-493.
MA J F, 2007. Syndrome of aluminum toxicity and diversity of aluminum resistance in higher plants [J]. Int Rev Cytol (264): 225-252.
MATSUMOTO H, 2000. Cell biology of aluminum toxicity and tolerance in higher plants [J]. Int Rev Cytol (200): 1-46.
MATSUMOTO M, YAMAMOTO R, 1975. Protective quality of an aluminum hydroxide-absorbed broth bacterin against infectious coryza [J]. Am J Vet Res, 36 (4): 579-582.
MIYASAKA S C, BUTA J G, HOWELL R K, et al., 1991. Mechanism of aluminum tolerance in snapbeans: root exudation of citric Acid [J]. Plant Physiol, 96 (3): 737-743.
OJIMA K, 1989. Aluminum toxicity and tolerance in plant roots [J]. Seikagaku, 61 (1): 34-38.
PAN J, ZHU M, CHEN H, 2001. Aluminum-induced cell death in root-tip cells of

barley [J]. Environ Exp Bot, 46 (1): 71-79.

RENGEL Z, ELLIOTT D C, 1992. Mechanism of aluminum inhibition of net calcinm uptake by amaranthus protoplasts [J]. Plant Physiol, 98 (2): 632-638.

RYAN P R, KOCHIAN L V, 1993. Interaction betweenaluminum toxicity and calcium uptake at the root apex in near-isogenic lines of wheat (*Triticum aestivum* L.) differing in aluminum tolerance [J]. Plant Physiol, 102 (3): 975-982.

TABUCHI A, MATSUMOTO H, 2001. Changes in cell-wall properties of wheat (*Triticum aestivum*) roots during aluminum-induced growth inhibition [J]. Physiol Plant, 112 (3): 353-358.

第二章　南方夏秋大豆资源重要农艺性状差异评价

第一节　引　言

长期以来大豆品种改良主要集中于当地适应品种或品系间杂交，这造成了大豆品种遗传基础过于狭窄。邱丽娟等（1999）对美国大豆资源的研究结果表明，18 个大豆种质提供了美国 85%育成品种的遗传物质；Delannay（1983）对美国与加拿大育成品种的系谱进行检测，10 个引入种的遗传物质为北方大豆基因来源的 80%以上；对巴西的大豆品种研究也得到类似的结论，11 个祖先品种提供了巴西大豆基因基础的 89%（Hiromoto et al.，1986）。我国大豆品种的遗传基础同样存在着遗传基础过于狭窄的问题（孙志强等，1990），1923—1995 年中国育成大豆品种 651 个，75 个骨干亲本对这 651 个品种的核遗传贡献占 68.99%，质遗传贡献占 72.50%（盖钧镒等，2001）。

整理筛选和改良地方种质资源是拓宽大豆育种遗传基础的有效途径，20 世纪 90 年代利用不同优良种质共育成东农 43 等 5 个抗孢囊线虫品种，解决了黑龙江省孢囊线虫的问题，稳定了大豆的生产（李云辉等，2000）。优良大豆种质 5621、凤交 66-12 等都是从地方品种改良或杂交选育出来的，并利用其育成了包括国家技术发明奖一等奖的铁丰 18 在内的一批优良品种（彭宝等，2002）。辽宁省农业科学院鉴定出抗旱优异资源铁荚四粒黄、抗食心虫优异资源铁荚子和抗病优异资源小黄粒等，并用于组配选育新品种（梁成第等，2003）。克 443020 是黑龙江省衍生品种最多的大豆种质资源之一，以其作直接或间接亲本共衍生 42 个高产大豆品种（刘广阳，2005）。在国家 973 计划和国家 863 计划项目支持下，通过集中攻关，基于大豆核心种质的遗传育种研究取得了明显的进展，并培育出一批优异品系。在不同的回交导入群体中选择出高油品系 131 个，高蛋白品系 110 个（邱丽娟等，2012）。对这些大豆种质资源成功的利用说明，优异大豆种质资源的创新对大豆育种至关重要，选择配合力高的亲本进行杂交组配，可有效提高大豆的育种效率。

提高大豆产量对缓解我国大豆生产压力至关重要。目前我国大豆生产发展不均衡，华南地区大豆生产具有巨大的发展潜力，新品种的培育是促进大豆生产发展的关键。大豆地方种质资源比育成品种有更高的遗传多样性，从遗传改良方面着手，在大豆资源中筛选优异种质，利用常规育种、分子标记辅助育种及转基因育种等技术培育适应该地区的优良大豆新品种，是提升华南地区大豆生产水平的重要手段。

第二节　南方夏秋大豆农艺性状的多样性

南方夏秋大豆296份资源群在百粒重、单株荚数、单株粒数、单株粒重四个产量相关农艺性状上，表现出丰富的表型变异。在广东和湖南两点试验中，平均变异系数最大的为单株粒数，CV=0.36；单株粒数、单株有效荚数两试验点变异系数均大于0.3；平均变异系数最小的性状为单株粒重（表2-1）。广东试验点的百粒重、单株荚数、单株粒数、单株粒重分别为10~15g、70~90个、100~150粒、20~25g的材料比例最大（图2-1），湖南试验点百粒重、单株荚数、单株粒数、单株粒重分别为10~15g、70~90个、100~150粒、20~25g的材料比例最大（图2-2），但两试验点结果在变异范围上有明显差别（图2-3），广东试验点数据在百粒重、单株粒重、单株粒数上的变异范围均大于湖南，广东单株粒重极大值为529.60g，湖南仅为427.60g；湖南的百粒重整体上高于广东，极大值达37.46g，而广东仅为31.68g。

表2-1　农艺性状的描述性统计量

农艺性状	试验地点	极小值	极大值	平均	变异系数
百粒重（g）	广东	4.07	31.68	14.49±4.75	0.33
	湖南	5.80	37.46	16.02±4.53	0.28
单株粒数（粒）	广东	29.70	529.60	172.15±65.51	0.38
	湖南	75.60	427.60	174.32±59.55	0.34
单株粒重（g）	广东	4.05	51.20	23.09±6.95	0.30
	湖南	13.19	48.08	25.85±6.55	0.25
单株荚数（个）	广东	34.53	266.74	95.20±31.97	0.34
	湖南	48.00	242.33	98.62±29.95	0.30

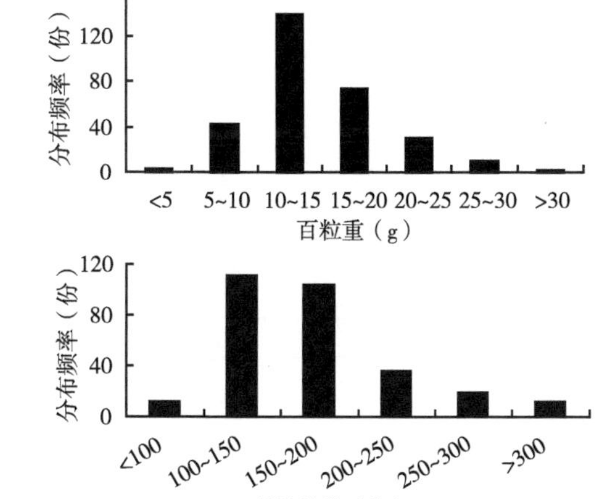

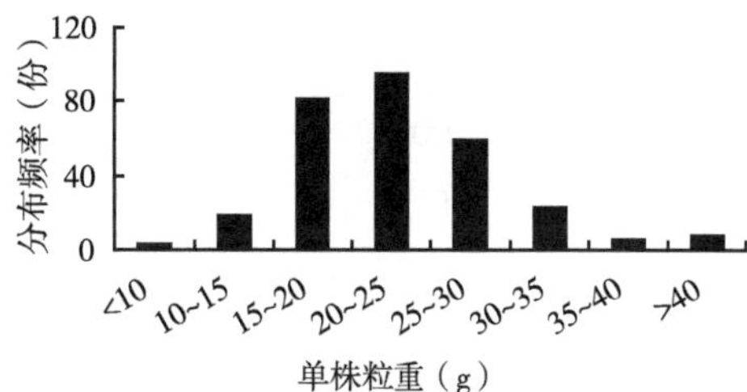

图2-1　农艺性状频率分布（广东）

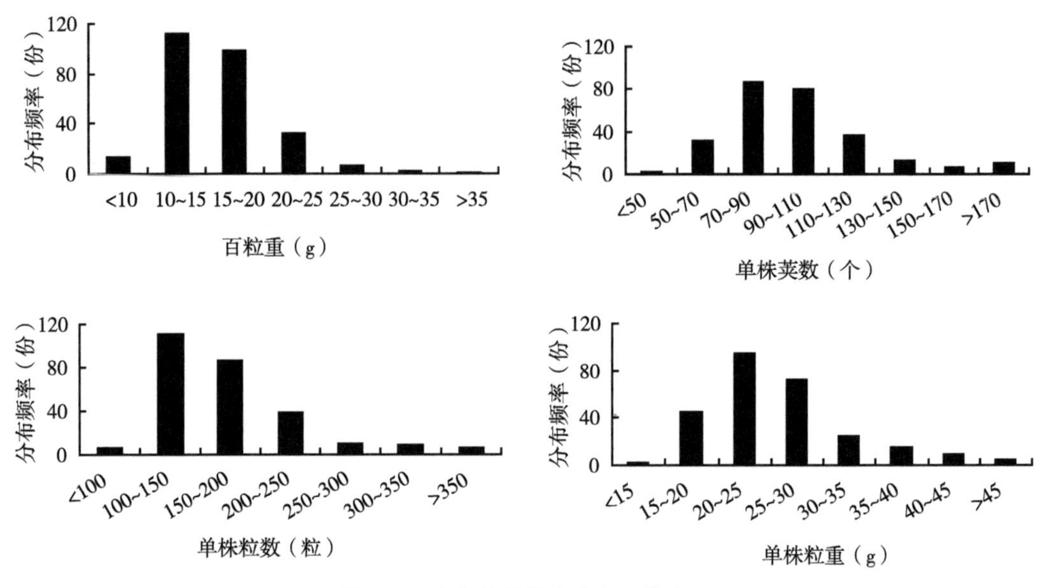

图 2-2　农艺性状频率分布（湖南）

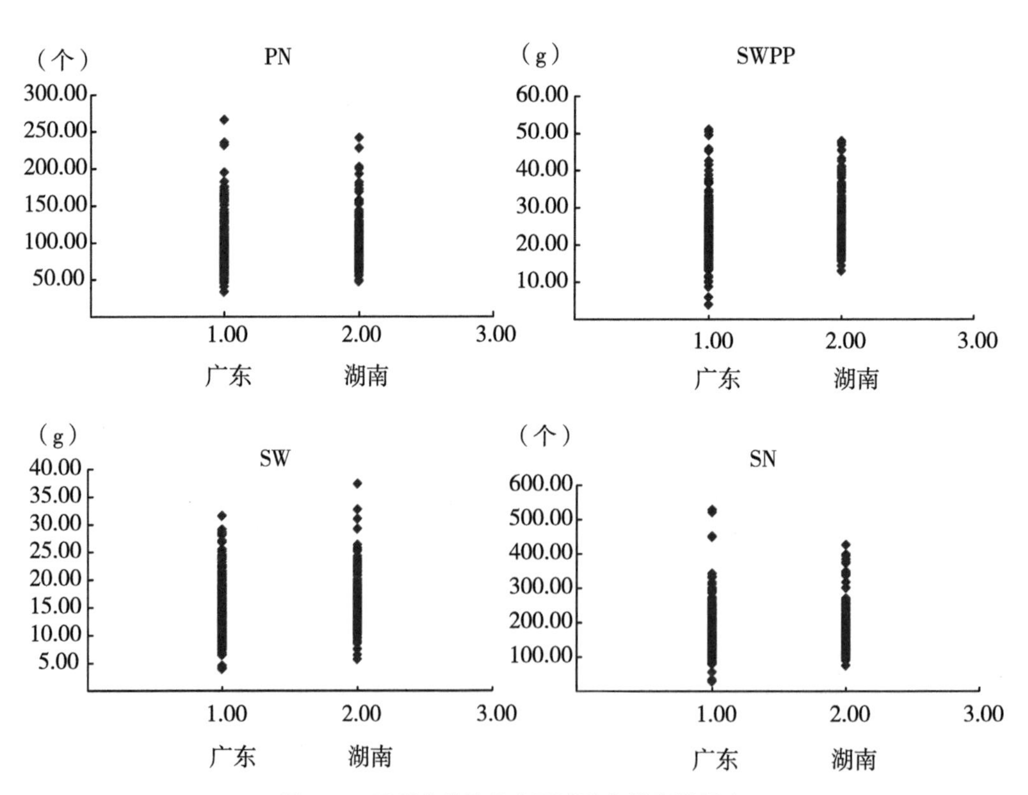

图 2-3　四项农艺性状在两试验点的变异程度

（PN：单株荚数，SWPP：单株粒重，SW：百粒重，SN：单株粒数）

第三节　不同试验地点农艺性状数据方差分析

对广东和湖南两试验点获得的产量性状进行显著性分析比较发现，两试验点数据在单株粒数、单株粒重、单株荚数 3 个性状上无显著差异，仅在百粒重上具有显著差异（图 2-4）。

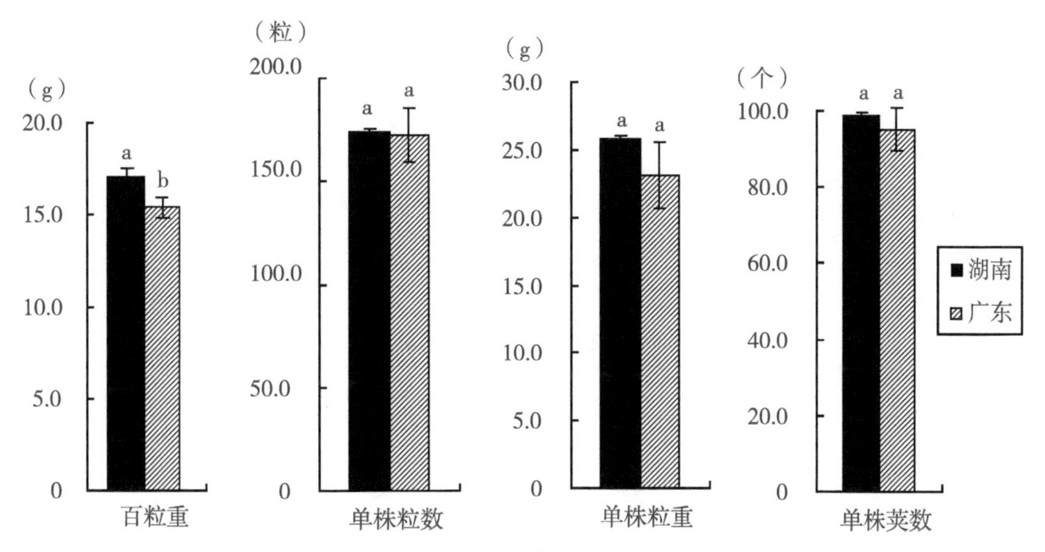

图 2-4　不同试验地点农艺性状数据差异显著性分析

第四节　农艺性状间的相关性分析

对百粒重、单株荚数、单株粒数、单株粒重 4 个产量相关农艺性状之间进行相关性分析发现，单株粒重与百粒重、单株荚数、单株粒数在两试验点（广东和湖南）均为显著正相关，单株荚数与单株粒数均表现为显著相关，百粒重与单株粒数、单株荚数之间均表现显著负相关（表 2-2）。

表 2-2　农艺性状相关性分析

实验地点		单株荚数	单株粒数	单株粒重	百粒重
广东	单株荚数	1			
	单株粒数	0.954**	1		
	单株粒重	0.362**	0.338**	1	
	百粒重	−0.485**	−0.539**	0.517**	1

（续表）

实验地点		单株荚数	单株粒数	单株粒重	百粒重
湖南	单株荚数	1			
	单株粒数	0.865**	1		
	单株粒重	0.507**	0.729**	1	
	百粒重	-0.420**	-0.583**	0.404**	1

注：* 和 ** 分别表示在 0.05 和 0.01 水平上显著相关。

第五节　主成分分析

对表型数据进行主成分分析发现，广东和湖南数据结果中前 2 个主成分对表型变异的累积贡献率均达到 95%以上（表 2-3）。其中主成分 PC1 主要解释单株荚数和单株粒数，PC2 主要解释单株粒重和百粒重（表 2-4）。

表 2-3　主成分分析解释的总方差

成分	初始特征值					
	广东			湖南		
	合计	方差（%）	累积贡献率	合计	方差（%）	累积贡献率
1	2.377	59.426	59.426	2.398	59.962	59.962
2	1.496	37.410	96.836	1.413	35.320	95.283
3	0.087	2.184	99.020	0.150	3.739	99.022
4	0.039	0.980	100.000	0.039	0.978	100.000

表 2-4　农艺性状在主成分分析中的得分情况

性状	主成分							
	广东				湖南			
	1	2	3	4	1	2	3	4
单株荚数	0.972	0.138	0.155	-0.111	0.949	0.087	0.304	-0.007
百粒重	-0.629	0.753	0.185	0.05	-0.547	0.824	0.092	0.115
单株粒重	0.261	0.949	-0.17	-0.038	0.499	0.851	-0.132	-0.102
单株粒数	0.984	0.094	0.01	0.151	0.975	-0.057	-0.176	0.124

第六节 小 结

南方夏秋大豆资源群在百粒重、单株荚数、单株粒数、单株粒重四个产量相关农艺性状上，表现出丰富的表型变异。在广东和湖南两点试验中，平均变异系数最大的为单株粒数，CV=0.36；单株粒数、单株有效荚数两试验点变异系数均大于0.3；平均变异系数最小的性状为单株粒重。

广东试验点的百粒重、单株荚数、单株粒数、单株粒重分别为10~15g、70~90个、100~150粒、20~25g的材料比例最大，湖南试验点结果与广东试验点结果类似，但两点结果在变异范围上有明显差别。对两试验点获得的产量性状进行方差分析比较发现，两试验点数据在单株粒数、单株粒重、单株荚数3个性状上无显著差异，仅在百粒重上具有显著差异。

资源目录同耐铝性评价材料。

参考文献

盖钧镒，赵团结，2001. 中国大豆育种的核心祖先亲本分析［J］. 南京农业大学学报，24（2）：20-23.

李云辉，李肖白，潘红丽，2000. 黑龙江省大豆抗孢囊线虫育种的抗源利用与分析［J］. 大豆通报（6）：14.

梁成第，郭迎伟，王立敏，2003. 辽宁省栽培大豆优异种质资源的利用研究［J］. 大豆通报（1）：20.

刘广阳，2005. 优异种质资源克4430-20在黑龙江省大豆育种中的应用［J］. 植物遗传资源学报（3）：326-329.

彭宝，项淑华，牛建光，2002. 我国大豆育种问题浅析及对策［J］. 吉林农业科学（4）：19-20.

邱丽娟，常汝镇，许占友，等，1999. 利用分子标记评价大豆种质的研究进展［J］. 大豆科学（4）：347-350.

孙志强，田佩占，王继安，1990. 东北地区大豆品种血缘组成分析［J］. 大豆科学（2）：112-120.

DELANNAY，1983. Relative genetic contributions among ancestral lines to North American soybean cultivars［J］. Crop Sci，23（5）：944-949.

HIROMOTO D M，VELLO N A，1986. The genetic base of brazilian soybean（*Glycine max* L. merrill）cultivars［J］. Rev Brasil Genet，9（2）：295-306.

第三章　南方夏秋大豆群体的遗传多样性分析

第一节　引　言

大豆起源于中国，是世界上重要的粮油兼用作物，在国民经济中占有重要地位。我国是世界上主要的大豆消费国和加工国，但近十几年我国大豆生产一直停滞不前，目前已经远远不能满足国内日益增长的巨大需求。2012 年我国进口大豆达5 800多万吨。由于过分依赖于进口大豆原料，因此存在严重的大豆供应安全性问题。我国大豆生产不仅满足不了国内需求，而且发展还很不平衡。我国大豆主产区在东北地区，华南地区种植面积很小，但有大面积旱地作物（如甘蔗、木薯等）可以和大豆间套作，发展潜力巨大。但由于该地区以酸性土壤为主，肥力差，铝毒严重，铁、铝、锰含量高，有效磷元素严重缺乏，导致单产较低，经济效益相对低下，极大影响了该地区大豆的生产发展。从遗传改良方面着手，在大豆资源中筛选优异种质，利用常规育种、分子标记辅助育种及转基因育种等技术培育适应该地区的优良大豆新品种，是提升华南地区大豆生产水平的重要手段。

在遗传育种领域内，把一切具有一定种质或基因的生物类型总称为种质资源。中国不仅是大豆的原产国，也是世界上保存大豆种质资源数量最多的国家。经过 1956 年、1979 年和 1990 年三次全国范围收集，共收集栽培大豆遗传资源23 000余份，占世界23%。在全国 821 个县（市）收集到不同类型的野生大豆种质6 000余份，占世界野生资源的 90%以上，均居世界各国保存大豆种质资源之首（周恩远，2009）。

各地区分布的大豆种质资源从形态学、细胞学及 DNA 分子水平上均存在差异，具有丰富的变异类型。在形态学水平上，研究发现我国不同地理区域间的大豆种质资源在株高、生育期、叶形、粒色、子叶色、脐色、花色、茸毛色、百粒重等农艺性状上存在显著差异（常汝镇，1989，1990；周新安等，1998）。品质方面的研究表明，我国大豆油分含量和蛋白质含量均呈现规律较强的南北变化趋势，油分含量总体表现为北高南低，蛋白质含量则与油分含量的变化趋势相反，随纬度降低而升高（吕世霖等，1984；徐豹等，1984；李福山等，1986；宋启建等，1990）。而在不同生态区的种质资源中大豆蛋白质中各种氨基酸含量及油分中各组分的含量也存在丰富的变异（刘兴媛等，1998；郑永战等，2006）。

随着分子生物技术的发展，特别是分子标记和测序技术的发展，人们从分子水平对种质资源的遗传多样性进行评价。分子标记作为 DNA 分子多态性的直接反应，具有数量丰富、遍及整个基因组、不受时间空间及基因表达的限制、多态性高、信息完整、对生物体自身性状无影响等优点。研究中常见的分子标记包括 AFLP、RFLP、RAPD、SSR 和 SNP。

应用分子标记技术，对来自中国、日本、美国和部分亚洲其他国家的种质资源进行研究，发现中国、日本及北美材料遗传背景各不相同，并且差异明显，分属不同基因池，韩国种质包含中国、日本两种基因池，而东南亚和中亚国家的种质则大部分属于中国大豆基因池（邱丽娟等，1997；Brown-Guedira et al.，2000；Abe et al.，2003）。

对我国不同地区的种质资源的研究结果发现我国大豆种质资源的遗传多样性丰富（关媛，2004），地方资源的遗传多样性高于育成品种（张彩英等，2008）。研究显示中国栽培大豆遗传多样性分布区域与我国地理区域有密切联系（盖钧镒等，2000；王彪等，2002）。谢华（2002）的研究表明不同生态类型的大豆群体间存在明显的遗传分化，聚类分析能够将具有相同地理来源的种质聚在一起。朱申龙等（1998）的研究显示黄淮海地区的大豆可能较其他地区具有较高水平的遗传多样性，而李林海等（2005）的研究认为，南方夏大豆的遗传多样性高于黄淮地区大豆。目前我国重要作物的种质资源数量均在数千份以上（刘旭，2005），研究种质资源的遗传多样性可以了解种群的适应性、物种起源、基因资源分布等，为进一步研究、利用和挖掘优异的种质提供依据。南方大豆地区是我国栽培大豆中品种份数最多的一个生态区，因此南方夏秋大豆是宝贵的种质资源（朴日花，2004）。国内关于大豆遗传多样性的研究报道较多（许东河等，1999；陈艳秋等，2002；崔艳华等，2004）。本研究针对南方晚熟夏秋大豆进行遗传多样性及群体结构分析，并以此为基础开展群体关联分析。

SSR 标记具有数量多、共显性遗传、多态性高、在不同基因组中随机分布、易于被扩增和在选择上为中性等优点，现已广泛用于大豆遗传学研究。本章实验采用 159 对 SSR 分子标记对来源于我国南方 7 个省区的 296 份晚熟夏秋大豆种质资源群体及来源于南方 5 省的 190 份野生大豆资源群体进行基因型的鉴定，进行以下研究内容：分析南方晚熟夏秋大豆群体的遗传多样性；确定夏秋大豆群体的群体结构；检测该群体的 LD 程度；比较夏秋大豆群体与来自南方 5 省的 190 份野生大豆群体的群体结构及遗传距离，分析我国南方大豆可能的遗传进化途径。

第二节　南方晚熟夏秋大豆群体遗传多样性及聚类分析

一、所有材料的遗传多样性分析

采用 PowerMarker 软件（Liu et al.，2005）对 296 份材料进行遗传多样性分析后，其主要指标值列于表 3-1。从等位位点数目来看，159 对引物（位点），296 份晚熟夏秋大豆共扩增出等位位点数 641 个，平均每对引物扩增出 4.03 个等位位点，等位位点变异数目为 1~9 个，等位变异最少的是位于 D2 染色体上的 Satt498，在全部材料中一致，无变异；多态性最高的位点有 9 个等位变异，是位于 C2 染色体上 Satt277；其中位点等位变异超过 5 个的就有 54 个，达到了 33.96%，表明南方晚熟夏秋大豆的遗传多样性较为丰富。

主要等位位点频率表示的是某位点在种群中的丰富程度，159 个位点的主要等位位点频率为 0. 200 0~ 1. 000 0，相差较大。其中主要位点的频率最大的是 Satt498；主要位点的频率最小的是Sat_267。平均值为 0. 632 8，大部分位点其主要等位位点频率为 0. 2~0. 8。

基因多样性代表生物种群之内和种群之间的遗传结构的变异程度。基因多样性值和多态性信息含量（PIC）是常用表示种群的遗传多样性的指标。本研究结果来看，基因的多样性平均值为 0. 479 3，基因多样性值为 0~ 0. 846 2，但是超过 50%的位点均大于 0. 5，其中 *Sat_267* 基因多样性值最大。PIC 值与基因多样性值呈现较为一致的表现，其平均值为 0. 432 6，最大的是 Sat_267，其值为 0. 827 0。

表 3-1　南方夏秋大豆资源遗传多样性

标记	主要等位位点频率	等位位点数	基因多样性	多态性信息含量
Satt684	0. 89	3. 00	0. 20	0. 19
Satt276	0. 45	6. 00	0. 72	0. 68
Satt382	0. 30	4. 00	0. 74	0. 69
Sat_385	0. 98	3. 00	0. 05	0. 05
Sat_356	0. 49	5. 00	0. 63	0. 57
Sat_171	0. 31	5. 00	0. 78	0. 74
Satt385	0. 65	3. 00	0. 47	0. 37
Sat_267	0. 20	8. 00	0. 85	0. 83
Satt200	0. 58	3. 00	0. 50	0. 39
Sat_271	0. 62	3. 00	0. 48	0. 38
Sat_319	0. 47	6. 00	0. 66	0. 60
Satt315	0. 54	4. 00	0. 60	0. 53
Sat_215	0. 36	4. 00	0. 69	0. 63
Satt341	0. 84	3. 00	0. 28	0. 25
Satt233	0. 50	4. 00	0. 65	0. 59
Sat_097	0. 41	6. 00	0. 71	0. 66
Sat_294	0. 36	5. 00	0. 71	0. 66
Satt538	0. 74	2. 00	0. 38	0. 31
Satt509	0. 93	4. 00	0. 13	0. 13
sat_261	0. 92	3. 00	0. 15	0. 15
Satt197	0. 42	7. 00	0. 73	0. 70

（续表）

标记	主要等位位点频率	等位位点数	基因多样性	多态性信息含量
Satt597	0. 60	2. 00	0. 48	0. 36
Satt415	0. 49	4. 00	0. 58	0. 49
Satt665	0. 57	2. 00	0. 49	0. 37
Satt359	0. 80	2. 00	0. 32	0. 27
BE801538	0. 43	5. 00	0. 68	0. 62
Sat_177	0. 45	7. 00	0. 74	0. 71
Satt126	0. 46	5. 00	0. 65	0. 59
Sat_287	0. 83	6. 00	0. 30	0. 28
Satt168	0. 82	4. 00	0. 30	0. 26
Sat_182	0. 37	6. 00	0. 75	0. 72
Satt272	0. 73	4. 00	0. 44	0. 40
Satt066	0. 60	6. 00	0. 59	0. 55
Satt534	0. 45	8. 00	0. 68	0. 63
AW620774	0. 88	3. 00	0. 22	0. 20
Satt396	0. 96	2. 00	0. 08	0. 08
Sat_140	0. 36	7. 00	0. 75	0. 71
Satt607	0. 49	5. 00	0. 64	0. 57
Satt718	0. 45	4. 00	0. 61	0. 53
Satt476	0. 55	6. 00	0. 63	0. 59
Satt713	0. 74	4. 00	0. 42	0. 39
Sat_235	0. 32	7. 00	0. 80	0. 77
Satt164	0. 49	4. 00	0. 61	0. 54
Satt681	0. 34	6. 00	0. 74	0. 70
Satt227	0. 62	3. 00	0. 52	0. 46
Satt432	0. 99	2. 00	0. 01	0. 01
Satt422	0. 59	5. 00	0. 59	0. 55
Sat_336	0. 77	2. 00	0. 36	0. 29
Satt170	0. 89	2. 00	0. 19	0. 18
Sat_213	0. 60	6. 00	0. 59	0. 55
Satt277	0. 42	9. 00	0. 77	0. 75

（续表）

标记	主要等位位点频率	等位位点数	基因多样性	多态性信息含量
Satt557	0. 77	5. 00	0. 39	0. 37
Satt202	0. 37	5. 00	0. 69	0. 63
Satt184	0. 30	4. 00	0. 74	0. 69
Sat_353	0. 74	4. 00	0. 41	0. 37
Sat_201	0. 54	4. 00	0. 60	0. 53
Satt507	0. 87	4. 00	0. 23	0. 22
Sat_351	0. 26	6. 00	0. 80	0. 77
BE475343	0. 63	4. 00	0. 55	0. 50
Satt558	0. 67	3. 00	0. 50	0. 44
Satt579	0. 62	4. 00	0. 51	0. 44
Satt546	0. 52	3. 00	0. 56	0. 47
Sat_139	0. 32	7. 00	0. 79	0. 77
Satt703	0. 62	4. 00	0. 53	0. 46
Satt328	0. 99	2. 00	0. 01	0. 01
Satt135	0. 55	3. 00	0. 50	0. 38
Satt498	1. 00	1. 00	0. 00	0. 00
Satt447	0. 94	2. 00	0. 11	0. 10
Satt669	0. 73	5. 00	0. 44	0. 41
Sat_292	0. 31	7. 00	0. 79	0. 76
Sat_222	0. 66	5. 00	0. 53	0. 51
Satt311	0. 36	5. 00	0. 71	0. 66
Satt256	0. 66	2. 00	0. 45	0. 35
Sat_112	0. 55	3. 00	0. 55	0. 46
Satt384	0. 59	5. 00	0. 57	0. 50
Satt602	0. 81	2. 00	0. 31	0. 26
Satt185	0. 63	5. 00	0. 54	0. 49
Satt151	0. 46	3. 00	0. 62	0. 54
Satt045	0. 47	5. 00	0. 64	0. 57
Satt369	0. 74	4. 00	0. 42	0. 39
Satt553	0. 48	6. 00	0. 67	0. 61

（续表）

标记	主要等位位点频率	等位位点数	基因多样性	多态性信息含量
Sat_390	0.44	4.00	0.69	0.63
Satt586	0.81	3.00	0.32	0.29
Satt269	0.70	3.00	0.42	0.33
Satt423	0.64	2.00	0.46	0.35
Sat_309	0.30	5.00	0.75	0.71
Satt663	0.76	3.00	0.37	0.32
Sat_234	0.43	5.00	0.71	0.67
Satt335	0.61	4.00	0.57	0.53
Satt072	0.93	3.00	0.14	0.13
Satt490	0.50	3.00	0.58	0.49
Satt554	0.73	5.00	0.44	0.42
Satt656	0.52	5.00	0.61	0.54
Satt309	0.58	2.00	0.49	0.37
Satt570	0.86	4.00	0.24	0.23
Satt235	0.70	5.00	0.47	0.44
Satt324	0.89	3.00	0.20	0.19
Sat_358	0.67	4.00	0.52	0.48
Satt505	0.46	4.00	0.64	0.58
Satt288	0.43	4.00	0.64	0.57
Satt472	0.76	4.00	0.40	0.36
Satt353	0.91	4.00	0.17	0.16
Satt192	0.49	4.00	0.58	0.49
Sat_122	0.62	5.00	0.57	0.53
Satt302	0.58	2.00	0.49	0.37
Satt181	0.84	3.00	0.29	0.26
Satt434	0.75	3.00	0.39	0.35
Satt451	0.90	2.00	0.18	0.17
Satt562	0.74	2.00	0.39	0.31
Sat_219	0.62	6.00	0.56	0.52
Sat_174	0.82	3.00	0.30	0.26

（续表）

标记	主要等位位点频率	等位位点数	基因多样性	多态性信息含量
Satt330	0. 96	3. 00	0. 09	0. 08
Satt292	0. 73	3. 00	0. 40	0. 33
Satt623	0. 66	3. 00	0. 48	0. 41
Sct_189	0. 48	6. 00	0. 68	0. 64
Satt249	0. 64	3. 00	0. 52	0. 47
Sct_046	0. 99	2. 00	0. 03	0. 03
Satt132	0. 89	3. 00	0. 20	0. 19
Satt380	0. 50	4. 00	0. 54	0. 44
Sat_396	0. 47	7. 00	0. 70	0. 66
Sat_224	0. 41	7. 00	0. 76	0. 74
Sat_144	0. 92	4. 00	0. 15	0. 14
satt242	0. 91	3. 00	0. 17	0. 17
Satt102	0. 80	3. 00	0. 34	0. 31
sat_196	0. 27	7. 00	0. 82	0. 79
satt046	0. 38	5. 00	0. 73	0. 69
Satt552	0. 38	3. 00	0. 66	0. 59
Satt273	0. 86	2. 00	0. 24	0. 21
Sat_190	0. 81	2. 00	0. 31	0. 26
Sat_020	0. 30	8. 00	0. 79	0. 76
Satt588	0. 43	5. 00	0. 68	0. 62
satt495	0. 88	3. 00	0. 21	0. 20
Satt182	0. 80	2. 00	0. 32	0. 27
sat_195	0. 63	6. 00	0. 56	0. 53
Satt652	0. 64	4. 00	0. 52	0. 47
Satt278	0. 59	3. 00	0. 51	0. 41
Satt462	0. 32	6. 00	0. 80	0. 77
Sat_340	0. 84	3. 00	0. 28	0. 26
Sat_099	0. 42	4. 00	0. 64	0. 57
Satt463	0. 73	3. 00	0. 43	0. 39
satt245	0. 60	3. 00	0. 49	0. 38
sat_258	0. 36	6. 00	0. 70	0. 64

（续表）

标记	主要等位位点频率	等位位点数	基因多样性	多态性信息含量
satt697	0.70	2.00	0.42	0.33
Satt551	0.86	2.00	0.25	0.22
sat_121	0.92	3.00	0.15	0.14
satt210	0.90	3.00	0.18	0.17
Sat_379	0.92	3.00	0.15	0.15
Sat_084	0.68	4.00	0.46	0.38
Satt584	0.39	5.00	0.74	0.70
Satt387	0.89	2.00	0.19	0.17
sat_304	0.36	5.00	0.76	0.72
satt312	0.75	4.00	0.39	0.34
Satt257	0.75	4.00	0.40	0.36
Satt487	0.59	3.00	0.53	0.45
sat_318	0.76	4.00	0.39	0.35
Satt347	0.91	3.00	0.16	0.16
Satt123	0.89	2.00	0.20	0.18
satt331	0.75	3.00	0.38	0.31
Satt153	0.83	3.00	0.30	0.27
平均	0.63	4.03	0.48	0.43

二、不同来源材料遗传多样性比较及遗传分化分析

本实验材料主要包括广东、广西、福建、湖南、四川、海南、江西的种质资源，各省份的年平均温度、海拔高度、年平均降水、气候环境、生态环境均有差别，植物类型差异较大，所以7省区间材料间遗传存在较大差异（表3-2）。

从各指标的平均值来看，海南材料在等位位点数目、基因多样性和PIC值均明显低于其他省份；四川材料的基因多样性和PIC值在7个省份中均为最高，分别是0.48和0.43，广西和湖南的这两项指标稍低于四川。从等位位点数上来看，湖南最高，为3.84。综合来看，四川和湖南材料的遗传多样性高于其他省份，海南材料的遗传多样性最低。

表3-2　不同来源大豆遗传多样性比较

材料来源	主要等位位点频率	等位位点数	基因多样性	多态性信息含量
福建	0.67	3.06	0.43	0.38
广东	0.67	2.63	0.42	0.37
广西	0.65	3.42	0.46	0.41

（续表）

材料来源	主要等位位点频率	等位位点数	基因多样性	多态性信息含量
海南	0.69	2.58	0.40	0.35
湖南	0.65	3.84	0.45	0.41
江西	0.67	3.33	0.44	0.39
四川	0.63	3.75	0.48	0.43

利用 PowerMarker 软件对广东、广西、湖南、福建、江西、四川、海南的 7 个省份群体分化情况进行分析，计算群体分化系数（F_{ST}）值（表 3-3）。从表 3-3 中可以看出，广东材料与湖南材料间的分化值最大，为 0.312 6；湖南材料与四川材料的分化值最小，为 0.012 3。相对于其他省份材料，海南材料的分化值较大，分别为 0.106 7、0.080 7、0.134 0、0.275 5、0.124 0、0.223 3，而江西与其他省份夏秋大豆的分化值较小，平均分化值仅为 0.054 1。因此，海南夏秋大豆与其他省份材料间的遗传分化程度较高，遗传距离较远；江西与其他省份的夏秋大豆材料的遗传分化较低，遗传距离较近。

表 3-3　不同省份夏秋大豆遗传分化值

项目	福建	广东	广西	海南	湖南	江西	四川
福建	0						
广东	0.036 7	0					
广西	0.049 9	0.131 0	0				
海南	0.106 7	0.080 7	0.134 0	0			
湖南	0.110 4	0.312 6	0.030 4	0.275 5	0		
江西	0.032 9	0.076 4	0.035 5	0.124 0	0.053 7	0	
四川	0.098 0	0.246 2	0.045 5	0.223 3	0.012 3	0.056 8	0

根据遗传距离对各群体做了 Neighbor-Joining 聚类（图 3-1），聚类分析的结果表明南方夏秋大豆资源按其来源可分为三大类，其中海南资源与其他省份资源的遗传距离都比较远，单独聚为一类；东南沿海的广东、福建聚为一类；广西资源与纬度偏北的四川、湖南及江西资源共同为一类。

三、南方夏秋大豆群体的聚类分析

利用 PowerMarker 软件计算 296 份南方夏秋大豆材料间的遗传距离，根据遗传距离做了 Neighbor-Joining 聚类图（图 3-2）。从聚类图中可以看到，所有材料划分为七大类，福建、广东、海南材料都主要在第四大类，江西材料主要在第六大类，广西材料主要分布在第三大类和第五大类中，四川材料分布在第一大类和第三大类，湖南材料较多，主要分布在第一、第五、第七类，聚类结果显示，类群的划分与材料的地理来源间存在一定联系。

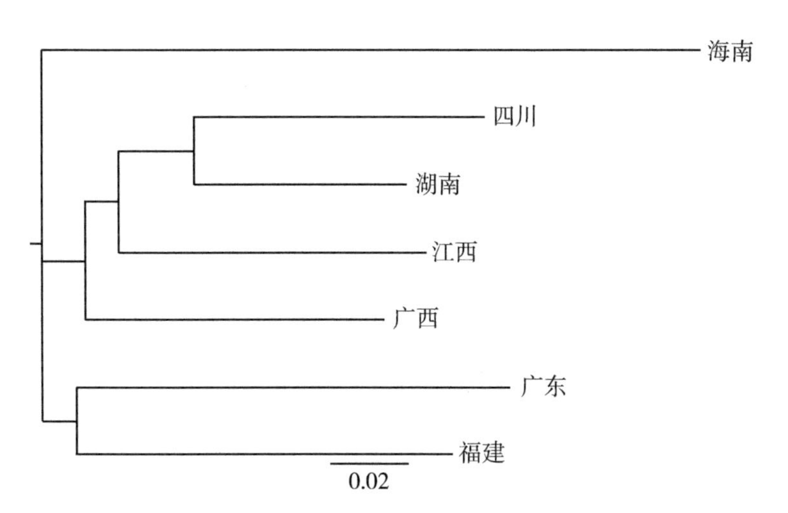

图 3-1　不同来源材料群体聚类分析

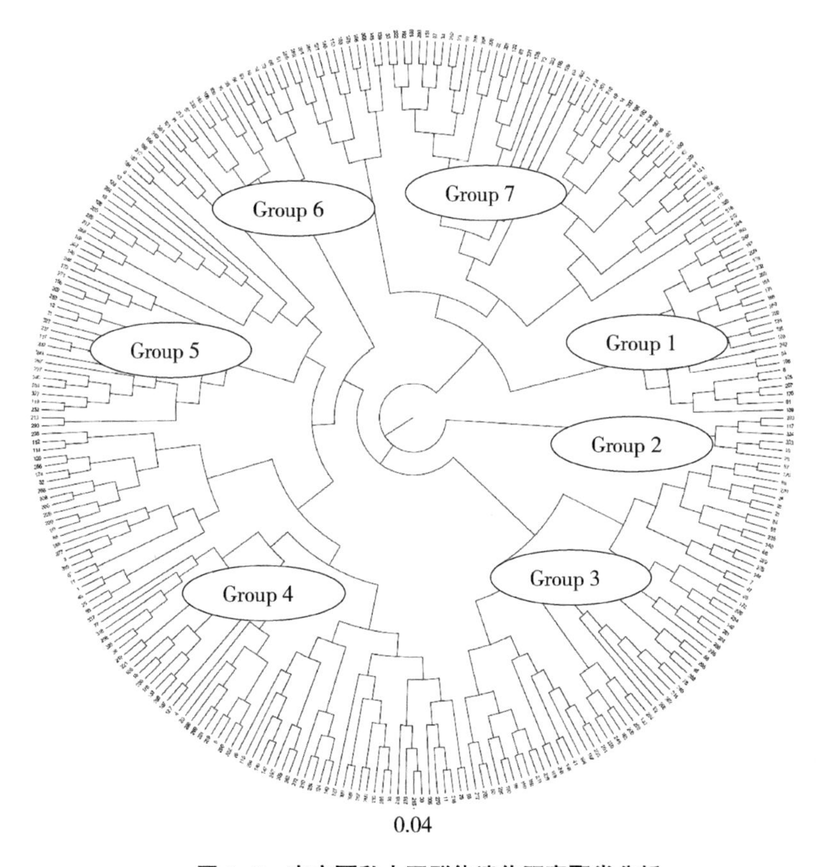

图 3-2　南方夏秋大豆群体遗传距离聚类分析

第三节　晚熟夏秋大豆群体结构情况

一、群体结构划分

采用 STRUCTURE 2.2 对夏秋大豆的群体结构进行分析后，可以看到该群体的 value of Ln *P*（*D*）、var［Ln *P*（*D*）］和 Alpha（α）连续变化，在当 K=4 时 Ln *P*（*D*）变化出现拐点，而且计算 ΔK 发现当 K=4 时 ΔK 出现峰值，因此进行群体结构分析时 K 值定为 4（图 3-3）。即整个材料分成 4 个亚群和一个混合群（没有被划归到具体群中）（图 3-4），包括 A 群、B 群、C 群、D 群及混合群。

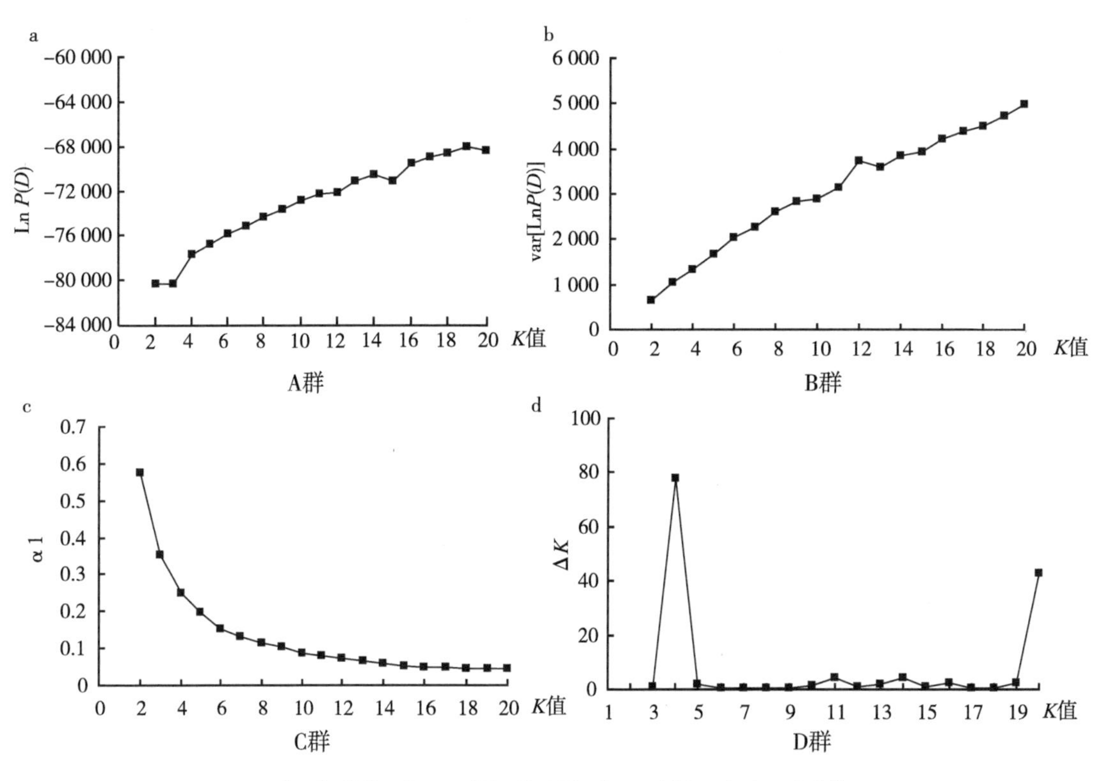

a. Ln *P*（*D*）；b. var［Ln *P*（*D*）］；c. Alpha（α）；d. Δ*K*

图 3-3　不同 *K* 值下夏秋大豆群体的 Ln *P*（*D*）

划分亚群过程中，以遗传相似比例≥50%为标准将各个种质划分到亚群中，将 296 份材料中的 241 份划分到 4 个亚群中，占材料总数的 81.4%（图 3-5）。A 群共 52 份材料，包括湖南材料 22 份、江西材料 14 份、四川材料 7 份、福建材料 5 份、广西材料 3 份和广东材料 1 份，平均遗传组分值为 0.753；B 群共 61 份材料，平均遗传相似比例 0.738，来源包含了全部 7 个省份，其中海南的全部 12 份材料均划分在这个亚群中，同时 B 亚群还包含了福建共 18 份材料中的 13 份材料及 17 份广西材料；C 群共 60 份材

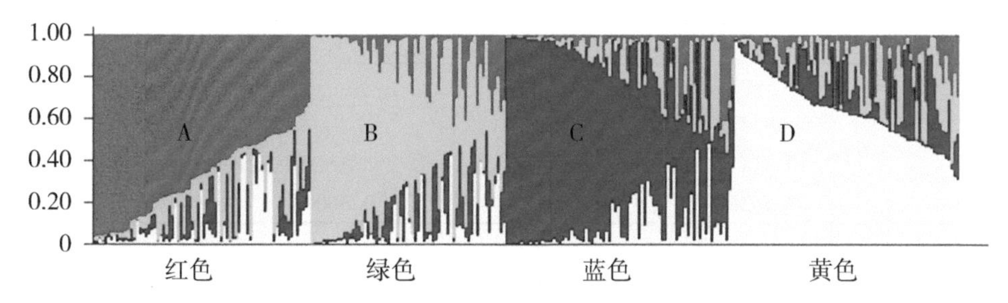

图 3-4　夏秋大豆资源群体分布情况

料，以四川材料为主，平均遗传相似比例 0. 688；D 群共 68 份，其中有 56 份湖南材料，另外包含了 8 份四川材料和 4 份广西材料，平均遗传相似比例 0. 785。另外，还存在一个亚群，称之为 M 群（Mix Subgroup），共 55 份，来源有除海南外的 6 个省份，因这些材料对于每个亚群的遗传相似比例均小于 50%，无法对其进行明确划分，所有混合成一个大群。

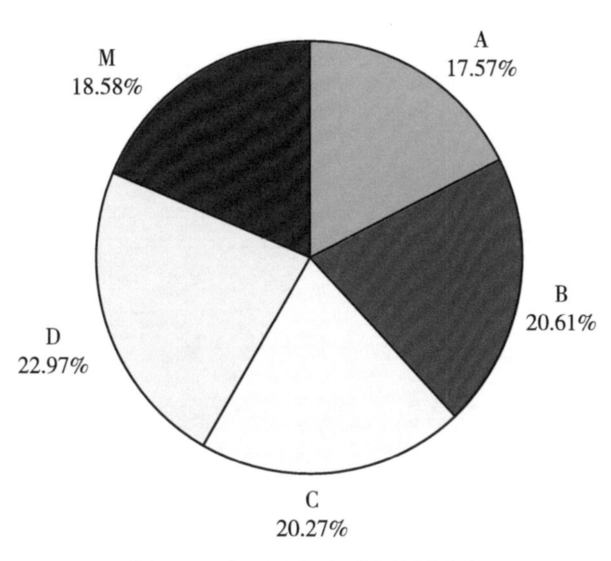

图 3-5　各亚群占总群体的百分比

二、各亚群的分化情况

等位基因频率的组群间开度值表示的是各群体间的遗传距离（表 3-4），其结果显示，A 群与 D 群间该值是 0. 563 4，为各亚群间最高的，D 亚群中包含了 56 份湖南材料，A 亚群中也包含了 22 份湖南材料，这两个亚群的等位基因频率的组群间开度值最大，说明遗传距离较远，这在一定程度上也说明湖南材料的遗传多样性较高；C 亚群与其他亚群间的该值较小，其中与 D 亚群的最小，为 0. 360 3。C 亚群以四川材料为主，D 亚群以湖南材料为主，等位基因频率的组群间开度值最低，表明湖南材料与四川材料的遗传距离最近，这与不同省份夏秋大豆遗传分化的结果完全一致。

表 3-4 各亚群等位基因频率的组群间开度值（净核苷酸距离）

项目	A	B	C	D
A	—			
B	0. 432 7	—		
C	0. 414 7	0. 368 4	—	
D	0. 563 4	0. 536 4	0. 360 3	—

第四节 LD 结构分析

296 份夏秋大豆材料利用 159 对 SSR 引物扩增后，利用 Quantity one 软件对所有材料的 SSR 片段大小进行计算。根据 TASSEL 软件格式要求转换成文本格式，导入 TASSEL 软件，计算出 159 个 SSR 位点连锁不平衡（LD）结构。图 3-6 显示了 159 对引物分布于大豆 20 个连锁群中，共12 561种位点组合，其中无论是共线性位点的组合（位于同一连锁群的位点），还是非线性组合（位于不同连锁群的位点），都存在一定程度的 LD。

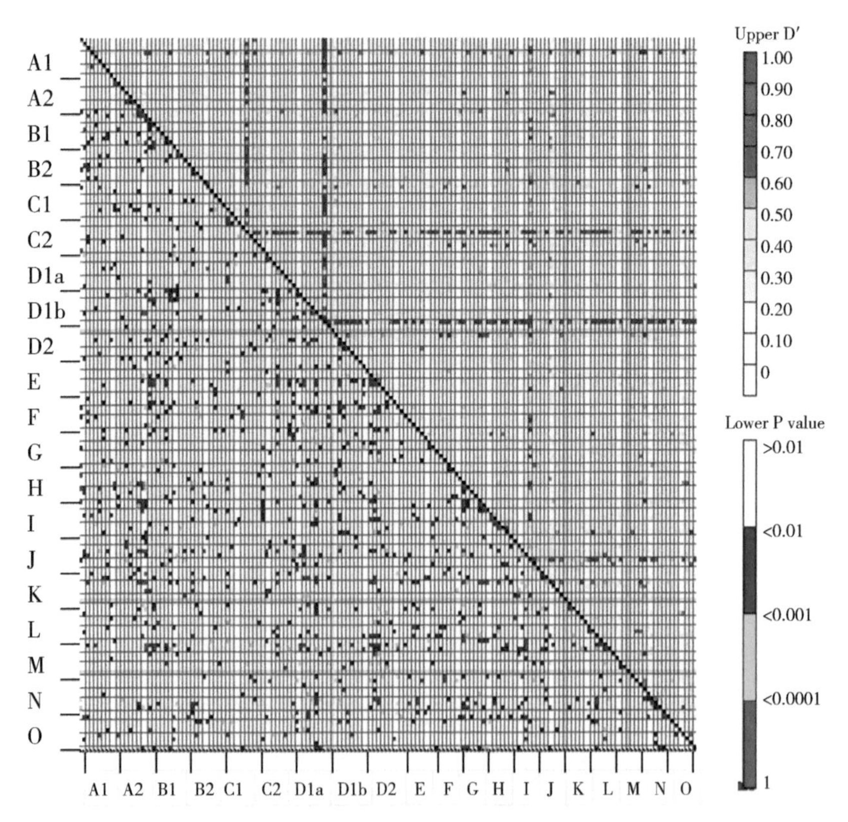

图 3-6 夏秋大豆 20 个连锁群的 159 对 SSR 位点间连锁不平衡的分布

（X 轴和 Y 轴表示的是 SSR 标记在染色体上的排列顺序。斜上方的每个格表示的是响应标记对的 *D′*值，*D′*值根据右侧的上部色标确定。斜下方的每格表示的是各标记对 LD 的 *P* value，*P* value 根据右侧下部的色标确定）

位于 20 条连锁群的 159 个 SSR 位点共形成 580 个共线性组合，对这些共线性位点组合进行分析，以 $P<0.05$ 作为筛选标准，其中的 119 个共线性位点组合存在显著的连锁不平衡，占全部共线性组合数的 20.52%，这些连锁不平衡结构在全部 20 条连锁群均有分布（表 3-5）。其中 A1 连锁群中检测的 LD 最多，有 12 个共线性组合存在 LD 结构，其次是 F 连锁群，共有 11 个共线性组合存在 LD 结构，H 连锁群和 O 连锁群检测到的共线性 LD 结构较少，都只存在 1 个共线性 LD 结构。在全部的共线性 LD 结构中，D'的平均值为 0.256 0，r^2的平均值为 0.026 7。存在高强度连锁不平衡结构（$D'>0.5$）的数量为 10 个，分别分布在 B1、C1、D1b、E（3 个）、I、J、L、N 连锁群，高强度连锁不平衡位点占所有连锁不平衡的共线性组合位点总数的 8.4%，D′值为 0.2～0.3 的存在连锁不平衡的成对位点数最多，表明大多数的 LD 结构中连锁不平衡程度较低（图 3-7）。分析 LD 与遗传距离的关系发现，当位点间遗传距离小于 20cM 时，位点间存在 LD 关系的概率随遗传距离增加而明显下降，但当遗传距离大于 20cM 时，位点间存在 LD 关系的概率随遗传距离的增加变化不大。位点间的连锁不平衡强度与遗传距离的关系也存在相同的变化趋势，D'和 R^2值随遗传距离增加而明显下降，但当遗传距离大于 20cM 时这一变化趋势不明显（表 3-6）。

表 3-5　SSR 位点连锁不平衡程度的分布情况

线性位点组合数	LD 成对位点数	比例（%）	D'值的分布					
			0～0.2	0.2～0.3	0.3～0.4	0.4～0.5	0.5～0.6	>0.6
580	119	20.52	58	32	13	6	6	4

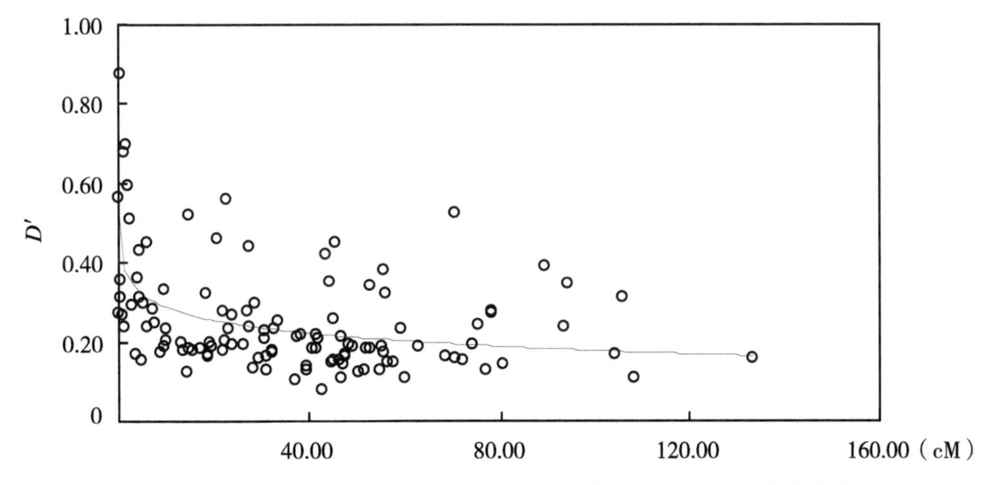

图 3-7　共线 SSR 位点 D'值在大豆基因组中随图距（cM）衰减散点

表 3-6　159 个位点中共线性位点间的遗传距离与 LD 值的评价

遗传距离	小于 1cM	1～10cM	10～20cM	大于 20cM
总对数	7	60	99	414

（续表）

遗传距离	小于 1cM	1～10cM	10～20cM	大于 20cM
存在 LD 的对数	7	19	14	79
存在 LD 的频率	100. 00%	31. 67%	14. 14%	19. 08%
平均 R^2	0. 162 3	0. 046 2	0. 007 8	0. 013 1
平均 D'	0. 479 1	0. 349 7	0. 216 9	0. 220 5

注：紧密连锁位点间距离小于 1cM；中等程度连锁位点间距离为 1～10cM；松散程度连锁位点间距离为 10～20cM；不连锁的位点间距离大于 20cM。

采用 SpaGeDi 软件分析标记对的相似性，确定材料间的亲缘关系（图 3-8）发现，个体间 Kinship 系数小于 0. 5 的比例占全部材料的 88. 4%，说明材料间的亲缘关系较远。

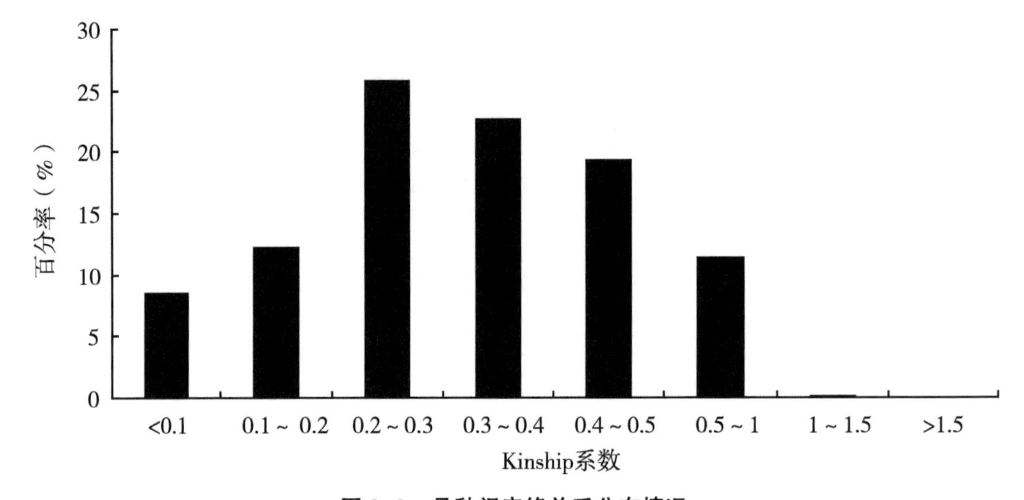

图 3-8　品种间亲缘关系分布情况

第五节　南方晚熟夏秋大豆与野生大豆多样性差异

利用 PowerMarker 软件对 190 份野生大豆材料群体进行遗传多样性分析，并将结果与南方夏秋大豆群体进行对比发现，野生大豆无论是等位变异的丰富度，还是基因多样性指数都远高于栽培大豆。在共同检测的 154 对 SSR 标记中，野生大豆共扩增出等位位点数1 363个，平均每对引物扩增出 8. 85 个位点，栽培大豆共扩增出等位位点数 620，平均每对引物扩增出 4. 03 个位点，栽培大豆仅在 9 个位点的多样性统计参数上高于野生大豆。在全部 20 条连锁群的多样性统计中，野生大豆全部高于栽培大豆（表 3-7），可见栽培大豆在驯化过程中整体多样性水平已显著下降，仅在极个别位点上获得了更丰富的变异。

比较栽培大豆与野生大豆各连锁群的多态性信息含量（PIC）发现，野生大豆在多态性信息含量上也远高于栽培大豆，但栽培大豆与野生大豆的多态性信息含量在不同连锁群间的多样性变化趋势较为一致，在 A1、C1、D1b 等染色体野生大豆和栽培大豆的多态性信息含量均较高，而在 B1、D2、J、O 等连锁群的多态性信息含量均较低，可见在栽培大豆驯化过程中各染色体的多态性信息含量下降幅度较为一致（图 3-9）。

利用 PowerMarker 软件分析群体间的遗传分析系数（F_{ST}），并对比该系数在栽培大豆各生态区群体间（表 3-3）、野生大豆各生态群体间（表 3-8）及野生大豆与栽培大豆各群体间（表 3-9）的差异。

结果表明，野生大豆群体间的分化系数平均值为 0.074 9，具体为 0.046 5~0.151 0；栽培大豆群体间分化系数的平均值为 0.108 2，具体为 0.012 3~ 0.312 6。野生大豆群体分化系数及其变化范围均小于栽培大豆，说明不同地理来源的栽培大豆之间的遗传差异高于不同地理来源的野生大豆。

表 3-7　夏秋大豆群体与野生大豆群体等位位点数及基因多样性比较

染色体	全体		栽培种		野生种	
	等位位点数	基因多样性	等位位点数	基因多样性	等位位点数	基因多样性
A1	7.44	0.68	4.44	0.55	10.44	0.81
A2	6.00	0.69	4.25	0.59	7.75	0.79
B1	5.31	0.56	3.63	0.45	7.00	0.68
B2	7.13	0.60	5.38	0.49	8.88	0.70
C1	7.25	0.69	4.88	0.57	9.63	0.82
C2	6.45	0.64	4.50	0.49	8.40	0.79
D1a	5.50	0.63	4.00	0.50	7.00	0.77
D1b	6.07	0.70	4.43	0.61	7.71	0.79
D2	5.67	0.52	3.56	0.39	7.78	0.66
E	6.17	0.58	4.00	0.54	8.33	0.63
F	6.25	0.60	3.75	0.51	8.75	0.70
G	6.81	0.63	3.75	0.45	9.88	0.81
H	6.67	0.62	3.50	0.41	9.83	0.83
I	6.31	0.61	3.50	0.39	9.13	0.84
J	6.43	0.54	4.29	0.42	8.57	0.67
K	6.44	0.64	4.22	0.53	8.67	0.75
L	6.50	0.63	3.88	0.48	9.13	0.79
M	7.67	0.63	3.17	0.41	12.17	0.85
N	6.50	0.63	3.86	0.44	9.14	0.81
O	5.92	0.52	3.00	0.33	8.83	0.72
平均	6.42	0.62	4.00	0.48	8.85	0.76

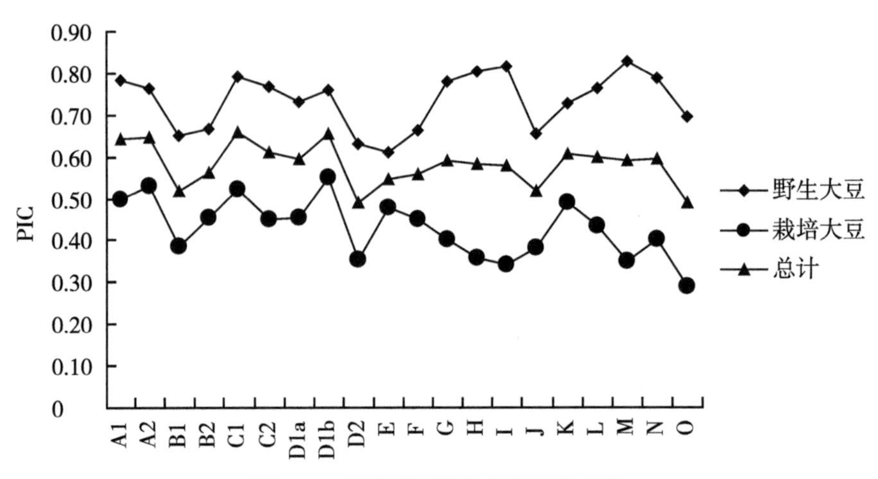

图 3-9　各连锁群的多态性信息含量

表 3-8　各生态区野生大豆遗传分化值

项目	*G. soja* 江西	*G. soja* 湖南	*G. soja* 福建	*G. soja* 广西	*G. soja* 广东
G. soja 江西	0				
G. soja 湖南	0. 046 5	0			
G. soja 福建	0. 063 9	0. 054 1	0		
G. soja 广西	0. 062 9	0. 062 5	0. 052 3	0	
G. soja 广东	0. 151 0	0. 091 5	0. 078 5	0. 085 8	0

表 3-9　不同生态区野生大豆与栽培大豆群体间的遗传分化系数

项目	*G. soja* 江西	*G. soja* 湖南	*G. soja* 福建	*G. soja* 广西	*G. soja* 广东
G. max 江西	0. 414 7	0. 403 9	0. 400 1	0. 402 9	0. 411 4
G. max 湖南	0. 371 7	0. 357 0	0. 294 1	0. 334 1	0. 173 6
G. max 福建	0. 445 9	0. 418 2	0. 406 3	0. 411 3	0. 415 5
G. max 广西	0. 392 1	0. 390 8	0. 389 3	0. 392 5	0. 393 0
G. max 广东	0. 583 1	0. 509 5	0. 453 0	0. 478 3	0. 427 5

（续表）

项目	*G. soja* 江西	*G. soja* 湖南	*G. soja* 福建	*G. soja* 广西	*G. soja* 广东
G. max 海南	0.520 8	0.466 7	0.432 8	0.446 6	0.428 8
G. max 四川	0.374 0	0.376 3	0.366 2	0.374 3	0.351 8

分析各野生大豆与栽培大豆生态群体之间的遗传分化，发现野生大豆与栽培大豆生态群体间的遗传分化系数较大，具体为0.173 6～0.583 1，远高于栽培或野生大豆各自生态群体间的分化系数。

分析来源相同的5个省份（广东、广西、湖南、江西、福建）野生大豆与栽培大豆群体间的遗传分化，发现广东与江西、广东与湖南间的野生大豆群体间遗传分化值均较大，同时广东与江西、广东与湖南间的栽培大豆群体间的遗传分化值也较大，因此推测地理隔绝可能是影响群体间遗传分化系数的因素；各省份内的栽培、野生大豆间分化系数与不同省份间栽培、野生大豆分化系数比较并未发现特殊规律，因此推测各省份的栽培大豆并不一定完全来源于本省份的野生大豆。

利用PowerMarker软件对野生大豆与栽培大豆全部材料计算遗传距离后作neighbor-joining聚类分析（图3-10），从图3-10中可以看出栽培大豆与野生大豆明显地区分为两大类群，与栽培大豆遗传距离较近的材料多为湖南野生大豆和广东野生大豆。对栽培大豆与野生大豆各生态区群体作neighbor-joining聚类图（图3-11），从中可以看出广

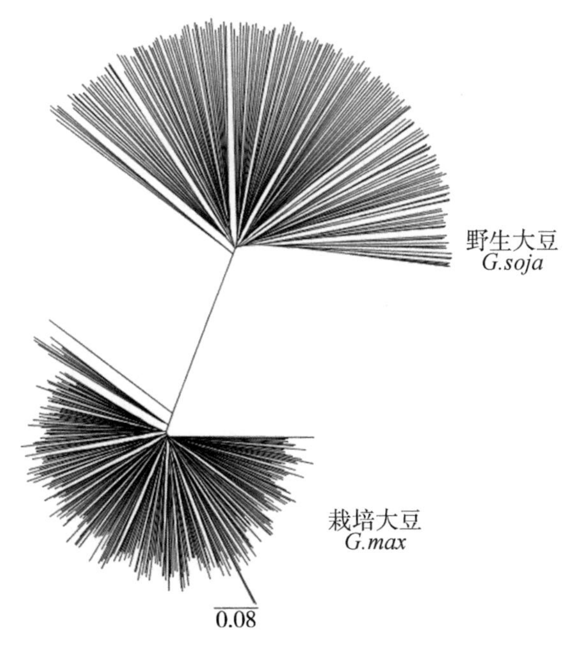

图3-10　野生大豆与栽培大豆遗传距离聚类

东的野生大豆与各省份的栽培大豆遗传距离最近，反映出广东的野生大豆是在基因组水平与栽培大豆亲缘关系最近的野生群体。海南的栽培大豆与各省份的野生大豆遗传距离最近，表明海南的栽培大豆是在基因组水平与野生大豆亲缘关系最近的栽培群体。

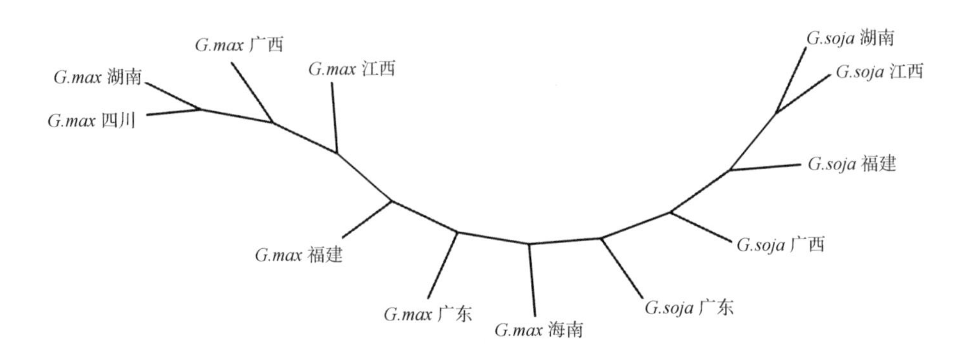

图 3-11　不同省份栽培大豆、野生大豆群体聚类

第六节　小　结

对 296 份夏秋大豆材料的遗传多样性分析，159 对 SSR 标记的扩增后获得的平均等位位点数目 4.03、平均主要等位位点频率 0.63、平均基因多样性 0.47、平均多态性信息含量 0.82。对不同来源的夏秋大豆遗传多样性比较发现，海南材料在等位位点数目、基因多样性和 PIC 值均明显低于其他省份，是 7 个来源地的材料中最小的，表明海南材料的遗传多样性低于其他材料。四川材料的基因多样性和 PIC 值在各来源中均为最高，分别是 0.48 和 0.43，广西和湖南的这两项指标稍低于四川；从等位位点数看，湖南最高，为 3.84，四川和湖南材料的遗传多样性高于其他省份。

根据各材料的遗传距离对夏秋大豆资源的来源进行聚类分析，共分为 3 类，海南材料单独聚为一类，第二类包括广西、湖南、江西、四川资源，第三类是广东和福建资源。对全部夏秋大豆资源按遗传距离进行聚类分析，共划分为 7 个群体，分类结果与材料的来源有关。

采用 STRUCTURE2.2 软件对 296 份材料进行群体结构分析，发现夏秋大豆群体可划分为 4 个亚群和 1 个混合亚群。A 亚群、B 亚群、C 亚群、D 亚群等各亚群的等位基因频率的组群间开度值表明，C 亚群与 D 亚群的等位基因频率的组群间开度值最小，为 0.360 3；A 亚群与 D 亚群的等位基因频率的组群间开度值最大，为 0.563 4。

159 对 SSR 标记间的 LD 结构分析结果显示，20 个连锁群共有 580 个共线性组合，以 $P<0.05$ 作为筛选标准，其中的 119 个共线性组合存在显著的连锁不平衡。D'的平均值为 0.256 0，r^2的平均值为 0.026 7。存在高强度连锁不平衡结构（$D'>0.5$）的数量为 10 个，分别分布在 B1、C1、D1b、E（3 个）、I、J、L、N 连锁群。

对南方晚熟夏秋大豆与野生大豆多样性比较及遗传分化分析发现，野生大豆无论是等位变异的丰富度，还是基因多样性指数都远高于栽培大豆；但不同生态区野生大豆群体间分化系数及其变化范围均小于栽培大豆；遗传距离作图可将野生大豆与栽培大豆明显区分；与栽培大豆遗传距离最近的野生豆材料为广东野生豆群体，与野生大豆遗传距离最近的栽培大豆为海南栽培大豆群体。

参考文献

常汝镇，1989. 中国大豆遗传资源的分析研究——Ⅰ. 不同栽培区大豆遗传资源的生育期［J］. 作物品种资源（2）：4-6.

常汝镇，1990. 中国大豆遗传资源的分析研究Ⅲ. 大豆生育习性和结荚习性分布特点［J］. 作物品种资源（2）：1-2.

常汝镇，1990. 中国大豆传资源的分析研究——Ⅳ. 不同地区大豆遗传资源的若干植株性状［J］. 作物品种资源（4）：10-11.

常汝镇，1989. 中国大豆遗传资源的分析研究——Ⅱ. 不同栽培区大豆品种若干籽粒性状［J］. 作物品种资源（4）：11-14.

陈艳秋，邱丽娟，常汝镇，等，2002. 中国秋大豆预选核心种质遗传多样性的 RAPD 分析［J］. 中国油料作物学报（3）：21-24.

崔艳华，邱丽娟，常汝镇，等，2004. 黄淮夏大豆遗传多样性分析［J］. 中国农业科学（1）：15-22.

关媛，2004. 中国湖南、湖北栽培大豆遗传多样性分析［D］. 乌鲁木齐：新疆农业大学.

李福山，常汝镇，舒世珍，等，1986. 栽培、野生、半野生大豆蛋白质含量及氨基酸组成的初步分析［J］. 大豆科学（1）：65-72.

李林海，邱丽娟，常汝镇，等，2005. 中国黄淮和南方夏大豆（*Glycine max* L.）SSR 标记的遗传多样性及分化研究［J］. 作物学报（6）：777-783.

刘兴媛，胡传璞，季玉玲，1998. 中国大豆种质资源的脂肪酸组成分析［J］. 作物品种资源（2）：40-42.

刘旭，2005. 生物多样性——关于中国种质资源面对的挑战与对策［J］. 世界科学技术（4）：101-104.

吕世霖，程舜华，1984. 大豆籽粒性状生态分布与育种［J］. 大豆科学（3）：201-207.

朴日花，2004. 沿海地区南方夏大豆遗传多样性分析及核心种质构建［D］. 哈尔滨：东北农业大学.

邱丽娟，Nelson Randalll.，Vodkin Lilao，1997. 利用 RAPD 标记鉴定大豆种质［J］. 作物学报（4）：408-417.

宋启建，盖钧镒，马育华，1990. 大豆蛋白质和油分含量生态特点研究［J］. 大豆科学（2）：121-129.

王彪，邱丽娟，2002. 大豆 SSR 技术研究进展［J］. 植物学通报（1）：44-48.

文自翔，2008. 中国栽培和野生大豆的遗传多样性、群体分化和演化及其育种性状

QTL 的关联分析 [D]. 南京：南京农业大学.

谢华，2002. 中国大豆预选核心种质代表性样品遗传多样性研究 [D]. 北京：中国农业科学院.

徐豹，郑惠玉，吕景良，等，1984. 中国大豆的蛋白资源 [J]. 大豆科学 (4)：327-331.

许东河，高忠，盖钧镒，等，1999. 中国野生大豆与栽培大豆等位酶、RFLP 和 RAPD 标记的遗传多样性与演化趋势分析 [J]. 中国农业科学 (6)：16-22.

许占友，邱丽娟，常汝镇，等，1999. 利用 SSR 标记鉴定大豆种质 [J]. 中国农业科学 (S1)：40-48.

曾巧英，2012. 南方野生大豆耐铝性关联分析及对铝响应的 miRNA [D]. 广州：华南农业大学.

张彩英，李喜焕，常文锁，等，2008. 应用 SSR 标记分析大豆种质资源的遗传多样性 [J]. 植物遗传资源学报 (3)：308-314.

郑永战，盖钧镒，卢为国，等，2006. 大豆脂肪及脂肪酸组分含量的 QTL 定位 [J]. 作物学报 (12)：1 823-1 830.

周恩远，2009. 大豆种质资源遗传多样性研究 [D]. 哈尔滨：东北农业大学.

朱申龙，Mortiml，Raor，1998. 应用 AFLP 方法研究中国大豆的遗传多样性（英文）[J]. 浙江农业学报 (6)：302-309.

ABE J, XU D H, SUZUKI Y, et al., 2003. Soybean germplasm pools in Asia revealed by nuclear SSRs [J]. Theor Appl Genet, 106 (3): 445-453.

AMINI F, SAEIDI G, ARZANI A, 2008. Study of genetic diversity in safflower genotypes using agro-morphological traits and RAPD markers [J]. Euphytica, 163 (1): 21-30.

BROWN-GUEDIRA G L, THOMPSON J A, NELSON R L, et al., 2000. Evaluation of genetic diversity of soybean introductions and North American ancestors using RAPD and SSR markers [J]. Crop Science, 40 (3): 815-823.

EVANNO G, REGNAUT S, GOUDET J, 2005. Detecting the number of clusters of individuals using the software STRUCTURE: a simulation study [J]. Molecular Ecology, 14 (8): 2 611-2 620.

HYTEN D L, SONG Q, ZHU Y, et al., 2006. Impacts of genetic bottlenecks on soybean genome diversity [J]. Proc Natl Acad Sci U S A, 103 (45): 16 666-16 671.

LI Y, ZHANG C, SMULDERS M J M, et al., 2013. Analysis of average standardized SSR allele size supports domestication of soybean along the Yellow River [J]. Genetic Resources And Crop Evolution, 60 (2): 763-776.

LI Z L, NELSON R L, 2002. RAPD marker diversity among cultivated and wild soybean accessions from four Chinese provinces [J]. Crop Science, 42 (5): 1 737-1 744.

LIU K J, MUSE S V, 2005. PowerMarker: an integrated analysis environment for genetic marker analysis [J]. Bioinformatics, 21 (9): 2 128-2 129.

ROSENBERG N A, 2004. Distruct: a program for the graphical display of population structure [J]. Molecular Ecology Notes, 4 (1): 137-138.

SHIMAMOTO Y, 2001. Polymorphism and phylogeny of soybean based on chloroplast and mitochondrial DNA analysis [J]. Jarq, 35 (2): 79-84.

第四章　华南野生大豆磷效率性状鉴定与评价

第一节　引　言

华南大豆生产是我国大豆生产中的重要组成部分，但由于该地区主要为丘陵山区旱地，土壤肥力差，酸性强，铁、铝、锰含量高，磷极易被固定，有效磷元素缺乏严重，导致单产较低，经济效益相对低下，极大影响了该地区大豆生产发展。从遗传改良方面着手，在野生大豆中筛选磷高效资源，挖掘出磷高效 QTL 位点、重要功能基因，利用常规育种、分子标记辅助育种及转基因育种等技术培育适应酸性低磷土壤条件的优良大豆新品种，是解决该地区大豆产量低下的一条重要途径（Yan et al.，2006）。

磷是植物生长发育的必需元素，在热带和亚热带地区，磷是限制作物生长的主要养分因子之一。不同作物或同一作物的不同品种对土壤潜在磷的吸收利用及其转化效率存在遗传差异（Furlani et al.，2002；夏龙飞，2015；朱天琦，2018；赵炎，2019）。从作物品种资源中发掘耐低磷或对土壤难溶性磷有较强吸收利用能力的种质，选育对土壤磷高效的品种是解决上述问题的重要途径（Yan et al.，2006）。

种质资源是现代植物育种的物质基础，野生种和作物近缘种是植物种质资源的重要组成部分。野生大豆长期生长在较为贫瘠的土壤中，形成了具有耐瘠薄的特性，是大豆品种改良中的重要基因来源。野生大豆与栽培大豆同属大豆属的两个种，但实际上二者间只存在着“品种级”的差异，栽培大豆是通过定向选择和积累变异从野生大豆逐渐演变而来的，两者之间在杂交利用过程中不存在遗传障碍，在大豆育种上可直接将野生大豆的某些有利性状转育到栽培大豆上（赵团结，盖钧镒，2004；王静等，2018）。

本研究基于野生大豆优异种质资源磷效率评价与鉴定目的，选择低磷红壤旱地对野生大豆种质资源进行筛选评价。在野生大豆中发掘磷高效基因资源，可拓宽大豆育种种质资源，丰富大豆基因源，促进大豆营养性状遗传育种，解决抑制高产的因子。同时客观评价磷效率表型性状，为与分子多态性进行关联分析做好铺垫。

评价的野生大豆共 139 份，主要来自华南红黄壤缺磷地区采集的野生大豆。其中江西 49 份，分别分布于江西境内 34 个县（区）；湖南 37 份材料，分别分布于湖南境内 19 个县（区）；福建 42 份，分别分布于福建境内 23 个县（区）；广西 11 份，分布于广西境内 11 个县（区）。

磷效率性状鉴定主要采用田间种植鉴定，设高磷、低磷两个种植鉴定区，每个区完全按照随机区组排列，设3个重复，每个重复种植野生大豆种2蔸，每蔸留苗2株。另外，分别在高磷、低磷区取田间耕作层30cm内的土壤进行盆栽试验，每份野生大豆每盆留苗2株，作为主要性状取样调查用。盛花期收获盆栽材料，测定了各基因型的主要性状，包括冠鲜重（fresh shoot weight，FSW）、冠干重（dry shoot weight，DSW）、根鲜重（fresh root weight，FRW）、根干重（dry root weight，DRW）、主根长（primary root length，PRL）。采用干灰化法分别测量冠全磷含量（shoot P content，SPC）、根全磷含量（root P content，RPC）。在野生大豆80%左右的叶子变黄、先期成熟的籽粒将要开裂时，每个重复4株一起全株收获，放置于网袋中，晾至通风处，完全成熟后晒打，测量单株平均产量。生物量的单位为g，根长的单位为cm。

原始数据利用Excel 2003进行统计，数据性状描述、*F*测验及相关分析均利用SPSS软件进行。

第二节　不同磷效率性状变化分析

一、生物量的变化

139份野生大豆不同基因型在高磷、低磷条件下，其生物量的大小差异明显；高磷、低磷条件下相比较，生物量的变化又有所区别（表4-1、图4-1、图4-2）。

在高磷条件下，不同基因型的平均冠鲜重、根鲜重、冠干重、根干重的最大值是最小值的8~10倍，如冠鲜重为12.2~86.3g、根鲜重为4.9~40.4g、冠干重为4.3~43.1g、根干重为2.1~12.3g。在低磷条件下，平均生物量的变化趋势更为明显，特别是冠鲜重及冠干重，其差异达到了40倍左右。以上结果表明不同的野生大豆在同一环境条件下，其生物量的差异很大，这种差异直接导致品种产量的差异。高磷、低磷条件下比较，冠鲜重及干重在高磷条件下，各基因型的平均值分别为38.9g和13.5g，而低磷条件下则分别为22.7g和8.2g，较高磷条件下分别轻11.2g和5.3g。表明野生大豆在缺磷时，其营养生长总体上受到一定的限制，生长势较差。根鲜重及根干重在高磷条件下，各基因型的平均值分别为15.1g和5.3g，而在低磷条件下只有11.9g和4.9g，较高磷条件下轻3.2g和0.4g，表明野生大豆在缺磷条件下其根系生长受到了较大程度抑制，根系发育总体偏差，但比冠部减少的程度要小，这主要与根部在缺磷条件下的主根伸长有关。

表4-1　各基因型不同磷效率性状变化分析

项目	冠鲜重（g）	根鲜重（g）	主根长（cm）	冠干重（g）	根干重（g）	冠磷含量（mg）	根磷含量（mg）	产量（g）
高磷：								
变幅	12.2~86.3	4.9~40.4	11.0~68.0	4.3~43.1	2.1~12.3	0.51~6.16	0.46~4.38	10.6~26.6
平均值	38.9	15.1	31.9	13.5	5.3	1.82	1.71	13.5
标准差	21.3	7.5	13.5	9.3	1.9	1.16	0.76	2.9

（续表）

项目	冠鲜重（g）	根鲜重（g）	主根长（cm）	冠干重（g）	根干重（g）	冠磷含量（mg）	根磷含量（mg）	产量（g）
偏度	0.838	1.167	0.681	1.538	0.565	1.654	0.879	2.110
峰度	-0.690	1.195	-0.543	1.854	-0.009 6	2.833	1.055	4.880
低磷：								
变幅	4.6~75.1	1.7~39.0	11.3~73.0	0.7~36.4	2.0~12.3	0.06~5.14	0.08~1.00	1.9~22.0
平均值	22.7	11.9	33.9	8.2	4.9	0.81	0.34	9.7
标准差	17.6	6.8	13.9	7.1	1.9	0.78	0.17	2.57
偏度	1.138	1.090	0.587	1.957	1.116	2.523	8.771	2.200
峰度	0.273	1.429	-0.265	4.684	2.014	1.198	2.043	10.057

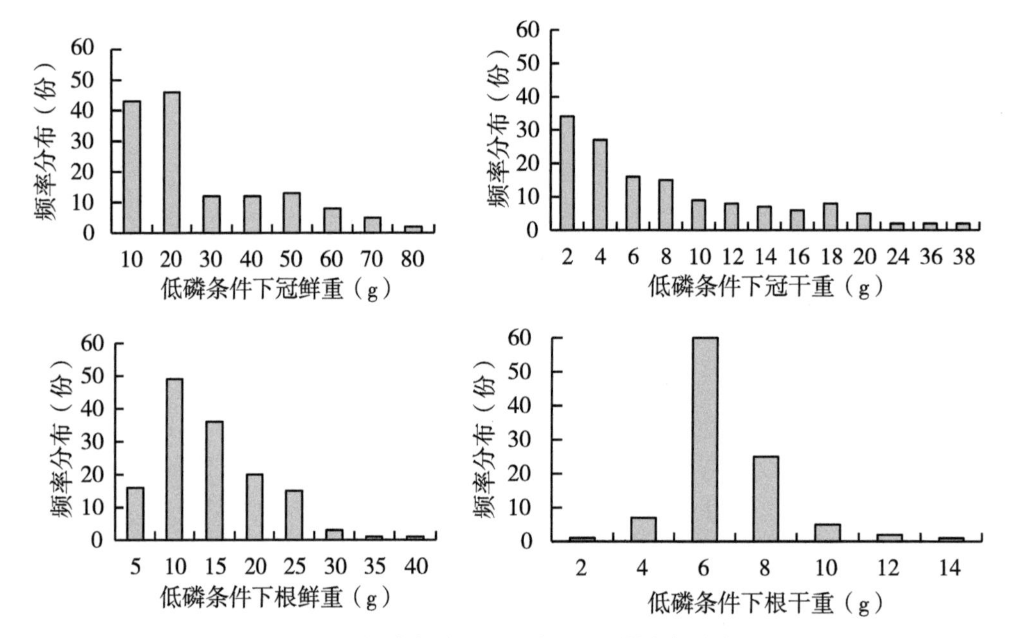

图 4-1　低磷条件下野生大豆生物量变化分布

二、主根长及全磷含量的变化

主根长是指主根根尖到子叶节的距离，139 份野生大豆的主根长在高磷、低磷条件下表现出较大差异（表 4-1、图 4-3）。在高磷条件下，平均主根长为 11.0~68.0cm，低磷条件下，平均主根长为 11.3~73.0cm。在低磷条件下，其生物量均呈现下降趋势，但从主根长来看，则呈现相反的现象，主根长在高磷条件下其平均值为 31.9cm，而在低磷条件下则为 33.9cm，较在高磷条件下要长 2.0cm，表明野生大豆在缺磷时，主根生长对低磷有一定程度的响应，为吸收更多的有效磷，其生长速度有所加快，但其须根生长则受到抑制，所以其根重相对高磷条件下要轻。

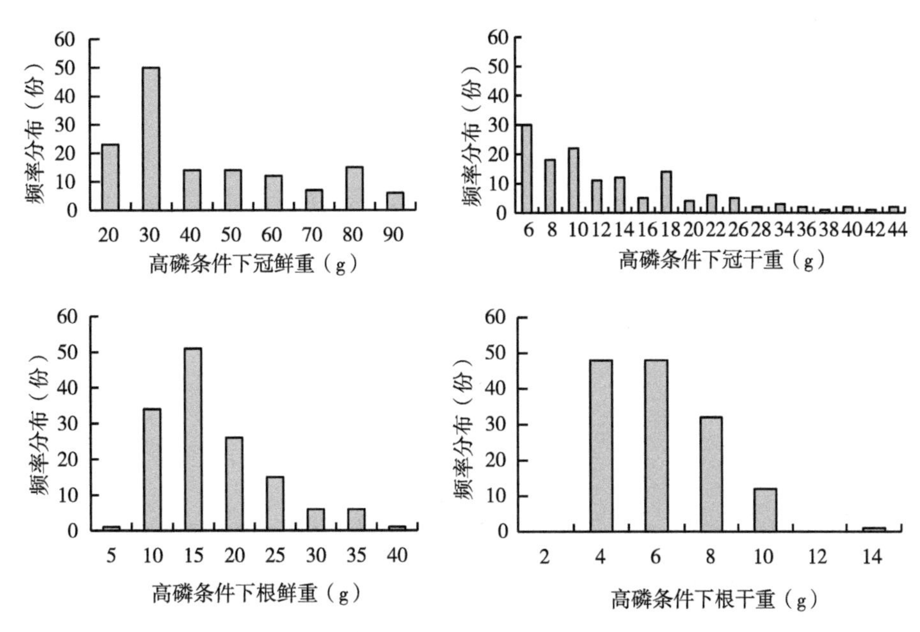

图 4-2　高磷条件下野生大豆生物量变化分布

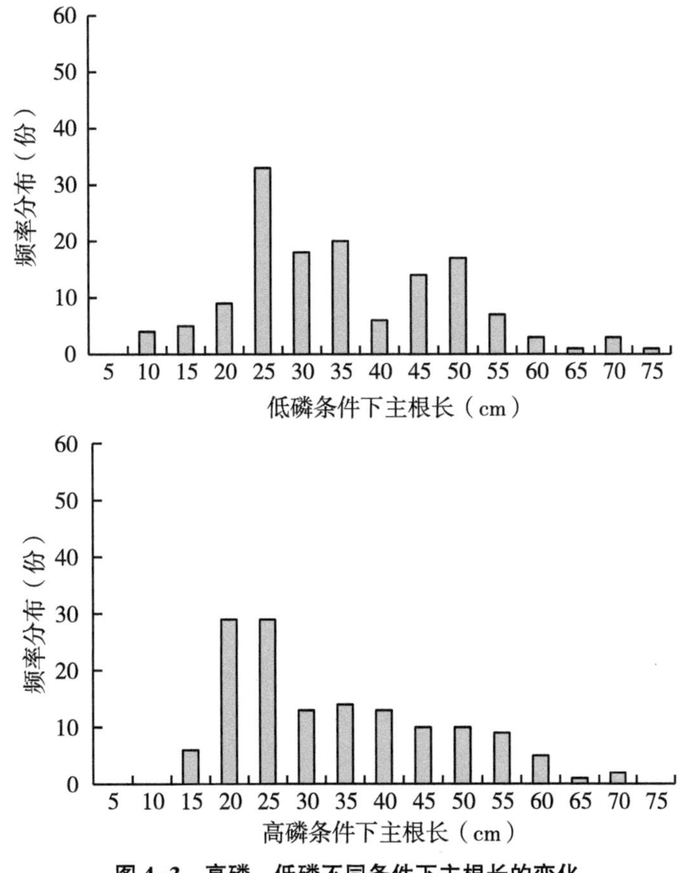

图 4-3　高磷、低磷不同条件下主根长的变化

从磷含量分析结果来看，139 份野生大豆冠磷含量、根磷含量与其他性状一样，在同一环境条件下同样表现出较大差异（表 4-1，图 4-4）。高磷条件下，平均冠全磷含量为 0. 51 ~ 6. 16mg，根全磷含量为 0. 46 ~ 4. 38mg。低磷条件下，平均冠磷含量为 0. 06~5. 14mg，根磷含量为 0. 08~1. 00mg。高磷条件下其磷含量相对低磷条件下含量要高。同时发现，无论是在高磷条件还是在低磷条件，冠部磷含量要高于根部。

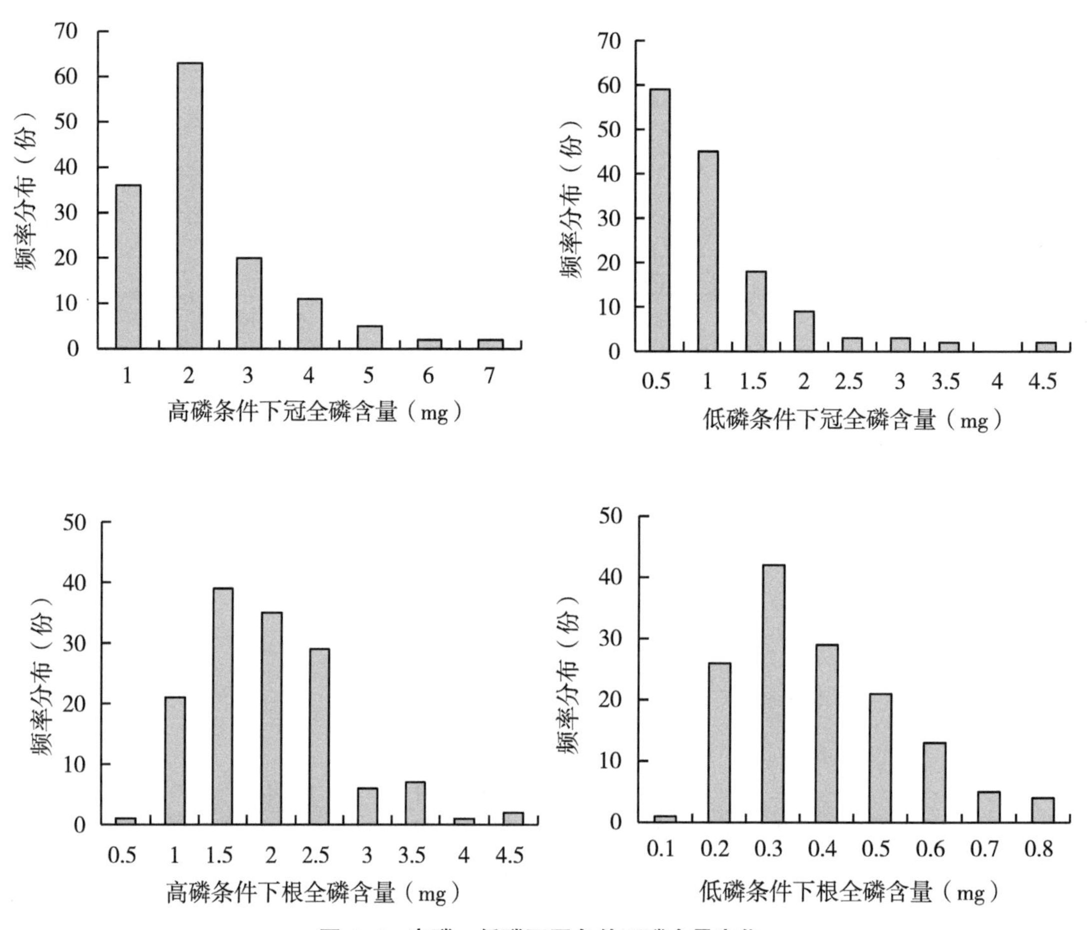

图 4-4　高磷、低磷不同条件下磷含量变化

三、产量性状的变化

产量主要指的是收获的干籽粒产量，139 份野生大豆干籽粒平均产量在高磷、低磷同一条件下，产量差异较大（图 4-5）。高磷条件下平均产量为 10. 6~26. 6g，低磷条件下平均产量为 1. 9~22. 0g。高磷条件下产量较低磷条件下要高，高磷条件下的平均产量为 13. 5g，低磷条件下的平均产量为 9. 7g，高磷下的平均产量是低磷条件下的 1. 4 倍。以上结果表明野生大豆在缺磷条件下产量受到影响，磷素是作物生长和发育不可缺少的大量元素之一。

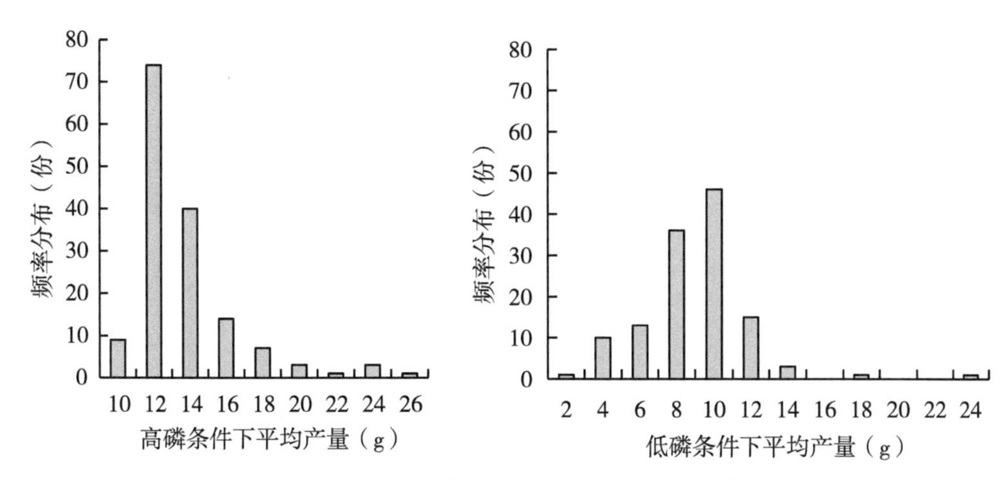

图 4-5　高磷、低磷条件下野生大豆平均产量分布

第三节　不同基因型磷效率能力分析

一、高磷条件下各基因型的差异

在高磷环境条件下，种植的野生大豆普遍长势较好，但各基因型之间存在差异。一是在同等外界环境条件下，一些基因型其本身的营养产量较高，属高产类型；二是由于在高磷环境条件下，一些基因型其利用磷方面的效率相对较高，即属于有磷条件下的高效利用型，所以表现出生长势较旺。从本试验来看，在高磷环境条件下，各不同性状分别取位列前十与位列后十的基因型进行了比较（表 4-2、表 4-4）。从冠鲜重及其干重来看，前十位基因型其平均值分别达到 81. 5g 和 38. 4g，而后十位基因型其平均值只有 16. 5g 和 6. 8g，两者相差 65. 0g 和 31. 6g。从根鲜重及其干重来看，前十位平均值分别达到 33. 7g 和 9. 3g，而后十位基因型其平均值只有 12. 3g 和 2. 5g，两者相差 21. 4g 和 6. 8g。主根长前十位其平均值达到 59. 5cm，而后十位其平均值只有 15. 4cm，两者相差 44. 1cm。从磷含量检测结果来看，前十位冠磷含量和根部含量分别达到 4. 92mg 和 3. 56mg，较后十位磷含量的分别高出 4. 27mg 和 2. 94mg。从产量结果来看，平均值产量高的前十位平均产量为 21. 9g，产量低的平均产量为 10. 8g，两者相差 11. 1g，这些差异均达到极显著水平。

依据上述几个主要性状的综合结果来看（表 4-4），综合性状表现较好的材料即有磷条件下的高效利用型，有来自湖南的材料代号为 W336、W342、W343、W346、W369，来自江西的材料代号为 JW120、JW200，还有来自福建的材料 BW18。

表 4-2 高磷条件下不同性状前十和后十基因型差异程度

基因型	冠鲜重 (g)	根鲜重 (g)	主根长 (cm)	冠干重 (g)	根干重 (g)	冠磷含量 (mg)	根磷含量 (mg)	产量 (g)
H	81.5	33.7	59.5	38.4	9.3	4.92	3.56	21.9
L	16.5	12.3	15.4	6.8	2.5	0.65	0.62	10.8
H-L	65**	11.4**	43.1**	21.6**	6.8**	4.27**	2.94**	11.1**

注：H 为位列前 10 位长势好的基因型，L 为位列后 10 位长势差的基因型。

二、低磷条件下各基因型的差异

在低磷环境条件下，所种植的野生大豆长势相对较差，各基因型之间其耐低磷能力差异也很明显。一是在同等外界环境条件下，由于该基因型其本身的营养产量较高，属高产类型；二是由于该基因型在低磷环境条件下，能吸收利用更多无效磷或者说吸收较少的磷能生产相对较多的产量，能适应低磷条件下生长。从本试验来看，在低磷环境条件下，各不同性状分别取位列前十位与位列后十位的基因型进行了比较（表 4-3，表 4-4）。从冠鲜重及其干重来看，前十位基因型其平均值分别达到 63.5g 和 26.6g，而后十位基因型其平均值只有 11.2g 和 5.1g，两者相差 52.3g 和 22.5g。从根鲜重及其干重来看，前十位平均值分别达到 27.7g 和 9.6g，而后十位基因型其平均值只有 5.6g 和 2.2g，两者相差 16.1g 和 7.4g。主根长前十位其平均值达到 62.9cm，而后十位其平均值只有 13.1cm，两者相差 49.8cm。从磷含量检测结果来看，磷含量差异也较大，其冠磷含量和根部磷含量分别达到 2.9mg 和 0.75mg，较含磷量低的分别高出 2.81mg 和 0.63mg。从产量结果来看，平均值产量高的前十位平均产量为 13.1g，产量低的平均产量为 2.9g，两者相差 10.2g。上述这些差异也均达到了极显著水平。同样，在低磷环境条件下，综合各性状的情况来看（表 4-5），其综合性状表现较好的材料有来自湖南的材料代号为 W346、W342、W343，来自江西的材料代号为 JW120、JW108，还有来自福建的材料 BW18。

表 4-3 低磷条件下长势好与差之间差异程度

基因型	冠鲜重 (g)	根鲜重 (g)	主根长 (cm)	冠干重 (g)	根干重 (g)	冠磷含量 (mg)	根磷含量 (mg)	产量 (g)
H	63.5	27.7	62.9	26.6	9.6	2.9	0.75	13.1
L	11.2	5.6	13.1	5.1	2.2	0.09	0.12	2.9
H-L	52.3**	22.1**	49.8**	21.5**	7.4**	2.81**	0.63**	10.2**

注：H 为位列前 10 位长势好的基因型、L 为位列后 10 位长势差的基因型。

表 4-4　高磷环境条件下不同性状前十位与后十位的基因型

基因型	冠鲜重（g）	基因型	根鲜重（g）	基因型	主根长（cm）	基因型	冠干重（g）	基因型	根干重（g）	基因型	冠磷含量（mg）	基因型	根磷含量（mg）	基因型	产量（g）
W342	86.3	W334	40.4	W336	68.0	BW17	43.1	W334	12.3	BW17	6.15	JW73	4.38	BW86	26.7
BW17	84.4	W346	39.3	JW110	68.0	W342	42.6	W355	9.3	W342	6.08	JW71	4.08	BW44	24.3
W336	84.0	W342	35.0	JW183	65.0	BW18	41.2	JW200	9.2	BW56	5.57	BW72	3.84	JW120	24.1
W343	82.6	W306	34.1	JW135	58.0	W336	39.5	W306	9.0	BW13	5.27	BW38	3.50	W346	23.2
BW18	81.7	W336	34.0	W363	57.0	BW56	39.0	W345	8.6	JW186	4.87	JW15	3.40	JW34	22.1
BW61	81.1	W355	34.0	W342	57.0	BW61	38.4	JW15	8.5	W336	4.51	JW88	3.36	BW48	20.9
BW13	79.2	JW200	32.9	JW181	57.0	BW13	36.9	W346	8.4	W360	4.40	W346	3.36	BW61	20.8
JW69	78.9	W345	31.5	W306	56.0	JW69	35.8	JW88	8.4	BW61	4.39	W349	3.32	BW18	20.0
BW56	78.9	JW73	29.1	JW200	55.0	JW186	34.1	W349	8.3	BW99	4.09	W342	3.24	BW76	18.8
JW186	78.2	BW38	27.3	W370	54.0	W343	33.7	BW99	8.3	W343	3.85	W360	3.20	W342	18.6
BW84	17.9	JW168	13.4	BW100	17.5	BW55	7.2	JW101	2.7	BW76	0.74	BW24	0.70	JW88	11.0
BW64	17.8	BW33	13.3	W236	17.0	BW48	7.2	BW63	2.7	JW48	0.74	W351	0.70	JW15	10.9
BW42	17.7	BW74	13.2	BW76	17.0	JW168	7.2	BW55	2.6	W252	0.74	JW191	0.69	BW39	10.9
BW48	17.6	W371	13.2	BW44	17.0	BW74	6.9	BW45	2.6	BW74	0.70	BW53	0.66	BW105	10.9
BW55	17.5	W361	13.2	W241	15.0	W361	6.8	W371	2.5	W371	0.64	JW108	0.66	JW101	10.8
W241	17.3	BW26	12.9	BW74	15.0	JW191	6.6	W241	2.4	BW49	0.62	BW62	0.63	JW144	10.8
W361	16.8	BW86	12.9	BW63	15.0	W241	5.8	JW191	2.3	JW101	0.62	BW33	0.62	JW93	10.7
W252	16.2	JW101	10.7	BW17	15.0	BW9	5.7	BW74	2.3	BW23	0.61	JW101	0.54	BW81	10.7
BW9	14.5	W364	9.6	JW191	14.6	W252	5.7	JW108	2.2	JW168	0.59	BW45	0.52	BW46	10.7
W359	12.2	W359	8.9	W371	11.0	W359	5.7	BW62	2.1	BW50	0.51	BW74	0.46	BW107	10.6

表 4-5　低磷环境条件下不同性状前十位与后十位的基因型

基因型	冠鲜重（g）	基因型	根鲜重（g）	基因型	主根长（cm）	基因型	冠干重（g）	基因型	根干重（g）	基因型	冠磷含量（mg）	基因型	根磷含量（mg）	基因型	产量（g）
BW64	75. 1	W342	39. 0	JW174	73. 0	BW64	36. 4	BW64	12. 3	BW56	5. 14	W370	1. 00	JW108	22. 0
JW108	74. 2	BW64	33. 2	BW76	70. 0	JW108	36. 2	W370	11. 7	BW64	4. 16	W355	0. 92	JW120	17. 5
BW56	64. 9	W370	28. 8	BW45	70. 0	BW56	36. 0	JW189	11. 3	JW108	3. 10	BW56	0. 84	BW44	13. 5
BW72	64. 0	BW69	27. 7	W369	67. 0	BW72	35. 6	W355	10. 7	BW72	3. 05	W343	0. 79	W356	12. 8
W342	64. 3	W336	27. 0	BW22	62. 0	W342	22. 8	W360	9. 2	W342	2. 60	BW64	0. 70	JW53	12. 3
W346	62. 9	BW70	25. 4	BW69	60. 0	W346	22. 2	BW69	9. 1	JW120	2. 57	JW110	0. 66	W231	11. 0
W343	61. 0	W355	25. 0	BW40	60. 0	W336	20. 0	W362	8. 9	W346	2. 54	JW15	0. 66	JW110	10. 9
BW18	56. 5	BW62	24. 2	W345	57. 0	BW9	19. 4	W336	8. 2	JW150	2. 34	W342	0. 65	JW165	10. 6
JW125	56. 3	W360	23. 9	W367	55. 0	BW19	19. 2	JW15	7. 7	W336	2. 28	JW189	0. 65	W343	10. 4
JW150	56. 2	JW189	23. 0	JW34	55. 0	W343	18. 9	BW48	7. 7	BW19	2. 19	W369	0. 60	W346	10. 1
JW73	12. 0	JW78	6. 4	JW144	15. 5	W370	5. 6	JW181	2. 5	W361	0. 13	JW181	0. 14	JW34	3. 7
BW32	12. 0	W381	6. 0	BW44	15. 0	W361	5. 5	JW45	2. 4	JW174	0. 12	JW45	0. 14	BW23	3. 7
W364	11. 8	JW101	5. 8	BW74	14. 0	JW186	5. 3	W371	2. 3	BW42	0. 11	JW183	0. 13	JW191	3. 5
BW29	11. 7	JW186	5. 4	JW165	13. 3	JW172	5. 3	JW131	2. 3	JW186	0. 11	JW186	0. 12	JW149	3. 3
BW25	11. 1	BW32	5. 1	JW137	13. 0	BW42	5. 3	JW183	2. 3	BW25	0. 10	JW78	0. 12	W317	3. 1
W381	10. 8	W335	5. 0	JW123	13. 0	JW73	5. 1	JW78	2. 2	JW73	0. 09	W317	0. 12	JW125	2. 7
JW186	10. 8	JW183	5. 0	JW78	12. 3	BW73	5. 1	JW186	2. 2	W241	0. 09	BW94	0. 12	JW41	2. 6
W370	10. 9	JW149	4. 9	W371	12. 0	W241	5. 0	W317	2. 2	JW149	0. 08	JW73	0. 11	JW186	2. 4
JW149	10. 9	JW145	4. 9	W347	11. 9	JW149	4. 9	W347	2. 1	BW73	0. 06	W360	0. 11	JW168	2. 4
JW183	10. 6	JW135	4. 7	W357	11. 3	JW183	4. 7	JW73	2. 0	JW183	0. 06	W356	0. 08	JW92	1. 9

表 4-6　高低磷相对耐性前十位与后十位的基因型

基因型	冠鲜重（g）	基因型	根鲜重（g）	基因型	主根长（cm）	基因型	冠干重（g）	基因型	根干重（g）	基因型	冠磷含量（mg）	基因型	根磷含量（mg）	基因型	产量（g）
JW186	93.9	JW145	91.9	JW183	−35.3	JW186	96.2	W334	77.6	JW186	97.7	JW73	97.3	JW186	203.5
W370	92.2	JW183	87.7	JW181	−34.3	JW183	94.5	JW73	72.6	BW73	97.6	W356	95.7	JW34	197.7
BW13	90.5	JW135	87.4	JW56	−30.2	BW73	93.9	JW197	67.1	JW183	96.7	JW183	94.8	JW92	188.0
JW165	90.2	BW32	87.2	JW200	−30.0	JW78	93.3	JW183	64.3	BW13	96.4	BW72	94.8	JW41	186.5
BW17	90.2	W334	87.0	BW72	−29.6	W370	92.5	JW181	61.1	W370	95.5	BW94	94.5	JW168	168.1
W356	89.8	JW149	85.5	JW101	−28.6	BW13	90.9	JW131	61.0	BW17	94.3	JW78	94.1	JW125	115.9
JW78	89.8	JW186	83.2	W334	−28.6	W356	90.6	JW56	60.0	BW25	93.8	JW181	92.5	W317	109.2
BW32	89.5	JW73	82.8	JW66	−28.6	BW17	90.5	BW29	56.9	W364	93.7	BW29	91.7	BW86	99.0
W381	88.8	W335	74.0	W342	−26.7	JW149	90.0	W356	55.1	JW73	93.7	JW88	91.4	JW149	67.5
JW181	88.8	W381	73.9	JW159	−24.3	W364	89.6	W231	51.4	JW78	93.3	JW34	91.0	W374	57.8
BW103	16.5	W375	5.7	BW9	14.6	JW101	9.3	BW31	6.5	W346	−4.1	JW127	56.3	BW56	34.5
JW101	15.7	W369	5.5	W345	14.5	W306	8.7	JW193	6.3	JW108	−11.0	JW101	56.3	W364	28.2
W382	13.7	JW174	5.5	W359	13.7	BW56	7.7	BW40	6.0	BW38	−12.4	W370	47.7	BW19	27.5
JW53	12.1	W360	5.2	W303	13.3	JW1	6.7	JW174	5.5	BW84	−22.8	BW44	45.4	JW165	23.4
BW76	11.6	JW189	4.2	BW25	12.3	BW65	5.1	W381	5.5	BW72	−23.2	W351	43.6	W356	12.7
W306	10.2	BW55	3.5	JW149	12.2	BW20	4.9	BW42	4.7	JW120	−27.7	BW62	40.1	JW110	5.2
BW50	10.0	BW70	1.9	JW69	10.4	W382	4.0	JW69	3.8	BW48	−31.7	JW191	30.4	JW73	5.2
JW34	8.8	BW21	1.4	W310	10.0	JW93	3.2	BW9	2.4	JW150	−32.5	JW108	27.2	JW53	3.3
BW20	4.8	BW107	1.3	W374	9.1	BW100	1.2	BW107	2.4	BW9	−41.8	W343	17.9	JW120	−1.9
JW108	2.6	W252	0.7	BW99	8.8	W369	0.6	JW168	1.6	BW64	−46.3	BW45	15.9	W343	−8.4

三、各基因型不同性状指标相对耐性的差异

相对耐性是指以高磷条件下为对照，低磷条件下为处理，经低磷处理后其性状发生的相对变化程度，以此指标来衡量某一基因型在高磷条件和低磷条件下不同生长状况的发生变化情况。其计算公式为 $K=(P_1-P_0)/P_1\times100$（其中 K 代表相对变化，P_1 代表高磷条件，P_0 代表低磷条件。

通过上述公式计算出冠鲜重及其干重、根鲜重及其干重、主根长、全株（冠、根）磷含量的相对变化。从整个变化情况来看，野生大豆经过低磷处理后，大部分基因型其冠鲜重及其干重、根鲜重及其干重、产量均呈现下降的趋势，但大部分基因型表现出主根伸长的情况（表 4-6）。以冠鲜重为例，经低磷处理后，有的基因型其地上生物学产量减少近 90%，如 BW17 在高磷区长势较好，排在前 2 位，但在低磷区则长势较差，其相对耐性变化达到 90. 2%，所以说该基因型耐低磷能力相对较差。但有的基因型其减少程度相对较低，如 JW108 在低磷区较高磷区只降低 2%左右，表明该基因型耐低磷能力较强。同样以产量为例，在低磷条件下，各基因型较高磷条件下基本上减产，有的基因型减产达到了 203. 5%，大多数基因型的减产幅度达到了 50%左右。

第四节　各性状遗传相关性分析

遗传相关性（genetic correlation）是指在杂种群体表型间的相关性中，由基因型所产生的相关性。表型方差可分为遗传方差与环境方差，同样的表型协方差也可分为遗传协方差与环境协方差，因此可以计算与此相应的表型相关、基因型相关或遗传相关以及环境相关。遗传相关是仅由遗传原因引起的相关，例如在育种时可显示出各种性状结合的难易，或仅在选择某一种性状时，可显示出与它有遗传相关的其他性状将出现何等程度的遗传变化。本研究针对在不同磷处理下的各性状的遗传相关性进行了探析。

一、低磷条件下各性状遗传相关性分析

在低磷条件下，对所有与磷效率有关的性状利用 SPSS 进行了相关分析，从表 4-7 中可以看出，植物生长发育指标冠鲜重、根鲜重、冠干重、根干重、主根长之间相关性极显著，植物生理性状冠磷含量、根磷含量之间相关性极显著，并且这两大指标的性状之间相关性均达到了极显著。从相关系数值来看，除根磷含量与其他性状值小于 0. 9 外，其他相关系数值均在 0. 9 以上，说明这些磷效率指标均可以作为衡量磷效率的指标之一，并且各性状之间具有较明显的相关性及一致性。上述这些性状与产量性状之间均达到显著相关，也就是说，产量性状与植物生长发育性状及生理性状有紧密的关系，即只有营养生长达到了一定程度，植物才可能高产。

表 4-7　低磷条件下各性状之间的遗传相关系数

项目	冠鲜重	根鲜重	主根长	冠干重	根干重	冠磷含量	根磷含量
根鲜重	0.980 2**						
主根长	0.968 2**	0.983 4**					
冠干重	0.963 4**	0.968 3**	0.941 8**				
根干重	0.957 6**	0.987 5**	0.979 8**	0.971 65**			
冠磷含量	0.875 6**	0.910 6**	0.931 1**	0.856 3**	0.911 2**		
根磷含量	0.812 9**	0.851 6**	0.889 5**	0.787 8**	0.845 3**	0.894 7**	
产量	0.445 9*	0.343 6*	0.464 5*	0.436 6*	0.442 1*	0.485 8*	0.548 2*

二、高磷条件下各性状遗传相关性分析

对所有在高磷条件下与磷效率相关的性状利用 SPSS 进行了相关分析（表 4-8），从中可以看出，植物生长发育指标冠鲜重、根鲜重、冠干重、根干重、主根长之间相关性极显著，植物生理性状冠磷含量、根磷含量之间相关性极显著，并且，这两大指标的性状之间相关性均达到了极显著，这些结果与在低磷条件下相类似。但从相关系数值来看，在低磷条件下根磷含量与其他性状值小于 0.9，而在高磷条件下，冠磷含量与其他性状值小于 0.9。同样，上述这些性状与产量性状之间均达到显著相关。从这方面的结果来看，无论是在低磷条件下，还是在高磷条件下，这些性状指标之间具有较强的遗传相关，与产量性状指标有显著相关，均可以作为选择磷高效基因型的一个重要指标。

表 4-8　高磷条件下各性状之间的遗传相关系数

项目	冠鲜重	根鲜重	主根长	冠干重	根干重	冠磷含量	根磷含量
根鲜重	0.964 3**						
主根长	0.986 9**	0.976 8**					
冠干重	0.955 4**	0.983 6**	0.95 7**				
根干重	0.964 9**	0.969 6**	0.987 3**	0.935 3**			
冠磷含量	0.868 1**	0.911 8**	0.90 2**	0.864 6**	0.923 4**		
根磷含量	0.911 7**	0.949 8**	0.924 9**	0.933 8**	0.922 6**	0.850 4**	
产量	0.424 4*	0.445 6*	0.423 1*	0.450 3*	0.425 1*	0.461 6*	0.470 4*

第五节　小　结

一、野生大豆磷效率性状衡量指标具有一致性

磷是植物生长发育所不可缺少的大量元素之一，在植物的光合作用、呼吸作用和生

理生化的调节过程中起着重要作用，磷元素的缺乏势必严重影响植物的生长发育（Richardson et al.，2009）。磷营养效率相关形态指标的鉴定是植物营养学研究的热点之一。各学者根据不同的研究内容及目的，采取不同的性状指标来评价磷效率。在低磷胁迫下，植物在形态、生理生化和遗传机制等方面有主动适应胁迫的性能，如：根系变细、变长；侧根和根毛数量及长度增加；根重、根体积增大；根系活跃、根吸收表面积增大；根系分泌酸性磷酸酶活性（APA）增加（Greenwood et al.，2001；朱天琦，2018）。因此，这些性状的变化可以作为衡量磷效率性状的指标。与其他作物一样，对大豆的研究采取了生理指标性状、生长发育测定指标及经济学产量指标评价其磷效率能力，结果显示这些指标切实可行，诸多研究也验证了上述指标的可靠性。如在大豆磷效率基因差异鉴定、生理机制、遗传特性等研究当中均采取了一些通用的性状指标来衡量大豆磷效率。这些性状主要包括生理指标中的有机酸含量（钟鹏等，2008）、酸性磷酸酶含量（丁洪等，1997；刘渊等，2015）、植物磷含量（谢一青等，2003；Muhammad et al.，2008；董秋平等，2017）、光合能力和生物膜的抗氧化能力（张玉岭等，2005）；生长发育指标中的根重、根长、根表面积（袁清华等，2006；耿雷跃等，2007；吴俊江等，2008；Fernandez et al.，2009）和生物学产量（Zhang et al.，2009;）；经济学产量的籽粒产量（刘灵等，2008）；主要农艺性状（张彦丽等，2008；董秋平等，2017）。

本试验研究结果表明，野生大豆生长发育指标（冠鲜重及干重、根鲜重及干重）、生理指标性状（全磷含量）、产量指标，经低磷处理后，其生长受到一定程度的影响，这些性状指标值急剧下降。从各指标的平均值来看，高磷条件下的平均值均要大于低磷条件下的平均值，特别是全磷含量，其下降的幅度要超过其他指标（表 4-1）。从各基因型相对耐性指标（*K* 值）来看，生长发育指标冠鲜重、冠干重、根鲜重、根干重在磷缺少的条件下，*K* 值均下降为 0～100%（表 4-6）。同时本试验结果表明，野生大豆在磷元素缺乏时，野生大豆生长发育指标主根长相对增加，这可能是植物为了适应磷缺乏而做出的一种响应（表 4-1）。从性状的遗传相关性来看（表 4-7、表 4-8），高磷、低磷条件下各性状指标遗传相关达到了显著和极显著相关，表明这些性状在同等环境条件下为了适应统一的外界环境，做出了较为一致的反应，在评价野生大豆磷效率时性状指标具有较好的一致性。

二、野生大豆磷效率基因型差异显著

从种质资源中发掘和利用优异基因是实现突破性育种的关键。植物的磷效率差异不仅表现在不同物种间，而且更重要的是，相同物种的不同品种间也存在磷效率的遗传变异（Furlani et al.，2002；朱天琦，2018）。大豆在低磷土壤上表现出一定的基因型差异，即对低磷土壤环境适应性不同的大豆品种之间显现出不同的磷效率，有些品种表现出良好的耐低磷能力，具有较高的磷效率的遗传潜力（年海等，1998；吴俊江等，2008；刘渊等，2015）。作物野生种及其近缘种是种质资源的重要组成部分，特别是野生大豆与栽培大豆的染色体数相同，不存在细胞遗传学上的差异，在育种上可以直接应用。因此，在野生大豆中鉴定评价出磷高效综合性状好的基因资源可以直接应用于大豆育种。

野生大豆在长期的不良环境条件下生长，形成了抗病虫、耐盐、耐涝、耐瘠、耐旱和耐阴等优异品质。南方大部分地区土壤属红黄壤，有效磷含量偏低。江西、湖南、福建、广西等地属比较典型的缺磷地区，经过长期的自然选择和进化，这些地区的野生大豆应具有较高的磷效率。本试验结果表明，139 份野生大豆无论是在高磷区还是在低磷区，其基因型差异非常明显，基因型之间差异达到了显著和极显著水平（表 4-1、表 4-2、表 4-3），这表明野生大豆品种间存在较大程度磷效率利用之间的差异。同时通过相对耐性的比较，各基因型之间的相对耐性差异明显，有的基因型在高磷和在低磷条件下生长变化程度相对较大，而有的则变化相对较小，同样表明野生大豆品种间存在较大程度磷效率利用之间的差异。

结合低磷区和高磷区各主要性状表现来看（表 4-4、表 4-5），筛选评价出较好的有来自湖南的材料 W346、W342、W343，来自江西的材料代号为 JW125、JW120、JW108，还有来自福建的材料 BW18。这些材料不仅在缺磷条件下长势较好，在有效磷充足的情况下，其长势更佳。特别是 JW120 等在低磷情况下，地上部磷含量增加，产量也较高，可能该品种存在某种机制能利用土壤中的无效磷，可以将其作为磷高效材料进一步深入研究野生大豆磷高效的生理及遗传机制。并且从 JW125、JW120、JW108 等野生大豆采集地生态环境来看，这些材料均采集于江西省典型红壤旱地，与野生大豆采集地生态来源具有一定关系。这也表明，利用广泛来源于原生境为低磷红壤区的野生大豆作为鉴定评价材料，筛选鉴定出磷高效的野生大豆具有较大的可能性和实用性。

三、综合多方面因素评价品种磷效率高低

磷效率概念主要包含两方面的基本含义：一是指当植物的生长介质中某养分的有效浓度较低，不能满足一般植物正常生长发育的需要时，某一植物或基因型能维持正常生长的能力；二是指当植物生长介质中养分不断提高时（如施肥引起的养分增加），某一植物或基因型的产量随该养分浓度的增加而不断提高的遗传潜力。前者对于选择和利用适宜于高产、优质的养分高效基因型植物以及改良大面积中、低产田的育种有重要意义，而后者对于高产田的育种改良有广阔的应用前景（张福锁和曹一平，1992）。植物在高磷条件下，如果其长势较好，说明在有效磷源比较充足的条件下，该品种转运利用效率较高。植物在低磷条件下，如果其长势较好，说明在有效磷源不足的情况下，该品种转化利用无效磷的效率较高或者说在植株体内磷含量需求较低的情况下，其产量依然较高。一般来说，评价一个品种磷效率能力是否强，一般依据其在低磷条件下长势的好坏来评价。但从本试验来看，如果单纯从低磷条件下来评价该品种或者从相对耐性来评价，可能会忽略其在有磷条件下的潜力，所以说评价一个品种磷效率能力的强弱要从多方面考虑，会更加有效和准确可靠。

参考文献

丁洪，李生秀，郭庆元，等，1997. 酸性磷酸酶活性与大豆耐低磷能力相关研究[J]. 植物营养与肥料学报，3（2）：123-127.

董秋平，赵恢，张小芳，等，2017. 乔亚科低磷胁迫下不同野生大豆的形态和生理响应差异［J］. 江苏农业科学，45（9）：79-83.

耿雷跃，崔士友，张丹，等，2007. 大豆磷效率 QTL 定位及互作分析［J］. 大豆科学，26（4）：460-466.

刘灵，廖红，王秀荣，等，2008. 磷有效性对大豆菌根侵染的调控及其与根构型、磷效率的关系［J］. 应用生态学报，19（3）：564-568.

刘渊，李喜焕，王瑞霞，等，2015. 大豆耐低磷指标筛选与耐低磷品种鉴定［J］. 中国农业科技导报，17（4）：30-41.

年海，郭志华，余让才，等，1998. 不同来源大豆品种耐低磷能力的评价［J］. 大豆科学，17（2）：108-114.

吴俊江，钟 鹏，刘丽君，等，2008. 不同大豆基因型耐低磷能力的评价［J］. 大豆科学，27（6）：983-987.

王静，李占军，2018. 野生大豆种质资源及开发利用研究进展［J］. 农业与技术，38（22）：59.

袁清华，年海，陈达刚，等，2006. 大豆根系性状和磷效率的遗传规律研究［J］. 大豆科学（2）：158-163.

谢一青，李志真，王志洁，等，2003. 不同磷效率基因型大豆根际微生物特性研究［J］. 江西农业大学学报，25（4）：509-512.

夏龙飞，2015. 甘蔗磷效率的基因型差异及磷高效基因型筛选［D］. 南宁：广西大学.

赵静，郭勇祥，林志豪，等，2015. 黄瓜磷效率评价及其基因型差异［J］. 广东农业科学（19）：27-35.

赵团结，盖钧镒，2004. 栽培大豆起源与演化研究进展［J］. 中国农业科学，37（7）：954-96.

赵炎，2019. 不同花生品种磷效率及其相关性状的研究［D］. 泰安：山东农业大学.

张福锁，曹一平，1992. 根际动态过程与植物营养［J］. 土壤学报，29（3）：240-250.

张玉玲，朱占林，李志刚，等，2005. 磷胁迫下不同磷效率大豆某些性状的基因型差异［J］. 中国农学通报，21（1）：85-88.

张彦丽，谷思玉，许景钢，2008. 不同施磷条件下大豆植株农艺性状与磷效率的关系［J］. 中国农学通报（3）：142-146.

钟鹏，吴俊江，刘丽君，2008. 不同磷效率基因型大豆对干旱胁迫的反应［J］. 作物学报（5）：58-61.

朱天琦，2018. 紫花苜蓿磷效率评价体系建立及其氮、磷代谢差异研究［D］. 兰州：甘肃农业大学.

FERNANDEZ M C，BELINQUE H，GUTIERREZ BOEM F H，et al.，2009. Compared phosphorus efficiency in Soybean，Sunflower and Maize［J］. Journal of Plant

Nutrition, 32 (12): 2 027- 2 043.

FURLANI M C, FURLANI P R, TANAKA R T, et al., 2002. Variability of soybean germplasm in relation to phosphorus uptake and use efficiency [J]. Scientia Agricola, 59: 529-536.

GREENWOOD D J, KARPINETS T V, STONE D A, et al., 2001. Dynamic model for the effects of soil P and fertilizer P on crop growth, P uptake and soil P in arable cropping: Model Description [J]. Annals of Botany, 88: 279-291.

MUHAMMAD I C, JOSEPH J, ADU-GYAMFI, et al., 2008. The effect of phosphorus deficiency on nutrient uptake, nitrogen fixation and photosynthetic rate in mashbean, mungbean and soybean [J]. Acta Physiol Plant, 30: 537-544.

RICHARDSON A E, HOCKING P J, SIMPSON R J, et al., 2009. Plant mechanisms to optimise access to soil phosphorus [J]. Crop Pasture Sci, 60: 124-143.

YAN X L, WU P, LING H Q, et al., 2006. Plant Nutriomics in China: An Overview [J]. Annals of Botany, 98: 473-482.

ZHANG D, CHENG H, GENG L Y, et al., 2009. Detection of quantitative trait loci for phosphorus deficiency tolerance at soybean seedling stage [J]. Euphytica, 167: 313-322.

第五章　华南夏大豆资源的耐镉性评价及SSR关联分析

第一节　引　言

镉属于ⅡB族过渡元素。由于人类活动的加剧，镉在土壤中的积累越来越严重。镉作为生物毒性最强的重金属之一，对人体、动物和植物都是非必需的，不参与生物有机体的结构和代谢活动，而且不能被土壤微生物降解，人体内半衰期超过20年，其污染为不可逆的累积过程（Forstner，1995）；同时，镉在土壤中具有较强的化学活性，很容易被作物吸收而进入食物链，从而在人体中累积而产生毒害。研究发现，镉毒害最显著的症状是叶失绿和生长受到抑制。镉还能抑制光合系统、气孔开闭以及植物水平衡。此外，虽然镉本身不是氧化还原活性的金属，但是由镉引起的氧化胁迫也是镉对植物的主要毒害作用之一。

植物通过根系吸收土壤中的镉，因而镉首先在根系中积累，然后根系中的镉通过蒸腾流等途径向地上部迁移，从而导致植株各部位受到镉的毒害，植物生长发育受到抑制。由于大部分镉积累在根系，因而根系是受害最直接、最严重的器官，因此镉对细胞伸长有明显的抑制作用（Liu et al.，1995）。也有研究表明，地上部（如叶片等器官）对镉的敏感性远远强于根系，因而尽管大多数植物地上部镉远低于根系，地上部受到镉的毒害依然相当严重。研究表明当植物组织中镉的活度达到1mg/kg时，有些作物就会受害甚至减产，而且植株受害后表现出明显的受害症状，包括植物褪绿、矮化、物候期延迟和生物产量下降，甚至死亡等（Hahgiri，1973），但是不同作物对镉的反应也不一致。孔祥生等（1999）研究发现，玉米受到镉毒害后，生长迟缓、叶尖黄褐、根尖膨胀发黑，继而腐烂，镉浓度越高症状出现得越早。菜豆对镉的敏感性是玉米的10~15倍，菜豆的生物量在根区含镉量为0.2mg/kg时降低，而玉米的则在根区含镉量为3mg/kg时降低。在30μmol/L镉剂量毒害下，菜豆的生长到受到严重抑制，主要表现为株高、主根长下降，叶面积、叶、茎、根的鲜重、干重均降低，且随镉处理时间的延长，伤害加重（周青等，2003）。随着镉浓度的增高，小麦幼苗生长呈明显的梯度下降，尤其在高浓度镉下（100mg/L和500mg/L）幼苗生长严重受抑制（洪仁远，1991）。也有不少研究发现，当镉浓度较低时，对某些植物的生长有一定的促进作用。

南方土壤重金属污染尤其是镉污染极其严重，使大豆的生产面临着挑战（Zhuang et al.，2009；周航等，2011）。研究发现，大豆中等耐镉，而且大豆对受铅、镉等重金属污染的土壤具有良好的生物修复作用（Shi et al.，2009；王崇臣等，2008）。华南地区大豆品种资源丰富，不同品种间生物特性与遗传特性差异显著，研究大豆对镉毒害的生理生化反应及耐镉机制，对于筛选和培育高耐性的大豆品种、充分利用镉污染土壤、解决我国大豆生产困境、保障食品安全具有重要的意义。

第二节　华南夏大豆耐镉性评价

一、322 份大豆资源的主根相对伸长率分布情况

采用主根伸长率对华南大豆资源进行耐镉性评价，实验所用资源来源于南方 7 个省份，分别是（括号内是材料份数）：湖南（112）、四川（61）、广西（39）、江西（27）、福建（20）、海南（12）、广东（8）以及其他材料（43）。结果显示，该资源群体个体间对镉的耐性差异较大，主根相对伸长率为 41.05%～111.22%（图 5-1），平均值为 70.51%，变异系数为0.198 9，其中 RRE 大于 0.7 的材料占 50.3%。

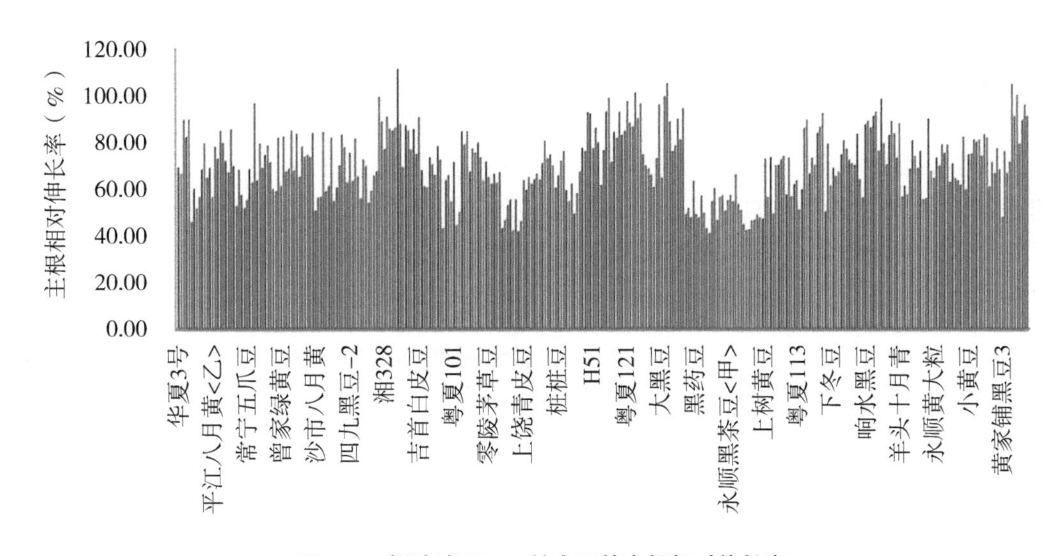

图 5-1　镉胁迫下 322 份大豆的主根相对伸长率

镉胁迫下大豆主根相对伸长率的频率分布结果表明，83.7%夏秋大豆的主根伸长率为 50%～90%（图 5-2）。主根相对伸长率小于 50%的材料有 25 份，占 7.7%，其中湖南和四川各有 8 份材料，广西 6 份，福建 2 份，广东和江西各 2 份。主根相对伸长率大于 90%的材料有 28 份，占 8.6%，广东、广西、湖南、四川、江西、海南分别有 1 份、3 份、11 份、5 份、2 份、1 份，来源除了福建包含其余全部 6 个省区。大于 100%的材料有 5 份，分别是湖南的新晃黄豆和小沙江黄豆、四川白水豆和广西石塘茶豆以及粤夏 107。

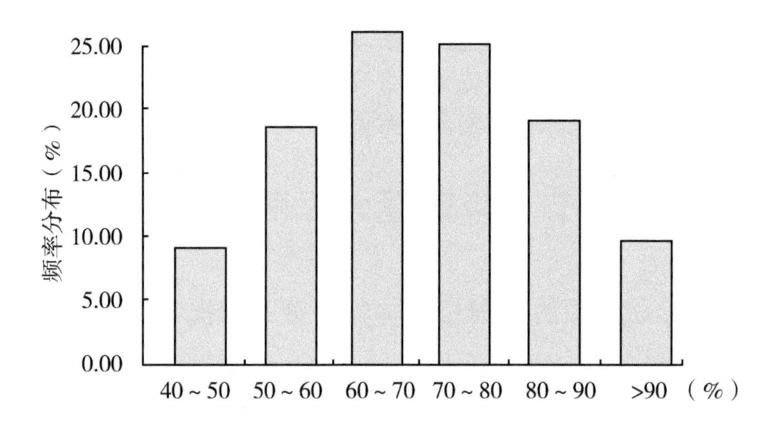

图 5-2 镉胁迫下 322 份南方大豆根的相对伸长率的频率分布

二、大豆资源耐镉性评价

以主根相对伸长率为基础，结合镉处理下主根绝对伸长值，对 322 份华南夏大豆资源进行耐镉性评价（表 5-1）。通过计算得到，322 份材料的平均主根相对伸长率（RRE）和平均镉处理下的主根绝对伸长值（ARE）分别为 70.51%和 1.78cm，并利用这两个数据作为参考制定评价标准（表 5-2）。将所有材料的耐镉能力划分为四个等级，其中一级材料有 23 份，占 7.14%；二级材料有 93 份，占 28.89%；三级材料有 90 份，占 27.95%；四级材料有 116 份，占 36.02%。一级和二级材料可作为镉耐性材料，其中一级为高耐材料、二级为中耐材料，三级可作为中间型材料，四级作为敏感型材料。

表 5-1 322 份华南夏大豆耐镉性评价

等级	评价标准	材料数目	比例（%）
一级	RRE≥ 90%且 ARE ≥ 1.78	23	7.14
二级	70%≤ RRE < 90 且 ARE ≥1.78; RRE≥ 90%且 ARE < 1.78	93	28.89
三级	50%≤ RRE < 70 且 ARE ≥ 1.78; 70%≤ RRE < 90%且 ARE < 1.78	90	27.95
四级	RRE < 50%; 50%≤ RRE < 70%且 ARE < 1.78	116	36.02

注：RRE 表示主根相对伸长率，ARE 表示镉处理下主根绝对伸长值。

对不同来源的材料进行耐镉性比较（表 5-2）发现，广西、江西和湖南资源对镉的耐性较好，耐性材料比例分别达到了 51.28%、41.86%、40.74%和 36.61%，耐性材料比例以及主根平均相对伸长率都比较高；广东、四川、福建和海南资源耐镉性较差，耐性材料比例分别只有 12.50%、24.59%、30.00%和 33.33%，耐性材料比例以及主根平均相对伸长率相对都较小。

表 5-2　不同来源材料耐镉性比较

材料来源	主根平均相对伸长率	相对伸长率范围	耐性材料比例（%）
全部材料	0.705±0.140	0.411～1.112	36.02
福建	0.684±0.121	0.424～0.885	30.00
广东	0.669±0.148	0.432～0.984	12.50
广西	0.712±0.154	0.423～1.112	51.28
海南	0.696±0.131	0.503～0.908	33.33
湖南	0.720±0.140	0.411～1.048	36.61
江西	0.735±0.116	0.477～0.993	40.74
四川	0.666±0.140	0.419～1.010	24.59
其他	0.713±0.136	0.432～1.050	41.86

第三节　大豆耐镉性状与 SSR 标记的关联分析

一、表型数据

关联分析是利用不同基因座等位基因间连锁不平衡的原理，将标记与目标性状联系起来的分析方法。进行关联分析之前，首先要获得目标性状的表型数据，本实验是以主根相对伸长率为基础结合镉处理下主根伸长量来评价大豆的耐镉能力，因此用于关联分析的 3 个的表型数据指标为对照根伸长量（control root elongation，CRE）、镉胁迫伸长量（stress root elongation，SRE）、主根相对伸长率（relative root elongation，RRE）。利用简单钙溶液培养法，获得的表型数据如表 5-3 所示。

表 5-3　322 份材料主根伸长量和相对伸长率

材料	对照根伸长量（cm）	镉胁迫下根伸长量（cm）	相对伸长率（%）
华夏 3 号	2.35	1.62	68.94
晚黄大豆	2.39	1.58	66.11
凤凰迟青皮豆	2.65	2.37	89.43
黄豆-2	2.02	1.65	81.68
忻城七月黄 2	1.80	1.61	89.44
汨罗黑豆 1	3.07	1.41	45.93
苏茅钻	2.21	1.33	60.18

（续表）

材料	对照根伸长量（cm）	镉胁迫下根伸长量（cm）	相对伸长率（%）
葵黑豆	2. 60	1. 34	51. 54
黄白壳	2. 12	1. 20	56. 60
吉首酱皮豆	2. 50	1. 71	68. 40
青皮豆	2. 36	1. 87	79. 24
上饶矮子窝	2. 38	1. 53	64. 29
通选一号	2. 65	1. 82	68. 68
平江八月黄<乙>	2. 90	1. 63	56. 21
横峰淅江豆	2. 47	1. 92	77. 73
花垣八月豆	2. 95	2. 15	72. 88
南县八月黑豆	2. 67	2. 26	84. 64
十月黄	2. 49	1. 97	79. 12
H64	2. 88	2. 07	71. 88
桂夏 4 号	2. 52	1. 69	67. 06
黔阳黑皮豆	2. 33	1. 99	85. 41
双花黄角豆	3. 11	2. 17	69. 77
十月黄-1	3. 56	1. 88	52. 81
华夏 1 号	2. 63	1. 79	68. 06
黑耶黑壳豆	2. 83	1. 62	57. 24
粤夏 128	3. 62	1. 88	51. 93
常宁五爪豆	3. 18	1. 75	55. 03
武鸣白壳黄豆	3. 31	2. 26	68. 28
粤夏 114	2. 86	1. 79	62. 59
茬前黄豆	1. 88	1. 81	96. 28
大黄豆	2. 69	1. 71	63. 57
凤凰青皮豆<乙>	2. 55	2. 02	79. 22
H19	2. 98	2. 05	68. 79
溆浦绿豆选	2. 32	1. 73	74. 57
漳平青仁乌	2. 93	2. 30	78. 50
小绛色豆	2. 55	1. 82	71. 37
大粒青皮豆-1	2. 36	1. 42	60. 17

（续表）

材料	对照根伸长量（cm）	镉胁迫下根伸长量（cm）	相对伸长率（%）
粤夏 122	2.65	1.56	58.87
邛崃白毛子	2.22	1.82	81.98
曾家绿黄豆	2.83	1.74	61.48
洛史-1	1.86	1.53	82.26
大豆	2.08	1.40	67.31
箍脑豆	2.14	1.46	68.22
常德中和青豆	2.24	1.91	85.27
十月青豆	2.66	1.81	68.05
马劲坳黑豆	2.42	2.02	83.47
十月青	2.50	1.63	65.20
华夏 5 号	2.32	1.81	78.02
彭县绿豆	2.26	1.67	73.89
建财乡黑豆	2.66	1.98	74.44
田豆	1.99	1.46	73.37
半斤豆	2.27	1.89	83.26
沙市八月黄	3.31	1.67	50.45
明夏豆 1 号	2.95	1.66	56.27
桃江红豆	2.65	1.50	56.60
竹舟青皮豆-1	1.70	1.43	84.12
高安八月黄	2.14	1.26	58.88
早黄豆-2	2.20	1.35	61.36
峦山紫豆	1.85	1.51	81.62
华夏 4 号	2.56	1.41	55.08
小黑豆	2.46	1.49	60.57
晚豆	2.12	1.48	69.81
矮生泥豆	1.73	1.44	83.24
粤夏 116	1.87	1.46	78.07
乌眼窝	2.49	1.56	62.65
四九黑豆-2	1.63	1.23	75.46
大香豆	2.35	1.49	63.40

（续表）

材料	对照根伸长量（cm）	镉胁迫下根伸长量（cm）	相对伸长率（%）
汨罗青豆 2	2. 44	1. 99	81. 56
黄皮田埂豆-1	2. 32	1. 51	65. 09
六月黄	2. 67	1. 49	55. 81
南川小黄豆	2. 43	1. 76	72. 43
大青豆-2	2. 63	1. 83	69. 58
宁化红花青	2. 33	1. 26	54. 08
沅陵青皮豆<甲>	2. 55	1. 51	59. 22
华容重阳豆乙	2. 62	1. 72	65. 65
八月大黄豆<甲>	2. 69	1. 82	67. 66
皂角豆	2. 56	2. 54	99. 22
H21	2. 24	1. 98	88. 39
湘 328	2. 55	1. 96	76. 86
石门夏黄豆	2. 29	2. 08	90. 83
乌壳黄	2. 47	2. 11	85. 43
野竹青皮豆 4	2. 06	1. 75	84. 95
黄毛豆	2. 72	2. 34	86. 03
石塘茶豆	1. 96	2. 18	111. 22
隆林隆或黄豆	2. 53	2. 22	87. 75
粤夏 117	2. 74	1. 89	68. 98
吉首黄豆	2. 20	1. 92	87. 27
沅陵青皮豆<乙>	2. 52	2. 14	84. 92
长汀高脚红花青	2. 83	2. 17	76. 68
H16	2. 32	1. 98	85. 34
粤夏 118	2. 27	1. 70	74. 89
吉首白皮豆	2. 24	2. 03	90. 63
黄豆 2 号	2. 35	1. 59	67. 66
蚁公苞	2. 62	1. 60	61. 07
科甲黑豆	2. 11	1. 28	60. 66
白花豆	2. 54	1. 86	73. 23
辰溪青皮豆 1	2. 29	1. 62	70. 74

（续表）

材料	对照根伸长量（cm）	镉胁迫下根伸长量（cm）	相对伸长率（%）
半年豆-2	2.38	1.57	65.97
官庄黄豆<乙>	1.99	1.55	77.89
大青豆	1.98	1.44	72.73
赶谷黄-2	2.33	1.01	43.35
石门茶黄豆	2.58	1.64	63.57
吉首黑皮豆	2.69	1.77	65.80
岳阳八月爆	2.75	1.50	54.55
粤夏 101	2.47	1.76	71.26
汨罗褐豆	2.94	1.31	44.56
白大豆	3.36	1.68	50.00
粤夏 105	2.63	2.23	84.79
早黄豆	2.07	1.64	79.23
新都六月黄	2.32	1.96	84.48
H17	2.51	1.69	67.33
溆浦绿豆	2.61	2.01	77.01
平江大鹏豆<乙>	2.50	1.89	75.60
二早豆	2.47	1.97	79.76
铜宫十月黄	2.33	1.71	73.39
通江黄豆	3.22	2.04	63.35
古黄豆-4	2.74	1.96	71.53
零陵茅草豆	2.55	1.65	64.71
黄双八月黄<丁>	2.49	1.55	62.25
猪肝豆	2.33	1.55	66.52
粤夏 111	2.78	1.74	62.59
酱色豆	3.13	2.10	67.09
化州大黄豆	2.82	1.22	43.26
八月黄	3.05	1.43	46.89
环江八月黄	2.74	1.45	52.92
粤夏 103	3.01	1.67	55.48
黄皮田埂豆-1	3.31	1.40	42.30

（续表）

材料	对照根伸长量（cm）	镉胁迫下根伸长量（cm）	相对伸长率（%）
粤夏 102	2.91	1.61	55.33
观阁小冬豆	3.51	1.47	41.88
十月黄-2	3.30	1.53	46.36
上饶青皮豆	2.61	1.66	63.60
辰溪大黄豆	2.98	1.77	59.40
新进白豆	2.63	1.71	65.02
响水黄豆（黄荚）	2.93	1.82	62.12
石芽黄	2.99	1.91	63.88
蚁蚣包	3.48	2.31	66.38
H42	2.70	1.72	63.70
猫眼豆	2.54	1.80	70.87
华夏 6 号	2.24	1.80	80.36
眉山绿皮豆	2.35	1.71	72.77
大同黄豆	2.28	1.70	74.56
柏枝豆	2.65	1.85	69.81
粤夏 109	2.73	1.65	60.44
桩桩豆	2.37	1.55	65.40
粤夏 124	3.03	2.18	71.95
花大豆	2.31	1.76	76.19
大绿黄豆	2.86	1.70	59.44
湘西茶黄豆	3.17	1.74	54.89
白花黄皮	2.68	1.67	62.31
桂花豆	2.45	1.21	49.39
菜皮豆	2.07	1.20	57.97
早黄豆-1	2.49	1.67	67.07
大白毛豆-1	2.20	1.70	77.27
城步九月豆	2.12	1.61	75.94
南豆 12	1.54	1.42	92.21
君山大青豆	1.69	1.56	92.31
H51	2.04	1.57	76.96

（续表）

材料	对照根伸长量（cm）	镉胁迫下根伸长量（cm）	相对伸长率（%）
粤夏 108	2.19	1.88	85.84
婺源青皮豆	1.83	1.45	79.23
粤夏 115	3.66	2.25	61.48
永顺二颗早	2.83	2.16	76.33
横阳青皮豆	3.14	2.92	92.99
龙山茶黄豆	2.06	2.04	99.03
桂夏 1 号	2.69	1.92	71.38
人潮溪绿皮豆	2.32	1.95	84.05
山黄	3.40	2.77	81.47
内溪青豆<甲>	2.33	2.16	92.70
恭城青皮豆	2.34	1.94	82.91
白毛子	2.27	1.92	84.58
粤夏 121	1.95	1.90	97.44
南农 701	2.20	1.93	87.73
绥宁八月黄<甲>	2.48	2.14	86.29
白水豆	2.03	2.05	100.99
六月黄-2	2.19	1.98	90.41
二暑早	2.54	2.44	96.06
宁明海渊本地黄	2.88	2.15	74.65
崇庆九月黄	2.67	1.87	70.04
桂夏 3 号	2.84	1.94	68.31
黑豆子	2.37	1.56	65.82
凤山八月豆	2.69	1.63	60.59
汉源前进青皮豆	2.59	1.89	72.97
黎塘八月黄	2.31	2.22	96.10
大黑豆	2.97	1.92	64.65
黄田洋豆	1.43	1.42	99.30
粤夏 107	1.90	1.99	104.74
诏安秋大豆	1.88	1.66	88.30
野竹青皮豆 3	2.19	1.66	75.80

（续表）

材料	对照根伸长量（cm）	镉胁迫下根伸长量（cm）	相对伸长率（%）
上饶八月白	1.91	1.49	78.01
禾亭药豆	1.66	1.49	89.76
粤夏 127	1.75	1.41	80.57
青皮豆	1.96	1.85	94.39
马山周六本地黄	4.15	2.05	49.40
龙山黑皮豆	3.58	1.85	51.68
汨罗黑豆 2	4.20	2.01	47.86
益阳堤青豆	2.44	1.54	63.11
黑药豆	3.54	1.74	49.15
丰城麻豆	3.75	1.79	47.73
上饶黑山豆	3.42	1.95	57.02
绥宁八月黄<丙>	2.97	1.48	49.83
粤夏 125	2.79	1.21	43.37
八月青豆	2.85	1.17	41.05
冬豆	2.92	1.59	54.45
东山黑豆	2.73	1.64	60.07
城步九月褐豆	3.49	1.63	46.70
黄豆	2.94	1.66	56.46
绿黄豆	2.34	1.34	57.26
棕色早豆子	3.45	1.74	50.43
内溪双平豆	3.03	1.67	55.12
永顺黑茶豆<甲>	3.13	1.79	57.19
八月大黄豆<乙>	3.14	1.72	54.78
衡南高脚黄	3.36	2.22	66.07
扁子酱色豆	3.14	1.68	53.50
郭公坪黄豆	3.10	1.58	50.97
将乐乌豆	3.80	1.71	45.00
小颗黄豆	3.37	1.43	42.43
汉源巴利小黑豆	4.07	1.73	42.51
罗圩平果黄豆	3.54	1.65	46.61

（续表）

材料	对照根伸长量（cm）	镉胁迫下根伸长量（cm）	相对伸长率（%）
绿皮豆	3. 47	1. 63	46. 97
马山仁蜂黄豆	3. 28	1. 61	49. 09
金南黄豆	3. 04	1. 45	47. 70
大黄豆-1	3. 69	1. 74	47. 15
上树黄豆	2. 46	1. 78	72. 36
新晃青皮豆	2. 71	1. 53	56. 46
合哨茶豆	2. 03	1. 49	73. 40
绿皮豆-2	2. 61	1. 29	49. 43
紫花冬黄豆	2. 54	1. 78	70. 08
蚁蚣包-2	3. 10	2. 17	70. 00
忻城棒豆	2. 53	1. 83	72. 33
六月豆	2. 56	1. 89	73. 83
粤夏 112	3. 17	1. 82	57. 41
野竹黑豆	3. 38	2. 47	73. 08
H53	3. 23	1. 83	56. 66
会同黑豆	2. 43	1. 50	61. 73
粤夏 123	2. 06	1. 31	63. 59
粤夏 113	2. 80	1. 43	51. 07
田埂豆	2. 76	1. 64	59. 42
石门大白粒	2. 29	1. 97	86. 03
粤夏 120	2. 01	1. 80	89. 55
八月黄-1	2. 48	1. 65	66. 53
新晃黑豆	2. 28	1. 67	73. 25
粤夏 110	3. 02	2. 12	70. 20
永顺青颗豆	2. 46	2. 06	83. 74
沅陵矮子早<甲>	2. 31	1. 99	86. 15
华夏 2 号	2. 14	1. 97	92. 06
H54	2. 73	1. 37	50. 18
赣豆 5 号	2. 31	1. 83	79. 22
花垣褐皮豆	3. 03	1. 86	61. 39

（续表）

材料	对照根伸长量（cm）	镉胁迫下根伸长量（cm）	相对伸长率（%）
下冬豆	2.22	1.53	68.92
城步南山青豆	2.57	1.68	65.37
汉源红花迟豆子	2.87	1.93	67.25
花垣绿皮豆	2.01	1.50	74.63
红皮大豆	1.78	1.43	80.34
77-27	2.54	1.96	77.17
麻竹豆	1.88	1.36	72.34
桥头黄豆	2.43	1.72	70.78
黄豆-1	3.02	2.11	69.87
汨罗青豆 3	2.31	1.93	83.55
辰溪黑豆 1	2.87	1.84	64.11
通江赶谷黄	2.03	1.14	56.16
粤夏 126	1.94	1.69	87.11
响水黑豆	2.35	2.09	88.94
十月小黄豆	1.93	1.66	86.01
定安小黑豆	1.97	1.79	90.86
迟黄豆	1.56	1.44	92.31
粤夏 104	2.37	1.81	76.37
春黑豆	2.03	2.00	98.52
小白豆	1.95	1.55	79.49
攸县八月黄	2.53	1.78	70.36
八月黄-2	2.32	1.92	82.76
晚黄豆	3.23	2.86	88.54
白毛豆	2.65	2.21	83.40
黄皮田豆	2.14	1.57	73.36
黔阳黄豆	2.52	2.21	87.70
羊头十月青	3.29	1.86	56.53
衡山秋黑豆	3.00	1.84	61.33
沙县乌豆	2.94	1.69	57.48
人潮溪黄豆 3	2.51	1.72	68.53

（续表）

材料	对照根伸长量（cm）	镉胁迫下根伸长量（cm）	相对伸长率（%）
桂夏豆 2 号	2.77	2.23	80.51
自贡冬豆	2.89	2.14	74.05
花垣小黑豆	2.88	1.98	68.75
狗叫黄豆	2.81	2.14	76.16
白花冬黄豆	3.48	1.94	55.75
城南早豆-2	3.06	1.72	56.21
柳城十月黄	2.57	2.31	89.88
保靖茶黄豆	3.29	2.23	67.78
全州小黄豆	3.38	2.18	64.50
永顺黄大粒	2.88	2.11	73.26
内溪青豆<乙>	2.95	2.06	69.83
大黄珠	2.32	1.83	78.88
泰圩大青豆 1	2.32	1.74	75.00
环江六月黄 1	2.52	1.98	78.57
黑壳乌豆	3.26	2.05	62.88
寺村黑豆	2.75	1.94	70.55
夏至青豆	2.34	1.51	64.53
沅陵早黄豆	2.56	1.63	63.67
懒人豆-5	3.03	1.87	61.72
邛崃西江黑豆	2.14	1.76	82.24
粤夏 119	2.31	1.38	59.74
桥市八月黄	2.00	1.49	74.50
小黄豆	2.80	2.10	75.00
平江大鹏豆<甲>	2.10	1.70	80.95
石头乡黄豆	2.00	1.60	80.00
小黄豆-2	2.60	2.10	80.77
泰圩褐豆 2	2.70	2.00	74.07
横峰蚂蚁窝	3.00	2.50	83.33
王村黄豆 3	2.20	1.80	81.82
新桥黑豆	2.30	1.40	60.87
粤夏 106	2.10	1.50	71.43
黄皮八月豆	2.40	1.60	66.67
圳上黄豆	2.20	1.70	77.27

（续表）

材料	对照根伸长量（cm）	镉胁迫下根伸长量（cm）	相对伸长率（%）
横阳大黄豆 2	2.20	1.50	68.18
白毛豆	2.50	1.20	48.00
黄家铺黑豆 3	2.50	1.90	76.00
官庄黄豆<甲>	2.40	1.60	66.67
珍珠豆-2	2.10	1.50	71.43
小沙江黄豆	2.10	2.20	104.76
合浦外地豆	2.20	2.00	90.91
新晃黄豆	2.00	2.00	100.00
铁籽豆	2.90	2.30	79.31
常德春黑豆	2.80	2.50	89.29
花垣黑皮豆	2.50	2.40	96.00
石门黑黄豆	2.20	2.00	90.91

二、群体结构

采用 Structure 2.2 对大豆的群体结构进行分析后，将数据做成折线图，发现无法通过 value of Ln P（D）、Alpha（α）和 var［Ln P（D）］明确拐点，在此情况下可以通过计算 ΔK 来确定 K 值。通过计算发现当 $K=5$ 时 ΔK 出现峰值，因此进行群体结构分析时 K 值定为 5（图 5-3）。即整个材料分成 5 个亚群和一个混合群（没有被划归到具体群中的材料集合），红色代表 A 群，绿色代表 B 群，蓝色代表 C 群，黄色代表 D 群，粉色代表 E 群（图 5-4）。以遗传相似比例≥50%为标准将全部材料划分到相应的亚群中，各亚群所包含材料数分别为 A 群（33 份）、B 群（97 份）、C 群（33 份）、D 群（80 份）、E 群（7 份）和 M 群（72 份）。

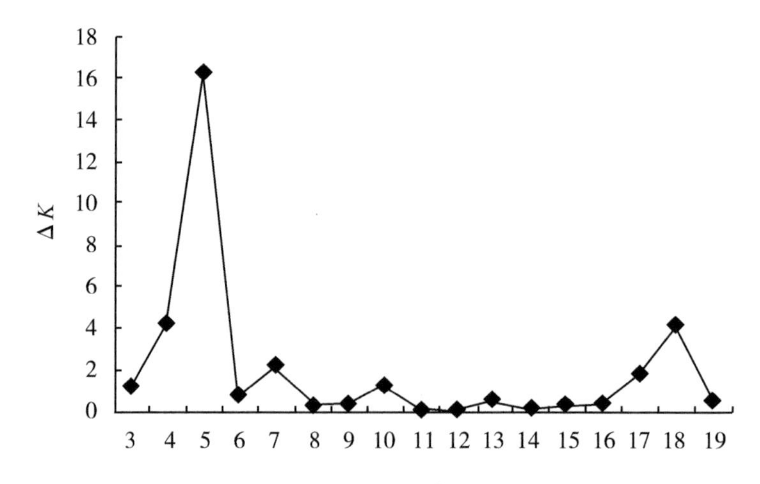

图 5-3　利用 ΔK 估算群体 K 值

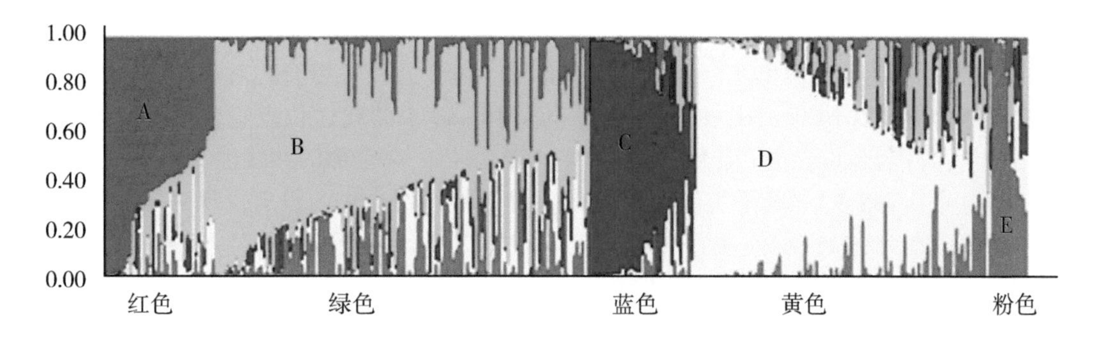

图 5-4　Structure 软件划分出的群体结构

三、LD 结构

322 份大豆材料利用 159 对 SSR 引物扩增后，利用 Quantity one 软件对所有材料的 SSR 片段大小进行计算。根据 Tassel 软件格式要求转换成文本格式并导入 Tassel 软件，计算出 159 个 SSR 位点连锁不平衡（LD）结构。159 对引物分布于大豆 20 个连锁群中，共12 561个位点组合（图 5-5），其中无论是共线性位点的组合（位于同一连锁群

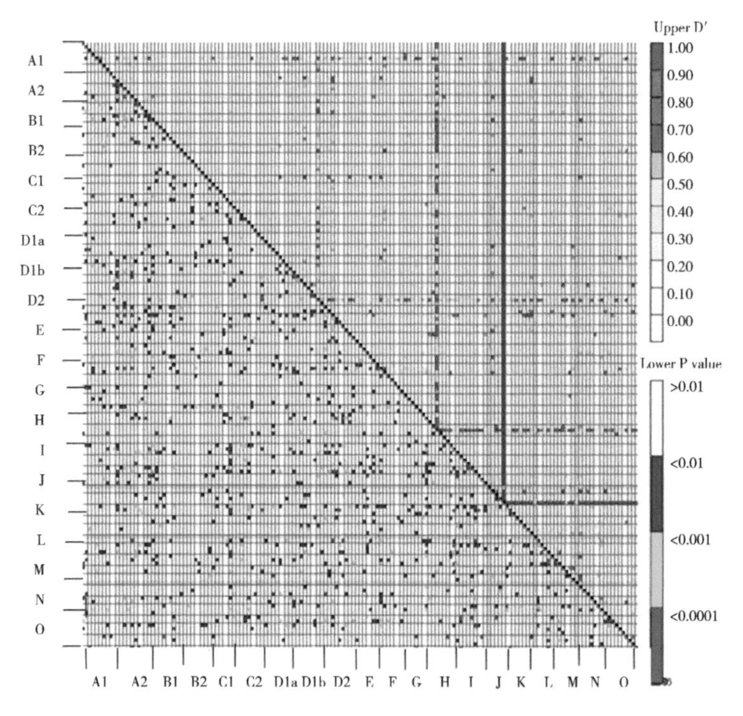

图 5-5　大豆 20 个连锁群的 159 对 SSR 位点间连锁不平衡的分布

（X 轴和 Y 轴是 SSR 标记在染色体上的排列顺序。斜上方的每个格表示的是相应标记对应的 *D′*值，*D′*值根据右侧的上部色标确定。斜下方的每格表示的是各标记对 LD 的 *P* value，*P* value 根据右侧下部的色标确定）

的位点），还是非线性组合（位于不同连锁群的位点），都存在一定程度的 LD（图中黑色斜线上方的非白色小格）。

位于 20 条连锁群的 159 个 SSR 位点共形成 534 个共线性组合，对这些共线性位点组合进行分析，以 $P<0.05$ 作为筛选标准，其中的 88 个共线性位点组合存在显著的连锁不平衡，占全部共线性组合数的 16.48%（表 5-4）。在全部的共线性 LD 结构中，D' 的平均值为 0.212 3，r^2 的平均值为 0.011 5。全部线性组合中，没有发现高强度连锁不平衡结构（$D'>0.5$），D' 值在 0.1～0.2 区间存在连锁不平衡的成对位点数最多，表明大多数的 LD 结构中连锁不平衡程度较低。

表 5-4　SSR 位点连锁不平衡程度的分布情况

线性位点组合数	LD 成对位点数	比例（%）	D' 值的分布				
			0～0.1	0.1～0.2	0.2～0.3	0.3～0.4	0.4～0.5
534	88	16.48	4	49	21	8	6

四、与大豆耐镉性状相关的 SSR 标记

通过 Tassel 软件计算得到的关联分析结果中（表 5-5），发现有 9 个位点与对照根的伸长量相关，分别分布于 5 条染色体上，其中 F 染色体和 O 染色体分别有 3 个位点与之相关，其中 F 染色体上的 Sat_309 对性状的解释率最高为 4.92%，解释率最小的位点为 Satt434，解释率只有 1.90%，位于 H 染色体上。与镉处理下主根伸长量相关的位点也有 9 个，分布于 8 条染色体上，其中以位于 D1b 染色体上的 Sat_351 解释率最高，达 5.19%。只有 4 个位点与主根相对伸长率相关，分别分布在 F、C2、K、O 四条染色体上，其中 C2 染色体上的 Satt422 解释率最高，为 5.12%。

从分析结果中可以看到，总共有 22 个位点与所测性状相关，分布于 12 条染色体上，而在 A2、B1、E、G、I、L、M、N 8 条染色体上没有发现相关位点。在检测到的位点中，Satt663 与对照主根伸长量和镉胁迫下主根相对伸长率都相关，Satt249 与对照及镉处理根伸长量都相关，而 Satt153 与镉处理下根伸长量和主根相对伸长率都相关。Satt552 与郭秀兰（2010）对中黄 24 与华夏 3 的家系定位得到的影响主根相对伸长率 QTL（Satt137～Satt167）同属于 K 染色体而且遗传距离很近（小于 5cM）。

表 5-5　与表型性状相关的位点及解释率

性状	标记名称	染色体	遗传距离（cM）	P 值（MLM）	可解释表型变异 R^2（%）
CK-ARE	Satt663	F	56.17	0.002 8	4.62
CK-ARE	Satt656	F	135.12	0.042 5	3.08
CK-ARE	Satt249	J	11.74	0.011 7	2.63
CK-ARE	Satt434	H	105.74	0.049 9	1.90

（续表）

性状	标记名称	染色体	遗传距离（cM）	P 值（MLM）	可解释表型变异 R^2（%）
CK-ARE	Sat_309	F	41.47	0.008 5	4.92
CK-ARE	satt669	D2	67.71	0.003 5	4.87
CK-ARE	Satt153	O	118.14	0.048 3	2.26
CK-ARE	Satt347	O	42.29	3.90E-04	4.83
CK-ARE	sat_318	O	24.61	0.038 1	2.61
Cd-ARE	Sat_385	A1	31.07	0.001 3	4.99
Cd-ARE	Satt126	B2	27.63	0.026 8	3.47
Cd-ARE	Satt164	C1	132.46	0.005 6	4.14
Cd-ARE	Satt249	J	11.74	0.010 3	2.68
Cd-ARE	Satt269	F	11.37	0.028 2	2.02
Cd-ARE	Satt713	C1	88.95	0.033 4	2.73
Cd-ARE	Sat_353	D1a	36.23	0.005 2	4.17
Cd-ARE	Sat_351	D1b	20.61	0.015 4	5.19
Cd-ARE	sat_292	D2	75.29	0.024 1	4.97
RRE	Satt663	F	56.17	0.021 7	2.56
RRE	Satt422	C2	44.66	0.004 3	5.12
RRE	Satt552	K	46.44	0.028 6	2.54
RRE	Satt153	O	118.14	0.033 6	2.56

注：CK-ARE 代表对照主根的伸长量，Cd-ARE 代表镉胁迫下主根伸长量，RRE 代表主根相对伸长率。

第四节　不同大豆品种对镉胁迫的响应

一、镉处理对大豆生长及生理指标的影响

简单钙溶液培养下不同浓度镉对大豆根伸长的影响：耐镉性是指植物对镉的抵抗能力和耐受能力。为了消除不同品种间固有生物学特性的差异，采用相对值来衡量（Wilkins D A，1978）：

相对值（%）＝（Cd^{2+}处理值/对照值）×100

相对根伸长（%）＝镉处理 24h 的根伸长量／对照 24h 根伸长量 × 100

在镉处理浓度为 0、2.00μmol/L、4.00μmol/L、5.00μmol/L、6.00μmol/L、8.00μmol/L、10.00μmol/L、16.00μmol/L 的 0.5mmol/L Ca^{2+} 溶液培养 24h，统计各品

种大豆的相对根伸长，结果如图 5-6 所示。4 个大豆品种的相对根伸长随镉浓度的增大而迅速下降，镉浓度为 4.00μmol/L 时，各品种相对根伸长下降幅度差别最大，其中，华夏 3 号相对根伸长下降 32.6%，中黄 24 下降 58.1%，巴西 10 号下降 43.8%，桂春 8 号下降 30.5%，镉浓度大于 4.00μmol/L 时，大豆根尖受到严重损害，根尖基本停止伸长，不同品种间差异不明显。

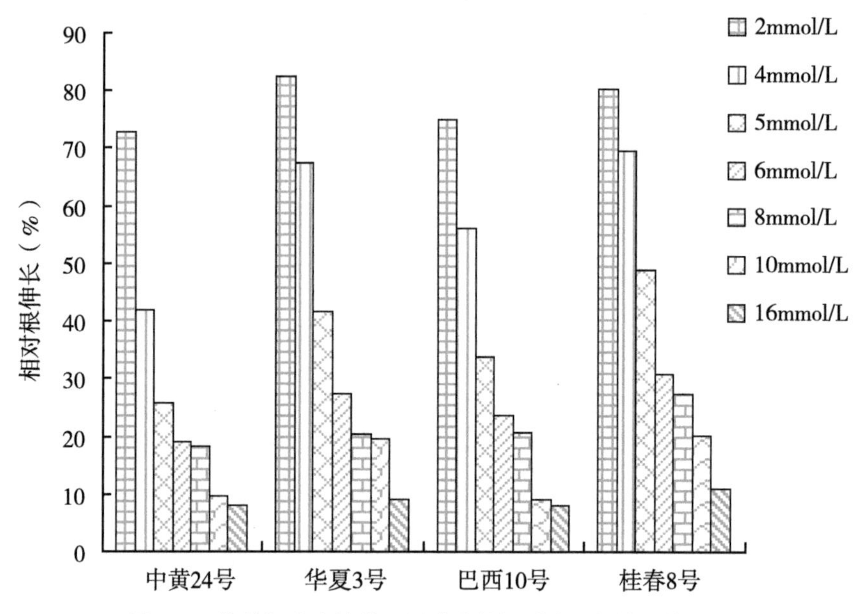

图 5-6　简单钙溶液培养不同浓度的镉对大豆根伸长的影响

Hoagland 营养液培养下不同浓度镉对大豆干重的影响：在镉处理浓度为 0、2.50mg/L、5.00mg/L、10.00mg/L 的 1/2Hoagland 营养液培养下，各品种大豆的地上部干重和根干重随镉浓度增大而下降，镉浓度为 2.50mg/L 时，各品种相对地上部干重和根干重差别最大，华夏 3 号相对地上部干重下降 33.6%，相对根干重下降 23.4%；中黄 24 相对地上部干重下降 53.4%，相对根干重下降 51.8%。巴西 10 号相对地上部干重下降 39.1%，相对根干重下降 38.6%；桂春 8 号相对地上部干重下降 27.1%，相对根干重下降 19.6%。镉浓度大于 2.50mg/L 时，大豆根部受到严重损害，大豆植株生长受到抑制，各品种干重急剧下降，品种间差异不大（图 5-7）。

二、土壤盆栽条件下镉对 SOD 和 POD 活性、Pro 和 MDA 含量的影响

如表 5-6 所示，大豆各品种 POD 活性变化不同。中黄 24、华夏 3 号和巴西 10 号的 POD 活性是先上升后下降，桂春 8 号在研究的镉浓度内则一直升高。中黄 24 在镉浓度为 10.00mg/kg 时、华夏 3 号在 20.00mg/kg 时 POD 活性仍高于对照，镉浓度为 5.00mg/kg 时 POD 活性最高；中黄 24 和华夏 3 号的 POD 活性分别高于对照 96% 和 35%。巴西 10 号在镉浓度为 0.25mg/kg 时 POD 活性高于对照 15%，在高镉浓度下低于对照。

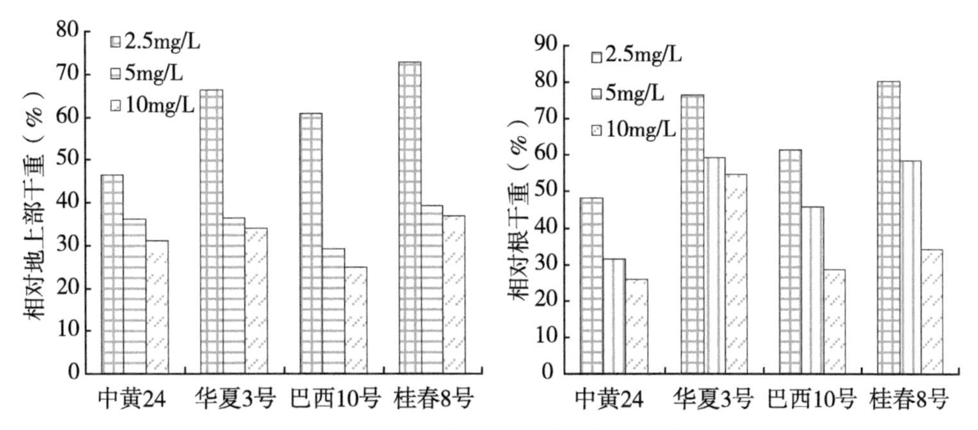

图 5-7　Hoagland 营养液培养下不同浓度的镉对大豆干重的影响

盆栽条件下，不同时期不同浓度的镉胁迫下各品种的生长均受到影响（图 5-8 和图 5-9）。

图 5-8　苗期各品种在不同浓度镉处理下生长情况

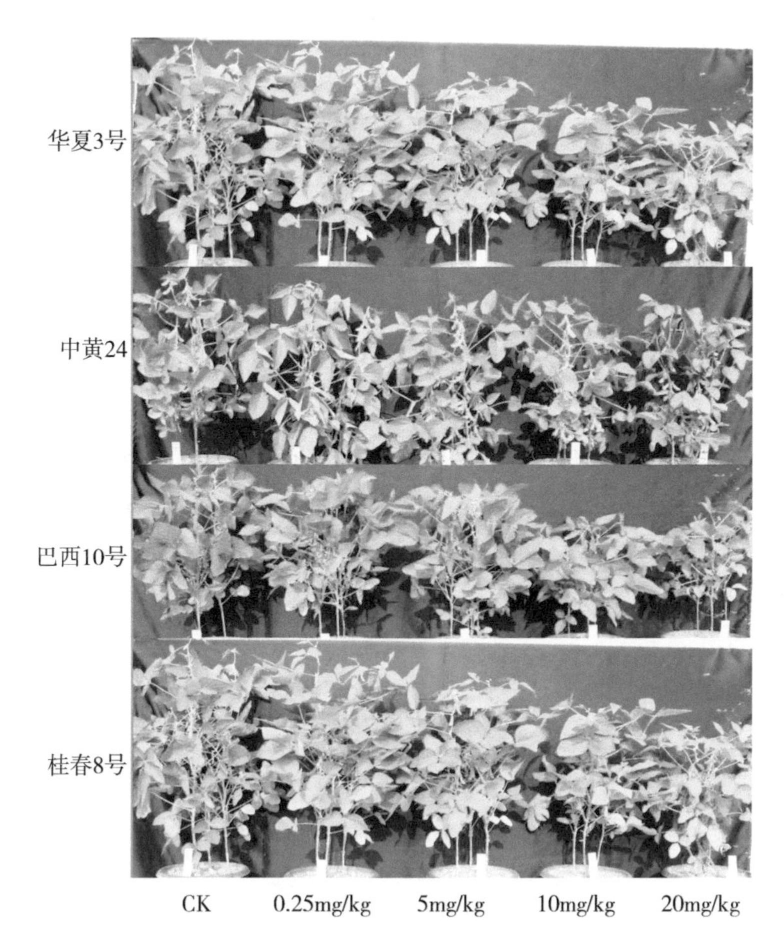

图 5-9　结荚期各品种在不同浓度镉处理下生长情况

表 5-6　花期镉对大豆各品种 POD 活性的影响

镉浓度（mg/kg）	POD 活性［U/（mg·min）］			
	中黄 24（ZH24）	华夏 3 号（HX3）	巴西 10 号（BX10）	桂春 8 号（GC8）
0	0. 68±0. 04（100）	1. 02±0. 14（100）	1. 36±0. 18（100）	2. 36±0. 34（100）
0. 25	1. 23±0. 02（180）	1. 31±0. 16（128）	1. 56±0. 16（115）	2. 43±0. 23（103）
5. 00	1. 34±0. 10（196）	1. 38±0. 33（135）	1. 26±0. 03（93）	2. 44±0. 11（103）
10. 00	0. 99±0. 23（145）	1. 20±0. 19（117）	1. 12±0. 12（83）	3. 29±0. 37（140）
20. 00	0. 63±0. 06（93）	1. 10±0. 09（107）	1. 13±0. 24（83）	3. 32±0. 12（141）

如表 5-7 所示，在土壤盆栽条件下，随着镉浓度的增加，各品种大豆 SOD 活性都是先上升后下降，在镉浓度≤10.00mg/kg 时 SOD 活性高于对照。巴西 10 号和桂春 8 号的 SOD 活性在镉浓度为 0.25mg/kg 时最大，分别高于对照 26%和 47%；中黄 24 在镉浓度为 5.00mg/kg 时最大，高于对照 55%；华夏 3 号在镉浓度为 10.00mg/kg 时最大，高于对照 27%。

表 5-7　花期镉对大豆各品种 SOD 活性的影响

镉浓度（mg/kg）	SOD 活性（kU/ml）			
	中黄 24（ZH24）	华夏 3 号（HX3）	巴西 10 号（BX10）	桂春 8 号（GC8）
0	34.69±2.34（100）	41.67±2.21（100）	47.65±0.41（100）	37.99±2.47（100）
0.25	45.75±2.91（132）	46.89±3.13（113）	59.83±0.88（126）	55.82±1.35（147）
5.00	53.91±3.33（155）	51.21±2.23（123）	54.73±1.61（115）	48.77±1.88（128）
10.00	49.25±2.10（142）	53.04±2.06（127）	53.10±0.11（111）	41.42±3.02（109）
20.00	33.31±4.43（96）	37.58±2.10（90）	41.99±1.05（88）	33.76±4.03（89）

如表 5-8 所示，随着镉浓度的增加，大豆各品种 MDA 含量变化趋势不同。中黄 24 的 MDA 含量随镉浓度的增大一直下降，低于对照。桂春 8 号和巴西 10 号的 MDA 含量是先上升后下降，巴西 10 号在镉浓度为 0.25mg/kg 时 MDA 含量高于对照 66%，镉浓度为 10.00mg/kg 时高于对照 24%。华夏 3 号在镉浓度为 0.25mg/kg 时 MDA 含量高于对照 49%，镉浓度为 5.00mg/kg 时高于对照 14%。桂春 8 号在镉浓度为 0.25mg/kg 时 MDA 含量低于对照 23%，镉浓度为 5.00mg/kg 时高于对照 18%，然后随镉浓度增大 MDA 含量下降。

表 5-8　花期镉对大豆各品种 MDA 含量的影响

镉浓度（mg/kg）	MDA 含量（μmol/kg）			
	中黄 24（ZH24）	华夏 3 号（HX3）	巴西 10 号（BX10）	桂春 8 号（GC8）
0	60.48±1.13（100）	60.70±1.84（100）	43.85±6.36（100）	96.19±3.72（100）
0.25	56.81±1.23（95）	72.93±3.49（166）	65.50±4.71（149）	73.71±1.43（77）
5.00	57.74±2.41（96）	56.55±2.24（129）	50.07±5.86（114）	112.86±1.71（118）
10.00	49.24±1.43（82）	54.38±2.80（124）	41.66±4.18（95）	96.03±1.40（100）
20.00	43.71±1.31（73）	43.52±1.62（99）	35.61±7.72（81）	79.87±2.19（83）

如表 5-9 所示，中黄 24 号 Pro 含量随镉浓度增大而升高，达一定值后下降，但是在实验的镉浓度范围内，全部高于对照，在镉浓度为 5mg/kg 时最大，高于对照 30%。华夏 3 号在镉浓度为 0. 25mg/kg 和 20. 00mg/kg 时 Pro 含量分别低于对照 11%和 4%，在 5. 00mg/kg 和 10. 00mg/kg 时分别高于对照 11%和 17%。巴西 10 号 Pro 含量随镉浓度的增大略有增大。桂春 8 号 Pro 含量随镉浓度的增大一直增大。

表 5-9　花期镉对大豆各品种 Pro 含量的影响

镉浓度（mg/kg）	Pro 含量（μg/g）			
	中黄 24（ZH24）	华夏 3 号（HX3）	巴西 10 号（BX10）	桂春 8 号（GC8）
0. 00	21. 60±1. 03（100）	30. 40±2. 07（100）	26. 29±3. 05（100）	21. 03±2. 82（100）
0. 25	25. 72±0. 77（119）	27. 02±2. 20（89）	25. 95±1. 72（99）	22. 47±3. 30（107）
5. 00	27. 99±2. 05（130）	33. 74±2. 05（111）	30. 30±3. 09（115）	24. 23±2. 85（115）
10. 00	26. 19±2. 37（121）	35. 50±1. 32（117）	26. 91±2. 88（102）	25. 15±2. 19（120）
20. 00	23. 99±1. 00（111）	29. 14±2. 27（96）	27. 86±3. 87（106）	26. 36±3. 14（125）

三、镉在不同时期大豆各器官中的累积

为了解镉胁迫下，镉在大豆植株各部位中的分布累积情况，测定了不同镉浓度处理下 4 个大豆品种花期和成熟期各器官中的镉浓度（表 5-10、表 5-11、表 5-12）。

结果表明，无论是花期还是成熟期，4 个大豆品种不同器官的镉浓度均随镉浓度的升高而升高。当镉浓度为 20. 00mg/kg 时，大豆体内各器官镉含量达最高；不同品种不同镉浓度相同器官中，花期的高于成熟期；同一浓度下不同器官相比较，花期叶中镉浓度较大，成熟期根中镉浓度较大。同一浓度同一器官不同大豆品种的镉积累存在显著差异。同一器官中，无论是根、茎、叶还是荚壳和籽粒，华夏 3 号的镉含量都明显低于其他 3 个品种，而中黄 24 各器官镉浓度较高。而在叶、荚壳和籽粒中，中黄 24 的镉积累量明显大于其他品种。此外，在根中，不同品种镉含量还受到处理镉浓度的影响，当镉处理浓度≤5. 00mg/kg 时，品种间镉含量顺序为巴西 10 号>中黄 24>桂春 8 号>华夏 3 号，在 20. 00mg/kg 镉处理时品种间镉含量顺序为桂春 8 号>中黄 24>巴西 10 号>华夏 3 号。华夏 3 号和桂春 8 号根部镉浓度远远大于籽粒中镉浓度。

表 5-10　成熟期大豆各器官中镉的浓度

采集部位	品种名称	镉浓度（mg/kg）				
		0	0. 25	5. 00	10. 00	20. 00
根	中黄 24（ZH24）	0	0. 4±0. 05d	1. 45±0. 06c	3. 12±0. 25b	7. 71±0. 31a
	华夏 3 号（HX3）	0	0. 24±0d	1. 82±0. 17c	3. 87±0. 09b	4. 94±0. 22a
	巴西 10（BX10）	0	0. 62±0. 04d	1. 55±0. 13c	2. 31±0. 07b	5. 11±0. 43a
	桂春 8 号（GC8）	0	0. 30±0. 05d	2. 20±0. 16c	6. 05±0. 62b	9. 98±0. 25a

（续表）

采集部位	品种名称	镉浓度（mg/kg）				
		0	0.25	5.00	10.00	20.00
茎	中黄 24（ZH24）	0	0.29±0.04d	1.27±0.09c	1.99±0.13b	4.56±0.37a
	华夏 3 号（HX3）	0	0.24±0c	0.62±0.05b	0.73±0.04b	1.720.15a
	巴西 10（BX10）	0	0.29±0.05d	1.66±0.11c	2.62±0.16b	3.39±0.07a
	桂春 8 号（GC8）	0	0.29±0.05d	1.23±0.05c	2.30±0.12b	3.91±0.17a
叶片	中黄 24（ZH24）	0	0.89±0d	2.43±0.07c	3.63±0.18b	5.30±0.41a
	华夏 3 号（HX3）	0	0.08±0.05d	0.62±0.09c	1.06±0.04b	2.76±0.07a
	巴西 10（BX10）	0	0.67±0.08c	1.50±0.11b	1.72±0.09b	2.37±0.15a
	桂春 8 号（GC8）	0	0.51±0.04d	1.17±0.09c	3.08±0.12b	3.79±0.13a
荚壳	中黄 24（ZH24）	0	0.24±0d	0.73±0.04c	1.55±0.17b	1.98±0.19a
	华夏 3 号（HX3）	0	0.02±0c	0.50±0.04b	0.63±0.04b	1.11±0.10a
	巴西 10（BX10）	0	0.38±0c	0.45±0.04c	0.76±0.07b	1.28±0.07a
	桂春 8 号（GC8）	0	0.19±0d	0.63±0.04c	1.16±0.04b	1.62±0.11a
籽粒	中黄 24（ZH24）	0	0.10±0d	0.60±0.04c	1.44±0.20b	2.16±0.19a
	华夏 3 号（HX3）	0	0.01±02d	0.29±0.02c	0.56±0.02b	0.87±0.05a
	巴西 10（BX10）	0	0.14±0.02d	0.87±0.04c	1.33±0.06b	1.81±0.13a
	桂春 8 号（GC8）	0	0.03±0.02d	0.40±0.02c	1.20±0.09b	1.49±0.10a

土壤中镉浓度为 0.25mg/kg 时，各品种籽粒中镉浓度均未超过国际食品法典委员会规定的标准（0.20mg/kg），但镉浓度大于 5.00mg/kg 时，各品种籽粒中镉浓度均超标。华夏 3 号和桂春 8 号籽粒中镉浓度低于中黄 24 和巴西 10 号。

表 5-11　花期大豆各器官中镉的浓度

采集部位	品种名称	镉浓度（mg/kg）				
		0	0.25	5.00	10.00	20.00
根	中黄 24（ZH24）	0	0.79±0.06d	3.94±0.32b	5.51±0.25c	10.19±0.19a
	华夏 3 号（HX3）	0	0.62±0.04c	3.30±0.13b	3.94±0.26b	8.58±0.54a
	巴西 10（BX10）	0	1.44±0.05c	2.41±0.16c	4.19±0.42b	5.94±0.54a
	桂春 8 号（GC8）	0	2.97±0.16d	5.71±0.52c	7.77±0.54b	15.87±0.77a

（续表）

采集部位	品种名称	镉浓度（mg/kg）				
		0	0.25	5.00	10.00	20.00
茎	中黄 24（ZH24）	0	0.68±0d	2.48±0.30c	3.62±0.39b	4.72±0.22a
	华夏 3 号（HX3）	0	0.24±0c	2.57±0.08b	3.34±.049b	5.12±0.16a
	巴西 10（BX10）	0	0.62±0.01b	2.63±0.17b	3.47±0.23b	4.90±0.54a
	桂春 8 号（GC8）	0	0.83±0.05c	2.48±0.24b	4.64±0.26a	5.17±0.32a
叶片	中黄 24（ZH24）	0	1.39±0.01d	3.18±0.25c	3.98±0.30b	5.38±0.19a
	华夏 3 号（HX3）	0	1.65±0.05c	3.68±0.23b	4.10±0.22b	5.78±0.14a
	巴西 10（BX10）	0	1.66±0.05c	3.96±0.19b	5.69±0.18a	6.24±0.48a
	桂春 8 号（GC8）	0	1.55±0d	3.13±0.09c	4.25±0.17b	8.67±0.25a

表 5-12　花期和成熟期大豆各品种整株镉积累量

土壤中镉浓度（mg/kg）	CK	0.25	5.00	10.00	20.00
每盆土壤中镉质量（mg）	0	2.5	50.0	100.0	200.0
花期大豆各品种整株镉积累量（mg）					
中黄 24（ZH24）	0	8.5	25.7	35.8	51.6
华夏 3 号（HX3）	0	12.5	46.2	45.7	60.4
巴西 10（BX10）	0	14.2	29.4	41.6	45.8
桂春 8 号（GC8）	0	34.0	79.2	95.1	89.6
成熟期大豆各品种整株镉积累量（mg）					
中黄 24（ZH24）	0	10.8	22.1	20.9	23.0
华夏 3 号（HX3）	0	8.40	21.3	34.1	39.4
巴西 10（BX10）	0	9.1	20.7	24.9	36.8
桂春 8 号（GC8）	0	19.6	50.2	43.2	44.9

花期和成熟期，镉胁迫下，桂春 8 号整株镉积累量随镉浓度的升高而升高，达一定值后开始下降，华夏 3 号、中黄 24 和巴西 10 号整株镉积累量随镉浓度的升高而升高。花期和成熟期，在不同镉浓度下镉积累顺序为：桂春 8 号>华夏 3 号>巴西 10 号>中黄 24。

综上，相同镉浓度处理下各器官中花期的镉浓度高于成熟期，花期叶中镉浓度最高，成熟期根中镉浓度最高。耐镉性品种华夏 3 号低积累，而耐性品种桂春 8 号高积累，中等耐性品种巴西 10 号镉积累中等，镉敏感品种中黄 24 高积累，表明大豆对镉的耐性和镉积累的机制不同，镉的累积与镉耐性并不完全相关。

参考文献

洪仁远，杨广笑，刘东华，等，1991. 镉对小麦幼苗的生长和生理生化反应的影响［J］. 华北农学报（3）：70-75.

孔祥生，张妙霞，郭秀璞，等，1999. Cd^{2+}毒害对玉米幼苗细胞膜透性及保护酶活性的影响［J］. 农业环境保护，18（3）：133-134.

王崇臣，王鹏，黄忠臣，2008. 盆栽玉米和大豆对铅、镉的富集作用研究［J］. 安徽农业科学（24）：10 383- 1 0386.

周航，曾敏，刘俊，等，2011. 湖南 4 个典型工矿区大豆种植土壤 Pb、Cd、Zn 污染调查与评价［J］. 农业环境科学学报，30（3）：476-481.

周青，张辉，黄晓华，等，2003. 镧对镉胁迫下菜豆幼苗生长的影响［J］. 环境科学，24（4）：48-53.

FORSTNER U, 1995. Land conamination by metals: Global scope and magnitude of problem [M]. Boca Raton, Ann Arbor, London, Tokyo: LEWIS.

HAHGIRI F, 1973. Cadmium uptake by Plants [J]. J Environ Qual, 2 (1): 93-95.

LIU D, JIANG W, WANG W, et al., 1995. Evaluation of metal ion toxicity on root tip cells by the Allium test [J]. Jounal of Plant Sciences, 43 (2): 125-133.

SHI G, CAI Q, 2009. Cadmium tolerance and accumulation in eight potential energy crops [J]. Biotechnol Adv, 27 (5): 555-561.

ZHUANG P, MCBRIDE M B, XIA H, et al., 2009. Health risk from heavy metals via consumption of food crops in the vicinity of Dabaoshan mine, South China [J]. Sci Total Environ, 407 (5): 1 551- 1 561.

第六章　南方夏秋大豆耐铜性评价及与SSR标记的关联分析

第一节　引　言

铜是植物生长发育所必需的微量营养元素，它是多酚氧化酶、细胞色素氧化酶及抗坏血酸氧化酶等多种酶类的组成成分之一（Clijsters et al.，1985；Lolkema et al.，1986），然而过量的铜会对植物产生毒害作用，主要表现为植株生长缓慢、根的生长和伸长受到抑制、叶面积减小、叶片失绿，致使植物的水分代谢、光合作用、呼吸作用等各种生理代谢发生紊乱（Reboredo，1991）。铜在环境中的浓度一般较低，在非污染土壤和沉积物中为20~30mg/kg，在非污染自然水体中低于2μg/kg。随着工业、农业、交通等领域含铜污染物的大量排放，铜已成为一种重要的环境污染物，含铜农业化学物质（含铜杀真菌剂和化肥）和有机肥（污泥、猪粪、厩肥和堆肥）的施用可使农田土壤含铜量达到原始土壤的几倍乃至几十倍（Schramel et al.，2000），对农作物和土壤微生物产生毒害，铜污染对农业生产的持续稳定增长和人类的健康构成极大的威胁（Nriagu，Pacyna，1988）。然而，很多植物在长期进化过程形成了一套有效的对铜的耐性机制，研究植物在铜胁迫下的生理功能、形态结构以及对养分吸收等方面的反应，对于人们探讨铜对植物的毒害机理、植物对铜的耐性机理及铜污染区的植物修复都具有重要意义。

铜是植物生长发育所必需的微量营养元素，微量的铜对植物生长具有促进作用，土壤中铜过多时会影响植物根系正常的代谢功能，使植物从土壤中吸收的氮等养分显著减少，造成植物生长发育迟缓、减产等，铜对植物的毒性作用，归根结底在于铜对植物体内正常的物质代谢的干扰以及对细胞结构和功能的干扰和破坏。铜污染对高等植物毒害作用的研究目前主要集中在对植物生长指标、光合作用、细胞结构、细胞分裂、酶学系统和其他营养元素的吸收上（陈贵英，2011）。Rhoads 等（1989）研究指出，土壤 pH 值为5.9~6.5时，随外源铜浓度增加，植株中钙的含量减少。向遭受铜毒害的大豆水培液中加入5mmol/L的钙能提高10mmol/L的铜浓度处理下大豆幼苗的生长，而且可以降低上胚轴中丁二胺的含量，同时促进精胺、亚精胺的生成（Hsu et al.，1988）。

铜危害南方大豆的生长发育，导致大豆产量下降。在生产上，可使用耐铜性品种，减少重金属铜污染对南方大豆生产的影响。本研究以322份南方晚熟夏秋大豆为材料，对其耐铜性进行筛选和评价，以主根相对伸长量、主根相对伸长率为指标对大豆的耐铜性进行 QTL 定位，以期为大豆抗铜性育种提供依据。

第二节　南方夏秋大豆耐铜性评价

主根伸长生长受到抑制是植物遭受铜胁迫时最明显的症状，主根相对伸长率是耐铜筛选的重要指标，由于其快速、有效的特点在对大量材料进行筛选时应用更为广泛。本实验以主根相对伸长率作为自交系耐铜筛选的指标。结果显示，不同大豆品种对铜的耐性差异较大，主根相对伸长率为 30.10%～85.47%（图 6-1，附表 1），平均值为 55.63%，变异系数 0.19，其中相对伸长率在 50.00%之上的材料占 68.00%。

通过比较 319 份南方夏秋大豆品种的根系伸长对铜的反应，得到两个受抑制程度最轻的品种 $R_2$177（恭城青皮豆）与 $R_2$268（麻竹豆）以及两个受抑制程度最重的品种 $R_2$48（十月青）与 $R_2$141（石芽黄）。$R_2$141、$R_2$268、$R_2$48、$R_2$177 在 1μmol/L 的 Cu 处理 24h 时主根相对伸长率分别为 85.47%、85.33%、32.00%和 30.10%。初步确定 $R_2$141、$R_2$268 为耐铜品种，$R_2$48、$R_2$177 为铜敏感品种。

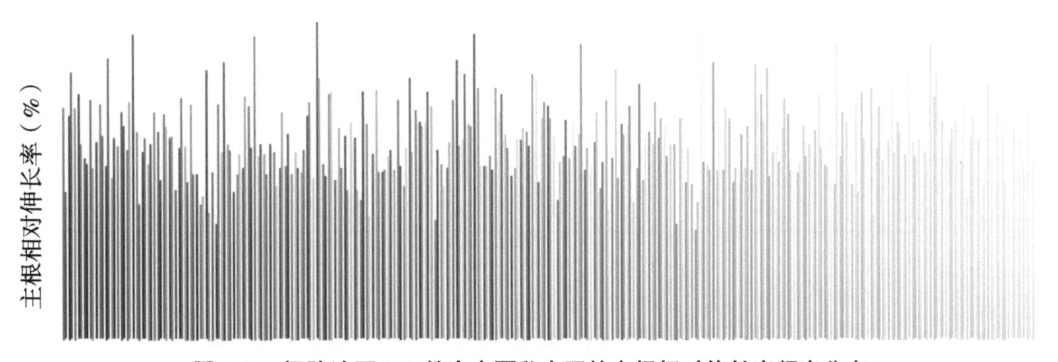

图 6-1　铜胁迫下 319 份南方夏秋大豆的主根相对伸长率频率分布

主根相对伸长率频率分布表明，319 份夏秋大豆中约有 90.0%大豆的主根伸长率为 30%～90%（图 6-2）。主根相对伸长率大于 80%的材料仅有 8 份，分别来自广东、湖南、福建、广西，分别有 2 份、4 份、1 份、1 份。主根相对伸长率小于 40%的材料有 17 份，广东、广西、福建、湖南、四川、江西分别有 3 份、4 份、2 份、4 份、3 份、1 份。大于 90%的材料有 12 份，包括湖南 7 份、广西 3 份、四川 2 份。从结果中可以看出，在幼苗期筛选中耐铜性特别强和对铜胁迫特别敏感的数量不多。

对不同来源的材料进行耐铜性比较发现，四川材料对铜的耐性最好，根相对伸长率和耐性比例都是最高，耐性比例高达 80.32%；广西和海南在各省份耐性比较中最差，耐性比例都是最小，都只有 33.33%，从变异范围来看，湖南变异幅度最大，相对伸长率为 30%～85%（表 6-2）。

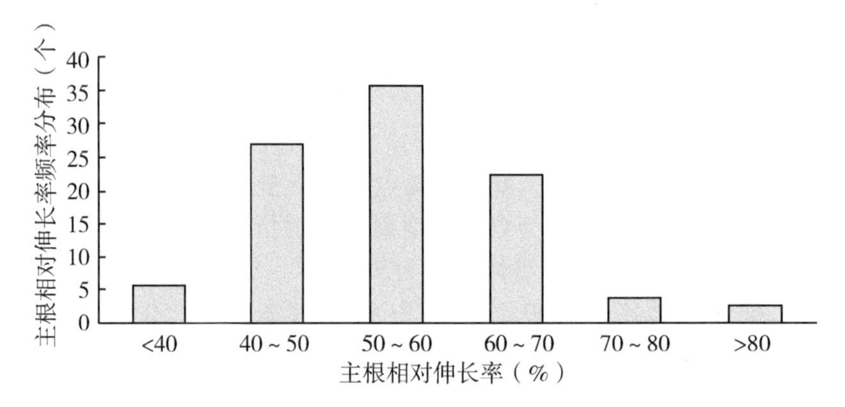

图 6-2　铜胁迫下 319 份夏秋大豆主根相对伸长率频率分布

表 6-2　不同来源材料耐铜性比较

材料来源	平均相对伸长率	相对伸长率范围	抗性材料比例（RRE>0.5）（%）
全部材料	0.56±0.03	0.30~0.88	67.81
福建	0.56±0.04	0.33~0.85	70.00
广东	0.56±0.05	0.37~0.88	67.79
广西	0.53±0.03	0.32~0.85	33.33
海南	0.57±0.02	0.42~0.82	33.33
湖南	0.55±0.01	0.30~0.85	64.86
江西	0.58±0.02	0.38~0.86	69.23
四川	0.59±0.01	0.40~0.78	80.32

第三节　大豆耐铜品种与敏感品种的耐性验证

一、铜胁迫对大豆主根相对伸长率的影响

铜胁迫下，根系是最敏感且最先受到伤害的部位，表现为根的伸长受到抑制。将筛选得到的 4 个大豆品种在不同铜处理浓度的溶液中培养 24h，观察主根相对伸长率的变化，结果显示 4 个大豆品种主根相对伸长率均随铜处理浓度的增加而降低，不同品种间差异显著，与耐铜的麻竹豆、恭城青皮豆相比对铜敏感的石芽黄、十月青在各处理浓度下主根相对伸长率均更低，表明石芽黄、十月青耐铜性低（图 6-3）。在铜处理浓度为 1μmol/L 和 2μmol/L 时，大豆耐铜品种与敏感品种主根相对伸长率间差异已经达到显著水平，1μmol/L 时麻竹豆、恭城青皮豆 、石芽黄、十月青主跟相对伸长率与对照相比分别下降了 14.67%、14.53%、69.90%和 68.00%，对铜敏感品种下降幅度更大。铜处理浓度达到 4μmol/L 时，耐铜品种与敏感品种主根相对伸长率差异变小，分别为 20.00%、22.72%、10.54%和 4.52%。

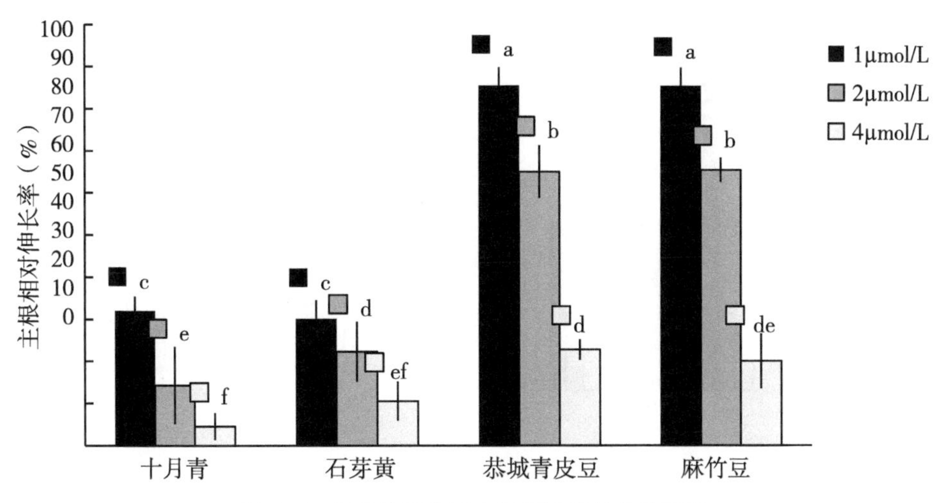

图 6-3　铜胁迫对大豆主根相对伸长率的影响

二、铜胁迫对大豆根系 MDA 含量的影响

丙二醛是植物膜脂过氧化的产物，可以与蛋白质、核酸、氨基酸等活性物质交联，形成不溶性的化合物（脂褐素）沉积，干扰细胞的正常生命活动，丙二醛（MDA）含量的多少是植物对逆境条件反应的强弱的一个指标（陈贵，1991）。刘鹏等（2005）对大豆的研究表明，叶片 MDA 的变化趋势与质膜透性变化趋势是一致的。因此，铜胁迫下植物细胞中 MDA 含量可以初步地反映植物的耐铜性。

测定结果表明，大豆根系 MDA 含量随铜处理浓度的升高逐渐增加，耐铜的麻竹豆、恭城青皮豆根系 MDA 含量要低于对铜敏感的十月青和石芽黄（图 6-4）。在铜处理浓度为 1μmol/L 时，除麻竹豆外其余品种根系 MDA 含量均高于对照，品种间差异不大。随着铜浓度的增加，处理 36h 与 72h 的大豆根系 MDA 含量均升高，铜敏感品种十月青和石芽黄根系 MDA 含量增加幅度较耐铜品种恭城青皮豆和麻竹黄大。在铜处理浓度为 2μmol/L 时铜敏感品种十月青、石芽黄与耐铜品种麻竹豆、恭城青皮豆在经处理 36h 和 72h 时根系 MDA 含量分别为 14.71μmol/kg、15.25μmol/kg、8.86μmol/kg、7.37μmol/kg 与 13.23μmol/kg、15.56μmol/kg、6.65μmol/kg、12.39μmol/kg，与对照相比分别增加了 210.84%、240.08%、21.38%、94.72% 与 259.18%、146.34%、56.11%、208.80%，从结果可以看出铜处理浓度 2μmol/L 36h 和 72h 后，耐铜品种根系 MDA 绝对含量均低于铜敏感品种（图 6-4）。

三、不同浓度铜处理对大豆耐铜品种与敏感品种生物量的影响

铜是高等植物生长发育过程中的一种重要的微量营养元素，过量的铜会对植物产生毒害作用。图 6-5 为 1/2 Hoagland 营养液中不同铜处理水平对不同大豆品种地上部与根系干重的影响，其中图 6-5 中 a、b 和 c、d 分别为不同浓度铜处理 7d 和 14d 大豆地上部和地下部相对生物量变化情况。整体来看，随着铜浓度的升高和处理时间的延长，大

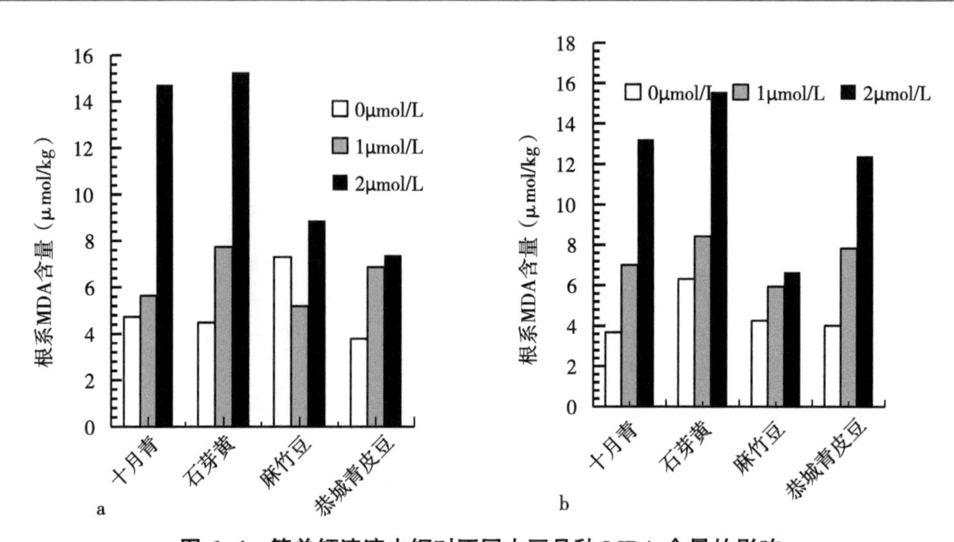

图 6-4　简单钙溶液中铜对不同大豆品种 MDA 含量的影响

（a. 铜处理 36h 后大豆根系 MDA 含量；b. 铜处理 72h 后根系 MDA 含量）

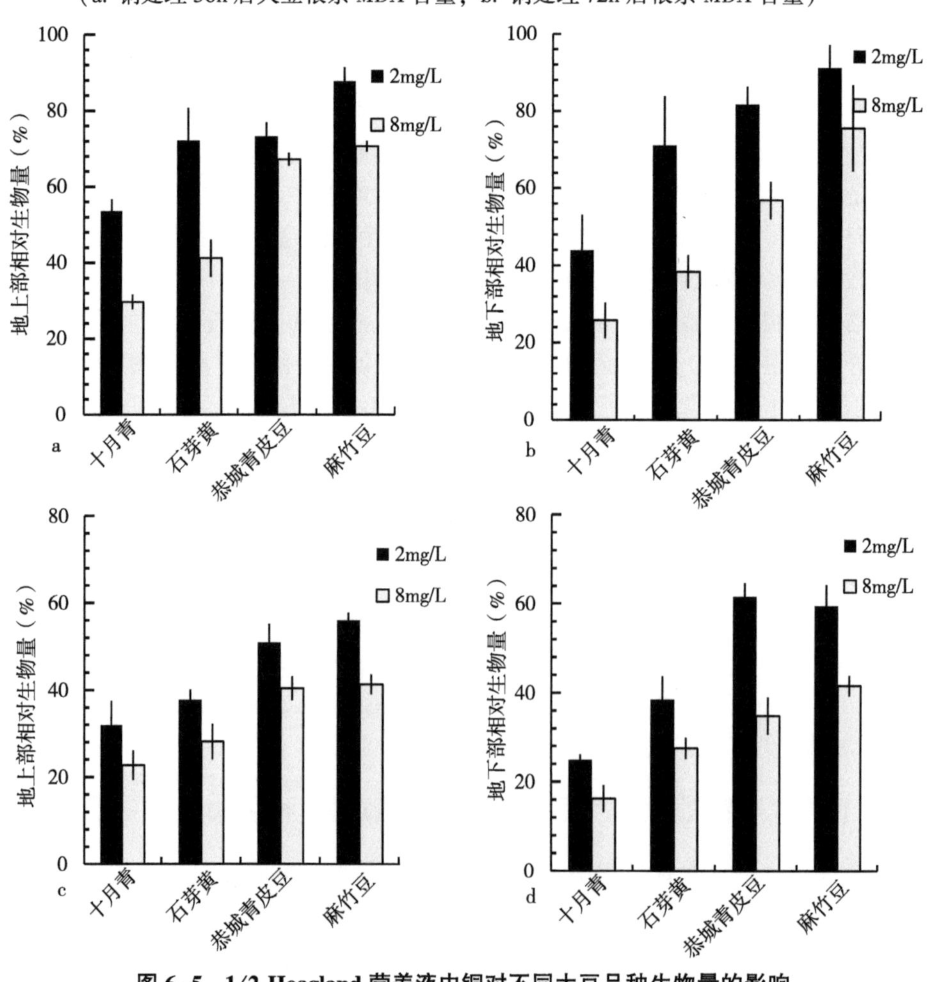

图 6-5　1/2 Hoagland 营养液中铜对不同大豆品种生物量的影响

豆各品种相对地上部生物量和相对地下部生物量均显著下降；从不同品种来看，敏感品种比耐性品种相对生物量下降幅度更大。2μmol/L 和 8μmol/L 铜浓度处理大豆 7d 后，4 个大豆品种相对地上部生物量和相对地下部生物量均显著下降，与耐铜的麻竹豆和恭城青皮豆相比，对铜敏感的石芽黄和十月青地上部和根系相对生物量下降更多，在铜处理浓度为 8μmol/L 时两个敏感品种相对地上部和相对根系生物量分别下降了 70.33%、58.79%和 74.25%、61.63%，而两个耐铜品种相对地上部和相对根系生物量仅下降了 32.74%、29.20%和 43.13%、24.44%。随着处理时间的延长，在铜处理 14d 后，两敏感品种比两耐性品种相对地上部生物量和相对根系生物量较 7d 前下降幅度更大，说明麻竹豆和恭城青皮豆与石芽黄和十月青相比耐铜性更强。

大豆植株干重测定结果表明，铜处理 14d 的根与地上部干重比要略高于同处理 7d 的根与地上部干重比，说明随着处理时间的延长，铜对地上部生长的抑制要高于地下部。同一处理时间内品种间和处理间差异不大（表 6-3）。

表 6-3　铜对大豆根/地上部干重比的影响

处理时间	品种名称	根/地上部干重比		
		铜处理浓度（mg/L）		
		0	2.00	8.00
7d	十月青	0.19	0.15	0.16
	石芽黄	0.18	0.18	0.17
	麻竹豆	0.21	0.22	0.22
	恭城青皮豆	0.19	0.21	0.16
14d	十月青	0.25	0.20	0.18
	石芽黄	0.19	0.20	0.19
	麻竹豆	0.23	0.24	0.23
	恭城青皮豆	0.27	0.23	0.19

四、不同浓度铜处理对大豆叶绿素含量的影响

叶绿素含量测定结果表明，铜处理 7d 后各大豆品种与各自对照相比无显著差异，且各品种间也无显著差异；铜处理 14d 后，各大豆品种叶绿素含量均低于对照，但品种间差异不显著（图 6-6）。由以上结果可以看出，铜胁迫下，大豆耐铜品种与敏感品种叶绿素含量变化不明显，将其作为大豆对铜敏感性的鉴定指标不能很好地反映品种间差异。

五、不同浓度铜处理对大豆耐铜品种与敏感品种株高的影响

株高是植物的表观特性之一，也是比较容易观察重金属铜对植物影响的直观因素之一。株高测定结果表明，不同品种大豆株高净增长量均随处理浓度的增大而降低，当铜

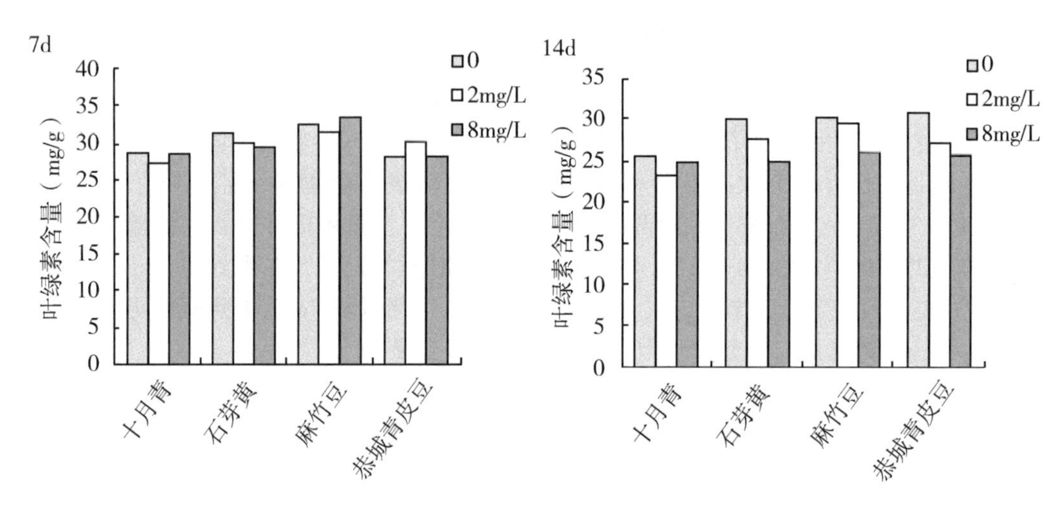

图 6-6　不同浓度铜胁迫对不同大豆品种叶绿素含量的影响

浓度为 2mg/L 时，石芽黄、十月青、麻竹豆和恭城青皮豆与对照相比株高净增长量分别下降了 68.59%、44.47%、39.40%和 33.05%，可以看出铜胁迫下 7d 后对敏感品种石芽黄的抑制程度最高；当铜浓度为 8mg/L 时，各品种株高净增长量与对照相比分别下降了 82.90%、56.68%、54.33%和 50.04%，敏感品种石芽黄和十月青下降幅度更大（图 6-7a）。不同大豆品种铜胁迫 7~14d 后株高净增长量，当铜浓度为 2mg/L 时，各品种株高净增长量为对照的 48.46%、56.82%、79.96%和 83.14%；铜浓度为 8mg/L 时各品种株高净增长量仅为对照的 14.10%、24.67%、21.70%和 20.22%（图 6-7b）。由以上可以看出，高浓度的铜胁迫下，时间越久，品种间差异越小，因此要从株高来区分耐性品种与敏感品种铜胁迫时间的选择十分重要。

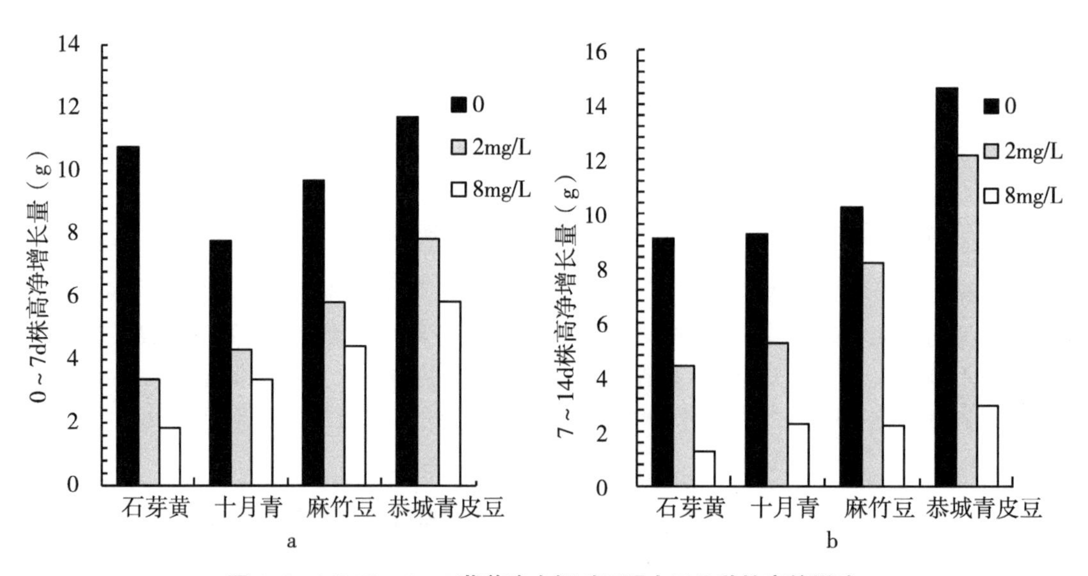

图 6-7　1/2 Hoagland 营养液中铜对不同大豆品种株高的影响

第四节　铜胁迫下夏秋大豆主根相对伸长率与 SSR 标记的关联分析

一、南方夏秋大豆群体结构分析

群体结构指的是一个群体内存在亚群的情况。亚群的混合使整个群体所估计的 LD 强度增强，可能导致基因多态性位点与性状的相关性并非由功能性等位基因引起，从而提供假阳性结果。因此，进行关联分析前对群体进行结构分析和调节是必要的。本实验采用 Structure 2.2 软件对 322 份夏秋大豆材料进行群体结构分析，可以看到该群体的 value of Ln P（D）连续变化，在当 K=6、16 和 18 时 Ln P（D）均出现拐点，此时根据 K 值已经很难找到最佳的分群结果，因此用 ΔK 来决定分群值（图 6-8）。应用公式 $\Delta K = m[|L(K+1) - 2L(K) + L(K-1)|]/s[L(K)]$ 计算 ΔK 值，发现 K=5 时 ΔK 出现峰值，因此进行群体结构分析时 K 值定为 5，即将全部材料分成 5 个亚群和一个混合群体。包括 A 群、B 群、C 群、D 群及混合群，红色代表 A 群，绿色代表 B 群，蓝色代表 C 群，黄色代表 D 群，粉色代表 E 亚群（图 6-9）。

群体划分时以遗传相似比例≥50%为标准将全部材料划分到相应的亚群中。在全部材料中，77.6%被划分到相应的类群中，其他遗传相似比例<50%，被划分为相应的类群。其中 A 亚群共 33 份材料，占全部材料的 10.25%；B 亚群共 97 份材料，占全部材料的 30.12%；C 亚群共 33 份材料，占全部材料的 10.25%；D 亚群共 80 份材料，占全部材料的 24.84%；E 亚群只有 7 份材料，为最小的一个亚群，其材料所占比例也只有 2.17%；另外还有一个混合亚群，称之为 M 亚群，包含 72 份材料，占全部材料的 22.36%。各亚群材料来源及其平均遗传相似比例见表 6-4。

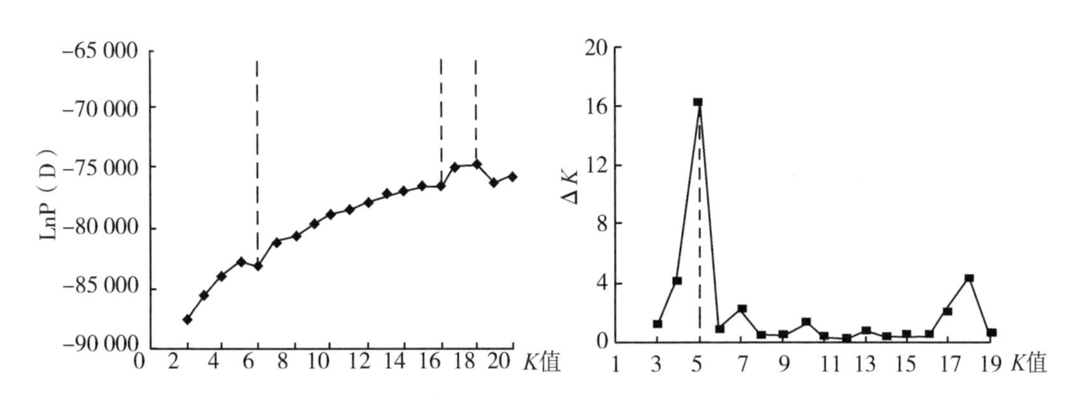

图 6-8　不同 K 值下夏秋大豆群体的 Ln P（D）和 ΔK

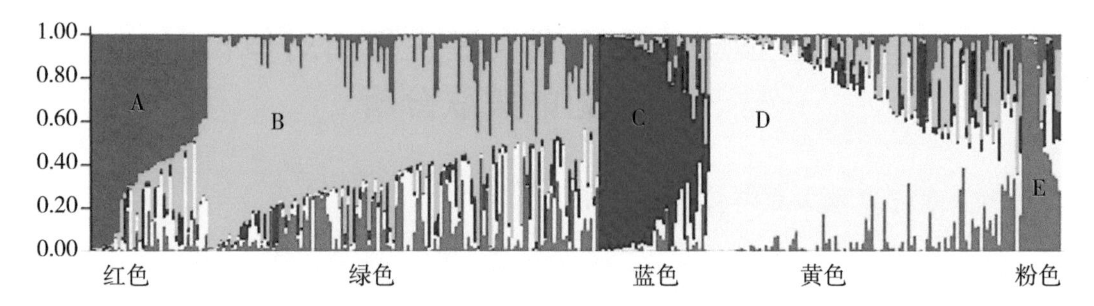

图 6-9　322 份夏秋大豆群体分布情况

表 6-4　322 份夏秋大豆的类群划分

类群	各亚群材料来源			平均遗传相似比例	遗传相似比例>90%
A 亚群	湖南 12 份 江西 3 份 福建 1 份	四川 7 份 海南 2 份	广西 3 份 广东 2 份	0.719	10 份
B 亚群	湖南 29 份 江西 9 份 其他 16 份	广西 18 份 福建 5 份	四川 18 份 广东 2 份	0.686	9 份
C 亚群	湖南 11 份 江西 3 份	四川 8 份 福建 2 份	广西 4 份 其他 2 份	0.846	16 份
D 亚群	湖南 27 份 江西 8 份 海南 3 份	四川 15 份 福建 4 份 其他 7 份	广西 9 份 广东 3 份	0.772	23 份
E 亚群	湖南 2 份 福建 3 份	四川 1 份	广西 1 份	9.02	5 份

二、SSR 位点间连锁不平衡分析

基因间的连锁不平衡是关联分析的基础，分析散布于大豆全基因组 SSR 位点间的连锁不平衡有助于了解大豆基因组连锁不平衡状态。图 6-10 显示了 159 个 SSR 位点在 20 个连锁群上连锁不平衡的分布情况，可见在南方夏秋栽培大豆基因组中，涉及较高水平连锁不平衡的位点（$D'>0.5$）大多是分布在“D2”，“H”和“K”群上的位点，以及与其组合的位点（图 6-10 中黑线圈出的部分）。159 个 SSR 位点的12 561种位点组合中，无论是共线性组合（同一连锁群），还是非共线性组合（不同连锁群），都有一定程度的 LD 存在（图中斜线上方非白色小格）。位于 20 条连锁群的 159 个 SSR 位点共形成 580 个共线性组合，然而得到统计概率（$P<0.05$）支持的不平衡成对位点仅为 88

个，所占全部共线性组合数的比例也只有 16.48%。

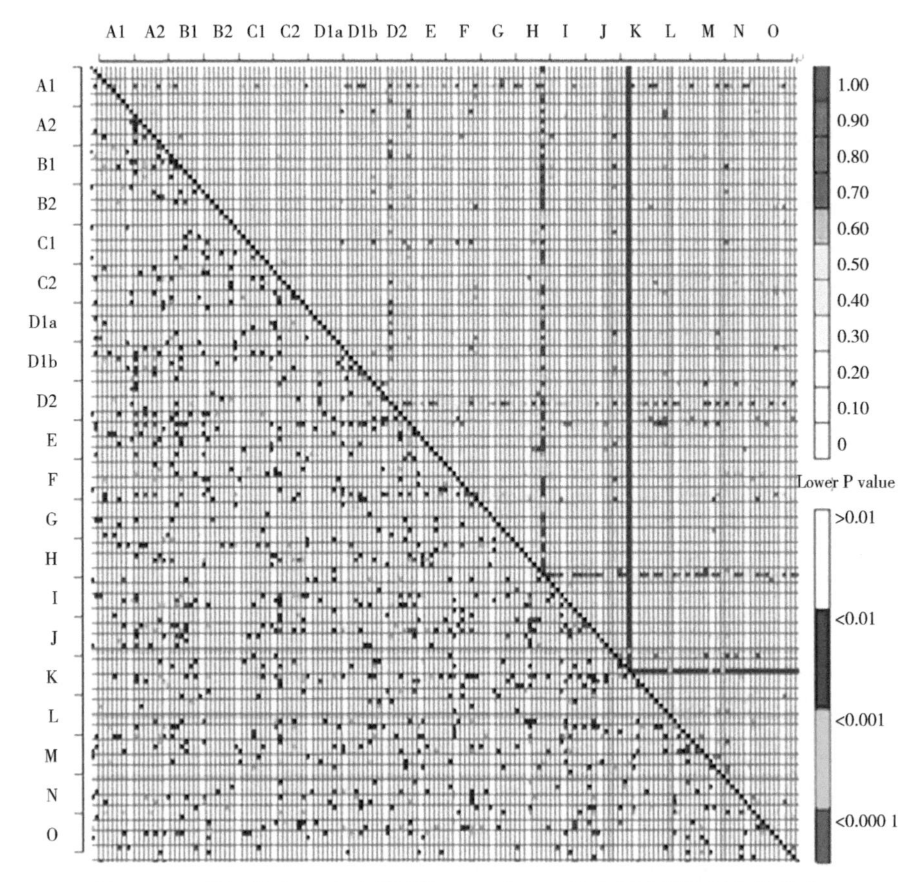

图 6-10　夏秋大豆 20 个连锁群的 159 对 SSR 位点间连锁不平衡的分布

如果公共图谱中连锁群间无重组，现发现有重组的 LD，说明群体历史上发生过许多交换和群间重组，而且群体 LD 的 D'越大，说明群体异交轮数多。LD 的衰减（$D'<0.5$）所延伸的距离决定着关联分析所需要使用标记的多寡及关联分析的精度。对共线性 SSR 位点 D′值随遗传距离增加而变化的分析可看出，南方夏秋大豆基因组上，SSR 位点 D' 值衰减速率都相当快（图 6-11）。对 D'值与遗传距离的回归分析发现，D'值衰减都遵循方程 $Y=b\ln(x)+c$，因此可求出 322 份夏秋栽培大豆种质 LD 衰减。

表 6-5　SSR 位点连锁不平衡程度的分布情况

线性位点组合数	LD 成对位点数	比例（%）	D'值的分布（$P<0.05$）				
			0~0.1	0.1~0.2	0.2~0.3	0.3~0.4	0.4~0.5
580	88	16.48	4	49	21	8	6

三、大豆主根相对伸长率与 SSR 标记的关联分析

夏秋大豆耐铜性相关 SSR 位点及其对表型变异的解释率的结果分析，总共找到 25

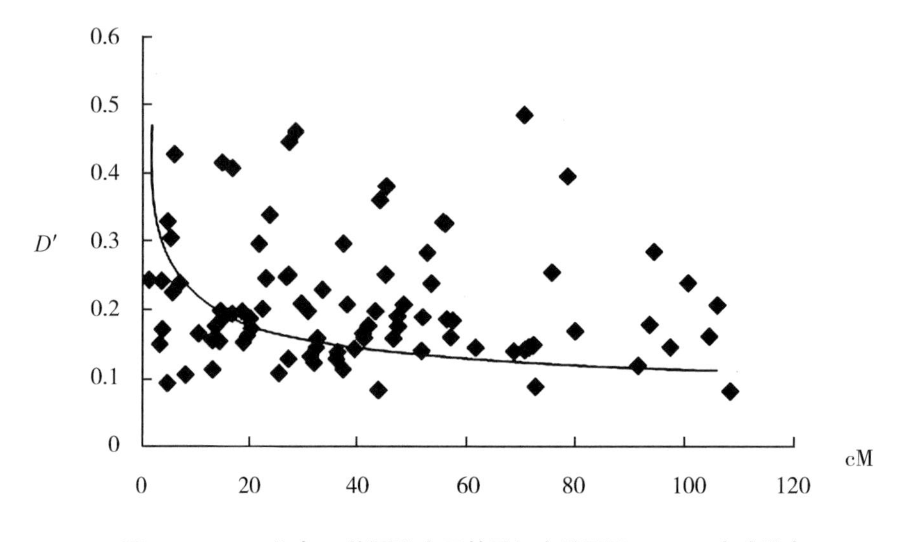

图 6-11　SSR 位点 D′值夏秋大豆基因组中随图距（cM）衰减散点

个位点与主根伸长量、对照根伸长量、主根相对伸长率相关；共找到了 11 个位点与铜处理下主根的伸长量相关，Satt200、Sat_177、Satt227、Satt335、Satt682、Satt 292、Sat_351、Satt552、Satt182、Sat_009、Sat_121，分别分布于 10 条染色体上，其中 B2 染色体上的 Sat_177 对性状的解释率最高，达到 5.92%。有 8 个 SSR 位点与对照根的伸长量相关，分别位于 10 条染色体上，Satt684、Satt315、Satt534、Sat_177、Satt554、Satt235、Satt382、Sat_336、Sat_351、Satt287，其中对照根的伸长量解释率最高的位点为 B2 染色体上的 Sat_177，解释率为 5.92%；6 个位点与主根相对伸长率相关，Satt227、Satt249、Satt552、Sat_009、Satt551、Sat_121，分布于 5 条染色体上，其中以位于 C2 染色体上的 Satt227 对铜胁迫下主根相对伸长率的解释率最大，为 5.37%（表 6-6）。

综合对照根的伸长量、铜处理下根的伸长量和铜处理下主根相对伸长率的结果，发现位于 B2 染色体上的 Sat_177 和位于 D1b 染色体上的 Sat_351 与处理根伸长量和对照根伸长量都相关；位于 M、L、K、C2 染色体上的 Sat_121、Sat_009、Satt552、Satt227 与对照根伸长量和铜处理下主根相对伸长率都相关。

表 6-6　与夏秋大豆耐铜性状相关的 SSR 位点及其对表型变异的解释率

性状	标记名称	染色体	遗传距离（cM）	P 值（MLM）	可解释 R^2（%）
SRE	Satt200	A1	27.63	0.043 6	2.05
SRE	Sat_177	B2	7.84	0.019 2	5.37
SRE	Satt227	C2	107.59	0.032 5	5.24
SRE	Satt335	F	77.7	0.049 8	2.44
SRE	Sat682	C1	127.06	0.020 2	3.05

（续表）

性状	标记名称	染色体	遗传距离（cM）	*P* 值（MLM）	可解释 R^2（%）
SRE	Satt292	I	82. 78	0. 026 6	1. 00
SRE	Sat_351	D1b	20. 61	0. 009	4. 79
SRE	Sat552#	K	46. 44	0. 027 7	2. 24
SRE	Sat182*	L	14. 03	0. 008 8	0. 49
SRE	Sat_009	L	78. 23	0. 021 1	3. 03
SRE	Sat_121	M	103. 98	0. 032 4	2. 20
CRE	Satt684	A1	3. 54	0. 044 8	1. 97
CRE	Satt315	A2	45. 29	0. 043 8	2. 58
CRE	Satt534	B2	87. 59	0. 094	3. 50
CRE	Sat_177	B2	7. 84	0. 010 4	5. 92
CRE	Satt554	F	111. 89	0. 013 1	3. 93
CRE	Satt235	G	21. 89	0. 005 1	4. 58
CRE	Satt382#	A1	26. 42	0. 025 3	2. 90
CRE	Sat_336	C2	51. 84	0. 015 2	1. 84
CRE	Sat_351	D1b	20. 61	0. 026 3	3. 98
CRE	Satt287	J	15. 69	0. 047 1	1. 91
RRE	Satt227	C2	107. 59	0. 028	5. 37
RRE	Satt249	J	11. 74	0. 019 2	2. 46
RRE	Satt552	K	46. 44	0. 040 3	2. 01
RRE	Sat_099	L	78. 23	0. 015 3	3. 25
RRE	Satt551	M	95. 45	0. 009 2	2. 11
RRE	Sat_121	M	103. 98	0. 031 2	2. 23

参考文献

陈贵英，李维，陈顺德，等，2011. 环境铜污染影响及修复的研究现状综述［J］. 绿色科技（12）：125-128.

CLIJSTERS H，VAN ASSCHE F，1985. Inhibition of photosynthesis by heavy metals［J］. Photosynth Res，7（1）：31-40.

HSU BD，LEE JY，1988. Toxic effects of copper on photosystem II of spinach chloroplasts［J］. Plant Physiol，87（1）：116-119.

LOLKEMA PC1, VOOIJS R, 1986. Copper tolerance in Silene cucubalus: Subcellular distribution of copper and its effects on chloroplasts and plastocyanin synthesis [J]. Planta, 167 (1): 30-36.

NRIAGU JO, PACYNA JM, 1988. Quantitative assessment of worldwide contamination of air, water and soils by trace metals [J]. Nature, 333 (6 169): 134-139.

REBOREDO F, 1991. Cu and Zn uptake by Halimione portulacoides (L.) Aellen. A long-term accumulation experiment [J]. Bull Environ Contam Toxicol, 46 (3): 442-449.

SCHRAMEL O, MICHALKE B, KETTRUP A, 2000. Study of the copper distribution in contaminated soils of hop fields by single and sequential extraction procedures [J]. Sci Total Environ, 263 (1-3): 11-22.

第七章　湖南及华南部分地区栽培大豆与野生大豆遗传多样性分析

第一节　引　言

大豆［*Glycine max*（L.）Merr.］是我国乃至全世界的主要作物之一，是植物油脂和蛋白质的主要来源。大豆起源于中国，在我国迄今已有5 000多年的栽培历史。在中国，大豆在不同环境中的长期栽培，有助于大豆不同遗传类型的进化，形成了丰富的大豆资源宝库。野生大豆是栽培大豆的近缘祖先种，在我国的分布极广，除青海、新疆维吾尔自治区（以下简称新疆）及海南外，其他省份均有野生大豆分布。野生大豆在被驯化过程中丢失了大量的稀有位点，遗传多样性会逐渐降低。Hyten等（2006）通过分析引种、驯化以及人工选择对遗传多样性的影响，认为驯化对遗传多样性降低的影响达50%时可导致81%的稀有位点消失。栽培大豆是由野生大豆经自然选择和人工选择，适应长期栽培环境并不断定向积累细小变异而进化的结果。

遗传多样性是生物多样性的重要组成部分，是物种进化的本质，也是人类社会生存和发展的物质基础。遗传多样性的研究无论是对生物多样性的保护，还是对生物资源的可持续利用，以及未来世界的食物供应，都有重要的意义。随着生物学研究技术的不断发展，遗传多样性的研究方法和检测手段也在不断发展变化，从传统的根据表型性状进行遗传多样性分析，经历了染色体带型、同工酶电泳技术逐步发展到根据基因组DNA进行遗传多样性分析。明确不同来源种质的遗传多样性，对育种家利用遗传多样性较高的种质进行大豆遗传改良、拓宽现代大豆品种遗传基础、定向培育新品种具有重要指导作用。

利用表型性状来研究遗传多样性具有简便、易行、快速的特点。由于长期自然环境和利用要求的双重选择，我国大豆表型变异呈明显的地理分布特征，所以对大豆表型的遗传多样性研究会有助于认识大豆的地理分布、起源和进化。王金陵等（1981）通过分析生育期、籽粒大小、蛋白质和油分含量等数量性状以及结荚习性、生育习性、花色等质量性状，发现大豆的大多表型性状与地理分布存在一定的关系。常汝镇（1989，1990）对《中国大豆品种资源目录》中收录的6 700多份大豆的11个形态和农艺性状进行了分析，发现诸如株型、结荚性、花色、茸毛色以及粒型等性状与地理分布和生态类型存在显著相关性。Perry等（1991）对来自78个国家2 250份栽培大豆种质的17个形态性状进行分析，结果表明，大多数性状遗传变异主要存在于地理区域内，不同地理区域表型多样性指数相当均衡。董英山等（1998）对来自全国不同省份大豆种质的生育期、百粒重、株高、粒形、结荚习性、叶形、蛋白质含量及粗脂肪含量等性状的平均遗传多样性指数进行分析，提出了栽培大豆遗传多样性中心分布于中国的东北、黄河流域、长江流域及沿海地区。周新安等（1998）利用中国大豆品种资源数据库所记录的各品种的质量与数量性状，并结合中国的品种资源分类研究结果，用群体遗传学研究方法计算了我国大豆品种资源的遗传多样性指数，分析了中国大豆品种资源的遗传多样性，并推断出中国栽培大豆的起源中心。Cui 等（2001）分析现代 47 份中国栽培大豆和 25 份北美栽培大豆的 25 个表型性状，通过聚类分析发现中国大豆和北美大豆属于不同的种群，中国大豆的遗传多样性高于北美大豆，认为北美大豆起源于中国大豆，这种表型的分化可能是人工选择的压力造成的，中国栽培大豆的基因渗入拓宽了北美大豆种质资源的农艺形态和生化的多态性。孙蕾等（2015）对东北 3 个省 15 个小区3 069份大豆种质资源的 11 个主要性状进行遗传多样性分析，结果表明，多样性最丰富的地区集中在黑龙江南部、中部及辽宁辽中地区，而黑龙江极早熟地区的多样性较贫乏，松嫩平原东北部、三江平原及辽河平原北部为东北野生大豆遗传多样性富集区。张振宇等（2015）利用 540 份大豆品种资源进行种植和重要农艺性状调查，并对品种间的遗传相似系数进行分析，通过相关性分析挖掘出影响产量和品质的主要农艺性状。李建东等（2015）以黄淮地区具有代表性的 4 个野生大豆居群为研究试材，对百粒重、生育期、荚果长、荚果宽、株高、每荚粒数、分枝数、茸毛色、主茎、粒色、萌发时间、叶形 12 个重要农艺性状进行系统比较分析，运用变异系数、多重比较和巢式方差分析研究了居群间和居群内的表型变异。张海平等（2018）以山西省 100 份野生大豆资源为试验材料，对其 10 个质量性状和 9 个数量性状进行了遗传多样性分析和农艺性状聚类分析，研究表明，山西省野生大豆资源遗传变异丰富，基于农艺性状的聚类分析，将 100 份野生大豆可分为两大组群，第一组群主要为山西中部和北部资源，第二组群为山西中部和南部资源。陈宏伟等（2019）以来自全国各地及日本的 67 份鲜食大豆种质资源为材料，利用主成分分析和聚类分析的方法，对 9 个农艺性状进行分析评价。结果表明，变异系数最高的是有效分枝数（44%），其次是主茎节数（30%）。

由于表型差异不仅取决于遗传组成，还受控于环境条件，有时表型变化并不能真实反映遗传变异，而分子标记作为 DNA 分子多态性的直接反映，具有数量丰富、多态性高、共显性的特点，并且不受年份、季节、环境和发育时空影响，也不受基因表达的限制，因此分子标记技术在大豆遗传多样性研究方面已经得到了广泛应用。惠东威等（1994，1996）和庄炳昌等（1994）利用 RAPD 标记对大豆属不同亚种进行了遗传多样性分析，发现 *Glycine* 亚属内多年生野生大豆种间差异明显大于 *Soja* 亚属内一年生野生大豆和栽培大豆种间差异。许东河等（1999）对我国 *Soja* 亚属中一年生野生大豆和栽培大豆等位酶、RFLP 和 RAPD 标记比较，也表明在 *Soja* 亚属内野生大豆遗传多样性水平明显高于栽培大豆，而且它们之间遗传差异主要表现为等位变异频率的差异。盖钧镒等（2000）利用形态、同工酶和细胞器 DNA RFLP 分析表明，我国栽培大豆地理生态群体间遗传分化明显，地理群体内部还存在季节生态群体遗传分化。我国大豆种质在 DNA 水平上的遗传变异有明显的地理分布特点，揭示了大豆具有明显的地理生态适应性。Ude 等（2003）利用 AFLP 标记分析了来自中国、日本、朝鲜、北美以及北美的祖先种的遗传多样性，发现中国的材料间的遗传距离最大（7.5%），日本的最小（6.3%）；北美栽培种与中国的栽培种间的遗传距离为 8.5%，与日本的遗传距离为 8.9%。聚类分析将这些材料以地理位置分为 3 个群，北美大豆祖先种与这 3 个群重叠。崔艳华等（2004）利用 SSR 标记以及农艺性状对黄淮夏大豆进行了遗传多样性分析，发现 SSR 遗传多样性指数、Simpson 指数以及农艺性状的遗传多样性指数的分布范围较广，表明黄淮夏大豆具有丰富的遗传变异，并且农艺性状和分子数据聚类结果均显示出一定的地理分布规律。谢华等（2005）对我国夏大豆种质利用 SSR 标记进行了遗传多样性分析，将黄淮夏大豆和南方夏大豆划分为 2 个不同的基因池。李为民等（2015）利用 SSR 分子标记分析了陕西省 6 个野生大豆（*Glycine soja*）天然种群和 1 个栽培大豆（*Glycine max*）种群的遗传结构与遗传多样性。结果显示，陕西野生大豆具有较高水平的遗传多样性，并且普遍高于栽培大豆；随着海拔的不断升高，野生大豆遗传多样性变低；陕西中部、南部的野生大豆种质资源丰富、种群具有较高的遗传多样性，推测该区域为陕西野生大豆的遗传多样性中心。金尚昆等（2018）利用覆盖大豆全基因组的 60 个微卫星（SSR）分子标记对以黄淮海地区新近育成品系为主的 284 份大豆材料进行基因型分析，以揭示我国黄淮海地区近期大豆育成品系的遗传多样性特点。研究表明不同省（区、市）中，北京、河北材料多样性最高。滕康开等（2018）对系谱明确、适合江淮地区种植的 296 份大豆新品系进行 SSR 和 PAV 标记分析，以揭示其遗传关系并促进其育种利用，结果表明基于 SSR 标记所计算的多样性指标数值均高于 PAV 标记所得。赵艳杰等（2019）为评估东北地区受保护大豆品种遗传多样性，利用 40 对 SSR 引物结合荧光毛细管电泳技术，构建了 182 份东北地区已授予植物新品种权的大豆品种 DNA 指纹库，聚类分析结果表明，182 份大豆品种之间的遗传相似系数为 0.488 7~1.000 0，平均相似系数为 0.778 5，遗传基础较窄。林春雨等（2019）利用 187 对 SSR 标记对近 25 年（1992—2017 年）在黑龙江栽培的 202 个大豆品种进行遗传多样性和群体结构分析。结果表明，供试品种间的遗传相似系数为 0.283~0.930，平均值为 0.519。同一个育种单位育成的部分品种具有较高的遗传相似性。刘月等（2019）以来自山东省 3 个居群的 137 份野生大豆种质资源为试验材料，利用等位基因特异性 DNA 标记进行生育期 E1~E4 基因型鉴定及遗传多样性分析。在遗传多样性方面，山东荣成和蓬莱的亲缘关系较近，与临沂的亲缘关系较远。遗传多样性最高的为临沂居群，其次是蓬莱居群和荣成居群。

遗传多样性在种内、群体间的遗传变异必须用统计方法进行定量分析，运用数理统计进行遗传多样性研究中常用的参数有遗传丰富度、遗传多样性指数、等位基因频率、遗传距离、遗传相似系数、遗传分化系数等。遗传多样性大小常用 Simpson 指数和 Shannon-weaver 指数来衡量。Simpson 指数，也称位点多态性信息含量（PIC）和预期杂合度，因其独立于样本大小程度相对较高而常用来作为判断群体遗传多样性大小的一个指标。计算公式为：$H_i = l - \sum P_j^2$，P_j为 i 位点第 j 个等位变异频率。Shannon-weaver 指数也称为基因多样性，该指数对群体样本大小反映颇为敏感，一般适用于个体数量较大的群体分析，公式为 $H_i = -\sum P_j \ln P_j$，P_j是指 i 位点第 j 个等位变异的频率。对于所有分析位点来说，群体平均遗传多样性指数为：$H=\sum H_i/r$，r 为调查位点数。遗传分化系数（G_{st}）是用来反映遗传变异在群体内和群体间的分布情况，常用总群体遗传多样性指数与各群体平均遗传多样性指数差异程度来表示，即 $G_{st}=(H_t-H_s)/H_t$。在建立了群体内个体之间或群体之间遗传相似系数或遗传距离后，为明确其相互关系常要进行聚类分析。聚类分析是用数学方法来具体而形象地描述个体或群体之间的关系，常用的方法有算术平均数无权重配对分组法（unweighted pair group method with arlthlnetic averaging，简称 UPGMA）和离差平方和法（ward′s method）。

综上所述，在栽培大豆的进化过程中，驯化、定向选择育种以及亲本选择的单一性导致目前生产的大豆品种的遗传多样性较低、遗传基础较窄，也使大豆生产存在着潜在的风险。而野生大豆是栽培大豆的祖先，也是潜在的优良基因库。为了更好地管理和利用优良的种质资源，对收集的大豆种质资源进行遗传多样性分析显得十分必要。通过对收集到的大豆进行遗传多样性分析，可以更清楚地了解大豆种质资源的遗传基础和发掘优良的种质资源。通过将这些优良资源应用到育种中来拓宽遗传基础，为培育优良、高抗、优质的大豆品种奠定基础，以降低潜在的风险。

因此，本实验以来自湖南和华南的地方大豆品种与野生大豆材料为实验材料，利用表型性状、SSR 和 SRAP 标记对其遗传多样性从不同的方面进行全面分析，旨在更好地评估不同类型的大豆材料之间的遗传进化关系，为华南地区的大豆育种提供特异的优良种质资源，也为研究栽培大豆与野生大豆之间的进化关系以及起源中心提出一些理论依据。

第二节　基于表型性状的遗传多样性分析

一、栽培大豆基于表型性状的遗传多样性分析

采用 Simpson 和 Shannon 两种多样性指数对 33 个表型性状进行多样性分析（表 7-1），根据分析结果，Simpson 指数和 Shannon 指数分别为 0.092～0.861 和 0.194～2.058，平均值分别为 0.616 和 1.291。在所采用的 33 个表型性状中，茸毛直立程度的 Simpson 指数和 Shannon 指数最低，分别为 0.092 和 0.194；粗蛋白含量的 Simpson 指数和 Shannon 指数最高，分别为 0.861 和 2.058。这两个性状在两个遗传多样性指数上表现出一致性，反映出茸毛直立程度的遗传多样性较差，说明该性状的稳定性较高；而粗蛋白含量的遗传多样性较高，表明该性状的遗传变异幅度较大。此外，以 Simpson 指数为例，荚大小、叶柄长短、生态类型和叶色的遗传多样性指数都很低，它们的遗传多样性指数均小于 0.3，分别为 0.128、0.198、0.128 和 0.295，这些性状稳定性较高；株高、底荚高度、主茎节数、有效分枝数、茎粗等性状的遗传多样性较高，均大于 0.8。

从表 7-1 中可以看出两个品质性状粗蛋白含量以及粗脂肪含量的遗传多样性指数较高，这也反映出品质性状在不同种质中的变化较大，而这种较大变化除了在遗传基础上有差异外，不同的种质材料对环境的反应也不同。

表 7-1　栽培大豆表型多样性指数

表型性状	多样性指数	
	Simpson	Shannon
株高	0. 840	1. 971
底荚高度	0. 855	2. 058
主茎节数	0. 843	1. 989
有效分枝数	0. 837	1. 946
茎粗	0. 839	1. 987
单株荚数	0. 814	1. 870
单株粒数	0. 810	1. 874
荚大小	0. 128	0. 283
单株粒重	0. 840	2. 012
百粒重	0. 822	1. 858
种皮裂纹	0. 672	1. 162
花序长短	0. 300	0. 477
叶柄长短	0. 198	0. 349
生态类型	0. 128	0. 288
开花期	0. 837	1. 949
结荚期	0. 817	1. 877
鼓粒期	0. 739	1. 559
生育日数	0. 771	1. 700
下胚轴颜色	0. 491	0. 685
花色	0. 487	0. 680
叶形	0. 557	0. 901
叶色	0. 295	0. 492
小叶数目	0. 306	0. 484
抗食叶性害虫	0. 459	0. 652
茸毛直立程度	0. 092	0. 194
倒伏性	0. 640	1. 192
株型	0. 591	0. 971
茸毛色	0. 454	0. 646
小叶大小	0. 853	2. 035
粗蛋白	0. 861	2. 058

（续表）

表型性状	多样性指数	
	Simpson	Shannon
粗脂肪	0. 859	2. 044
粒色	0. 708	1. 305
粒形	0. 587	1. 061
平均值	0. 616	1. 291

二、表型性状聚类分析

表型性状聚类结果表明（图 7-1），在相似系数为 0. 79 处将材料分为四大类群，第一类群共包括 81 份材料，在相似系数 0. 82 处又可分为 5 个亚类。第一亚类包括 7 份材料，其中 3 份来自怀化，2 份来自娄底，邵阳和永州各 1 份。第二亚类包括 46 份材料，进一步细分为两个小类，第一小类包括 15 份材料，主要来自湖南西部地区，其中 5 份来自湘西，4 份来自怀化，常德和张家界各 2 份，郴州和岳阳各 1 份；第二小类包括 31 份材料，主要来自湖南西部地区，其中 11 份来自张家界，9 份来自湘西，4 份来自娄底，怀化和常德各 2 份，益阳、邵阳和株洲各 1 份，31 份材料中有 11 份为黑皮大豆，其中 3 份来自娄底（建财乡黑豆、横阳黑药豆、双龙村大黑豆），3 份来自张家界（新桥黑豆、黄家铺黑豆 2、黄家铺黑豆 3），2 份来自常德（石头乡黑黄豆、安乐乡黑豆），湘西（花垣黑皮豆）、怀化（官茬黑豆）、株洲（株洲黑豆）各 1 份，娄底、张家界、怀化和湘西地区位于湖南的中西部，故推测，湖南中西部地区可能为黑皮大豆的多样性中心。第三亚类包括 13 份材料，其中 4 份来自湘西，3 份来自怀化，邵阳、常德、张家界、娄底、益阳和岳阳各 1 份，其中包括 3 份黑皮豆，分别来自湘西、张家界和怀化。第四亚类包括 8 份材料，其中怀化和岳阳各 2 份，张家界、常德、湘西和邵阳各 1 份。第五亚类包括 7 份材料，其中张家界和益阳各 2 份，常宁、永顺和怀化各 1 份。

第二类群共包括 102 份材料，在相似系数为 0. 807 处又可分为两个亚类。第一亚类共包括 56 份材料，其中 10 份来自岳阳（汨罗 5 份、平江 3 份，华容和岳阳各 1 份），9 份来自长沙（浏阳 7 份、长沙县 2 份），9 份来自邵阳（城步 7 份、绥宁 2 份），6 份来自湘西（保靖 3 份、吉首 2 份、凤凰 1 份），6 份来自怀化（沅陵 2 份，会同、新晃、辰溪、黔阳各 1 份），5 份来自株洲（攸县 3 份、醴陵 2 份），5 份来自永州（江华 4 份、宁远 1 份），2 份来自郴州（桂东 2 份），1 份来自衡阳（常宁 1 份），此外还包括 3 份春大豆，分别为贵州的绿蓝豆-10、广东的早豆和黄豆。这一亚类中，部分地理来源相同或距离相近的材料聚在一起，如怀化沅陵的沅陵矮子早<乙>和沅陵早黄豆，株洲醴陵的官庄黄豆<甲>和官庄黄豆<乙>，怀化江华的桥市八月黄和十月小黄豆，岳阳汨罗的汨罗青豆 1、汨罗青豆 2 和汨罗青豆 3，郴州桂东的茬前黄豆和茬前田豆，但更多的材料聚类存在地区间的交叉。

第二亚类中共包括 46 份材料，主要来自湘西和怀化等湖南西部地区，其中 24 份材

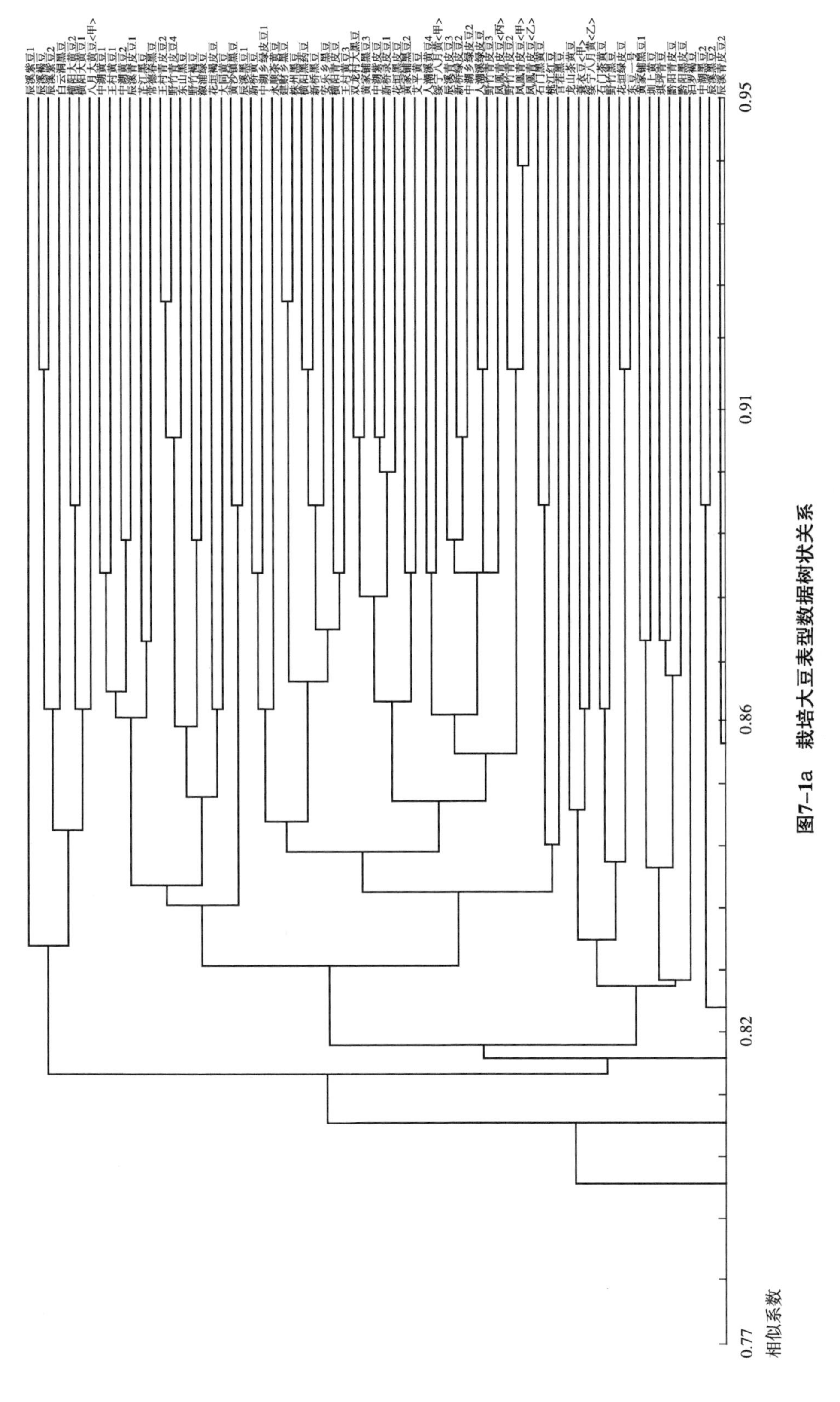

图7-1a　栽培大豆表型数据树状关系

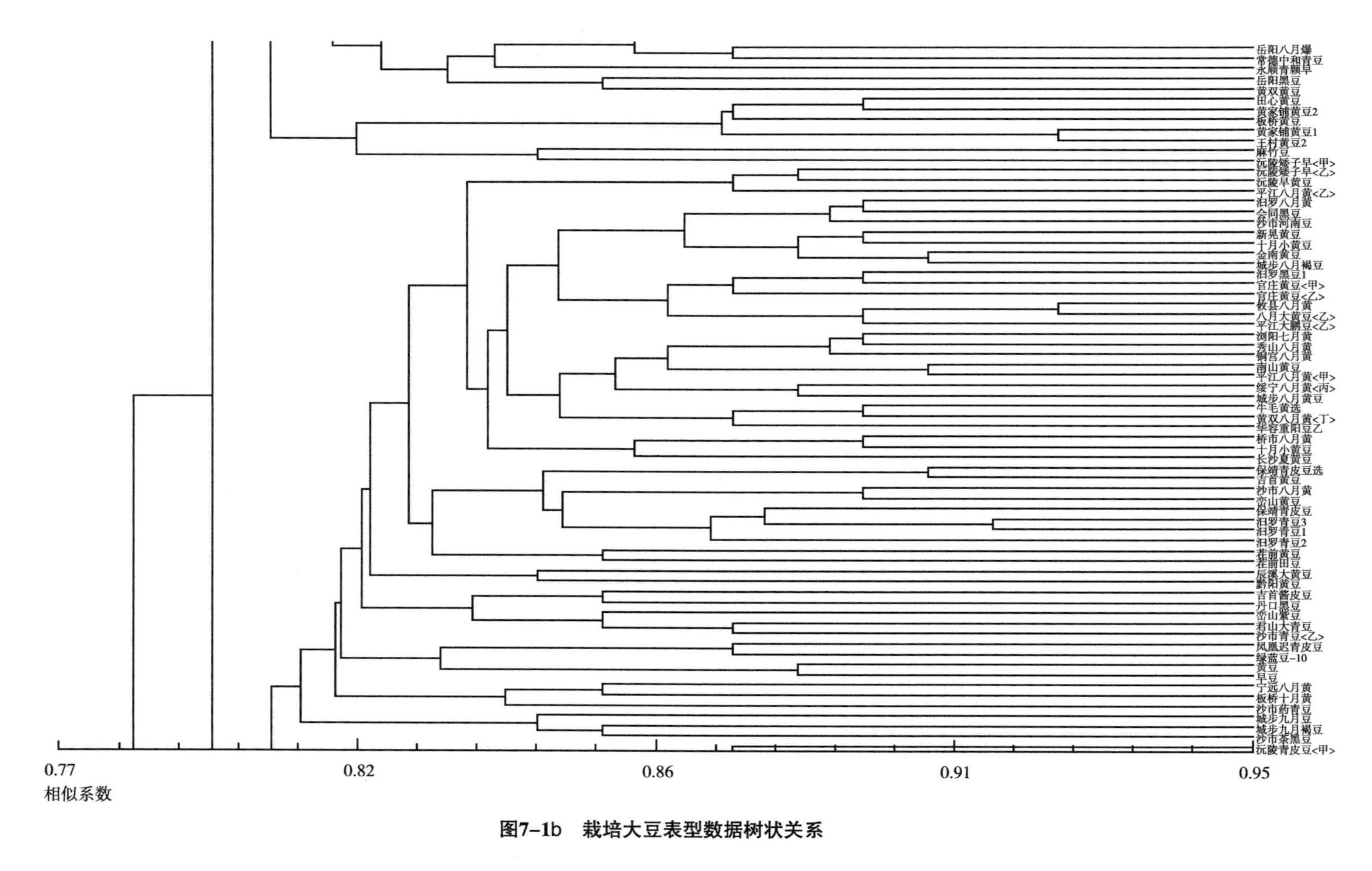

图7-1b　栽培大豆表型数据树状关系

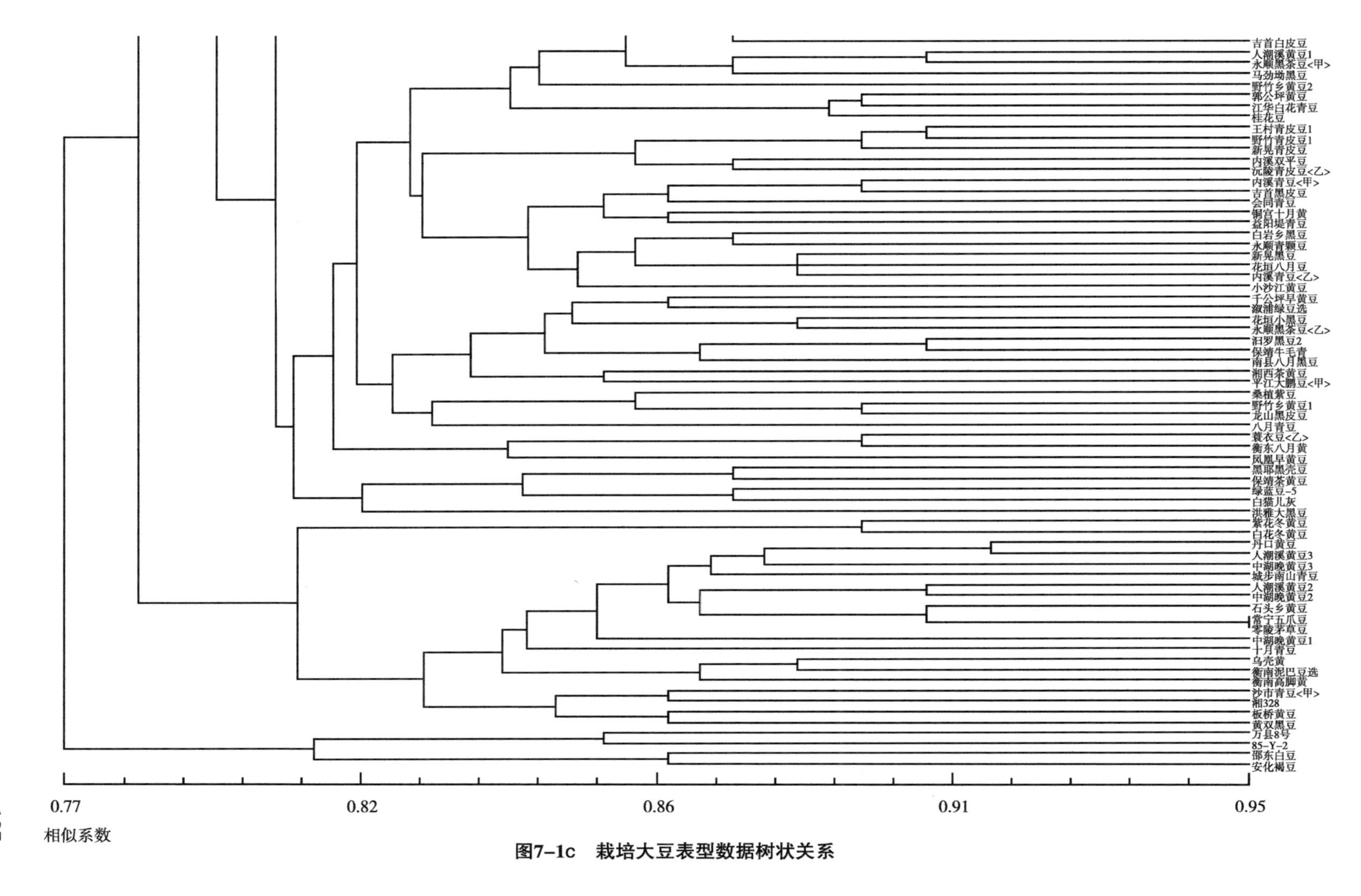

图7-1c　栽培大豆表型数据树状关系

料来自湘西（其中龙山 5 份，吉首和永顺各 4 份，古丈 3 份，保靖、花垣、凤凰各 2 份，另外湘西茶黄豆和蓑衣豆 2 份材料也来自湘西），来自怀化的材料 7 份（沅陵和新晃各 2 份，来麻阳、会同和溆浦各 1 份），来自益阳的材料 3 份，张家界、岳阳、永州的材料各 2 份，邵阳、长沙、衡阳的材料各 1 份，此外还包括 3 份春大豆，分别为贵州的绿蓝豆-5、白猫儿灰与四川的洪雅大黑豆。该类群没有明显的地区划分。

第三类群共包括 20 份材料，其中张家界材料 7 份、衡阳材料 5 份、邵阳和永州材料各 3 份、长沙材料 1 份，此外还有 1 份湖南省作物研究所杂交育成的品种湘 328，湖南衡阳的乌壳黄、湘 328、衡南高脚黄和衡南泥巴豆为秋大豆。

第四类群包括 4 份材料，全部为春大豆，分别为重庆的万县 8 号、湖南省作物研究所的 85-Y-2、邵阳的邵东白豆和益阳的安化褐豆。

综上所述，以上各类中均包括湖南西部地区（湘西、怀化等地）材料，且材料众多。结合前面分析，湖南中西部地区很可能是黑皮大豆的多样性中心，同时也推测，该地也可能是湖南栽培大豆的一个多样性起源中心。

第三节　基于 SSR 标记的遗传多样性分析

一、3 个大豆群体遗传多样性分析

（一）3 个群体等位变异数分析

群体遗传多样性包括两个方面的内容：一是群体遗传变异类型的多少，即遗传丰富度；二是群体内各种变异相对频率的大小，即遗传均匀度。如果一个群体类型较多，而且它们分布又较均匀，则该群体多样性较高。

群体中等位变异数（alleles）相当于其遗传变异类型，即遗传丰富度。本研究利用 60 对 SSR 引物对 3 个群体进行多样性分析，从中选取多态性好且扩增效果理想的 42 对 SSR 引物进行了统计分析。所用的 42 对 SSR 引物在 416 份供试种质中共检测到 446 个等位变异，每个位点平均等位变异为 10.62 个。其中 Satt281 标记扩增出的等位变异数最多（表 7-2），共有 17 个。在不同群体中所检测到的等位变异数不同（表 7-2），其中除湖南外的其他省份野生大豆（群体 I）的等位变异数最多，为 409 个，占所检测到总变异数的 91.7%，平均每个位点有 9.74 个等位变异；其次是湖南野生大豆（群体 II）的等位变异数为 384，占 86.1%，平均每个位点有 9.14 个等位变异；而栽培大豆（群体 III）的等位变异数最少，为 284 个，占 63.68%，平均每个位点有 6.76 个等位变异。

在统计分析过程中发现有些变异仅特异地在某个群体出现（表 7-3），但在不同群体间出现特异带型的频率不同，其中以群体 I 中出现的频率最高，达到了 29 个；其次是群体 II，为 16 个；群体 III 中出现的频率最低，仅为 10 个。这就表明在遗传进化和人工驯化过程中，野生大豆中原有的某些等位变异已经在栽培大豆中丢失掉，同时不同地区的野生大豆呈现不同特异等位变异，这也说明野生大豆为适应特定地区的生态环境发生了定向变异以及栽培大豆的遗传基础较野生大豆窄。此外，有些标记如 Satt197、

Satt346 等在栽培大豆中扩增出了不同于野生大豆的特异带型，这就表明人工驯化和定向选择使大豆基因组发生了变异或进行了染色体重组。

综上所述，本实验所采用的 3 个群体的等位变异丰富度不同，从高到低依次为：除湖南外其他野生大豆、湖南野生大豆、栽培大豆。栽培大豆等位变异丰富度以及特异等位变异出现的频率均远低于野生大豆，这表明在自然进化、人工选择和驯化的过程中，栽培大豆丧失了很多等位变异，遗传丰富度有变窄的趋势。与此同时，栽培大豆在自然进化以及人工选择过程中也产生了一些新的等位变异，这表明通过人工的定向选择也可以创造新的等位变异。

表 7-2 42 对 SSR 引物在不同群体中检测到的等位变异数

位点	连锁群	栽培大豆	湖南野生大豆	其他地区野生大豆	总体
Satt300	A1	7	9	9	9
Satt236	A1	5	9	12	12
Satt429	A2	4	5	7	8
Satt197	B1	12	12	13	14
Satt415	B1	5	8	8	8
Satt577	B2	4	8	9	9
Satt168	B2	7	8	10	11
Satt556	B2	9	8	11	13
Satt194	C1	5	7	8	8
Satt371	C2	5	7	7	8
Satt281	C2	16	17	16	17
Satt184	D1a	6	11	10	11
Satt408	D1a	5	10	10	11
Satt005	D1b	7	13	13	15
Satt216	D1b	5	10	9	11
Satt002	D2	11	13	12	14
Satt226	D2	10	9	10	12
Satt230	E	1	8	10	10
Satt268	E	8	6	7	8
Satt586	F	9	11	10	11
Satt218*	F	1	8	8	9
Satt334	F	6	7	6	7
Satt309	G	2	4	7	7

（续表）

位点	连锁群	栽培大豆	湖南野生大豆	其他地区野生大豆	总体
Satt352	G	8	8	11	12
Satt279	H	8	14	8	15
Sat_214*	H	7	12	12	13
Satt239	I	8	9	10	10
Sct_189	I	6	10	12	14
Sct_001	J	5	5	5	5
Satt414	J	8	9	10	11
Satt431	J	8	8	8	9
Satt588	K	9	15	15	15
Satt242	K	5	5	7	7
Satt001	K	6	7	9	9
Satt373	L	8	7	8	8
Satt590	M	11	12	12	12
Satt346	M	4	9	9	9
Satt387	N	3	8	8	8
Satt339	N	9	14	15	16
Satt243	O	7	8	8	10
Satt345	O	8	11	12	12
Satt259	O	6	5	8	8
等位变异数		284	384	409	446
占总体百分率（%）		63.68	86.10	91.70	
平均等位变异数		6.76	9.14	9.74	10.62

表 7-3　42 对 SSR 引物在不同群体中检测到的特异等位变异数

位点	连锁群	栽培大豆	湖南野生大豆	其他地区野生大豆
Satt300	A1	0	0	0
Satt236	A1	0	0	4
Satt429	A2	1	0	1
Satt197	B1	1	0	0
Satt415	B1	0	0	0

（续表）

位点	连锁群	栽培大豆	湖南野生大豆	其他地区野生大豆
Satt577	B2	0	0	1
Satt168	B2	1	0	1
Satt556	B2	1	0	2
Satt194	C1	0	0	0
Satt371	C2	0	1	1
Satt281	C2	0	1	0
Satt184	D1a	0	1	0
Satt408	D1a	0	1	1
Satt005	D1b	0	1	0
Satt216	D1b	1	0	0
Satt002	D2	0	2	1
Satt226	D2	1	1	1
Satt230	E	0	0	2
Satt268	E	1	0	0
Satt586	F	0	1	0
Satt218*	F	0	1	0
Satt334	F	0	1	0
Satt309	G	0	0	3
Satt352	G	0	0	4
Satt279	H	0	1	0
Sat_214*	H	0	0	0
Satt239	I	0	0	0
Sct_189	I	0	2	1
Sct_001	J	0	0	0
Satt414	J	1	0	1
Satt431	J	0	0	0
Satt588	K	0	0	0
Satt242	K	0	0	0
Satt001	K	0	0	2
Satt373	L	0	0	0

（续表）

位点	连锁群	栽培大豆	湖南野生大豆	其他地区野生大豆
Satt590	M	0	0	0
Satt346	M	1	0	0
Satt387	N	0	0	0
Satt339	N	0	1	2
Satt243	O	1	1	0
Satt345	O	0	0	0
Satt259	O	0	0	1
总特异变异个数		10	16	29

（二）3个群体遗传多样性指数分析

Simpson 多样性指数以及 Shannon-weaver 多样性指数是用来衡量等位位点变异丰富和均度的指标。两者相比较，Simpson 多样性指数侧重强调群体均匀度，也称 SSR 位点多态性信息含量（PIC）；Shannon-weaver 多样性指数侧重强调群体丰富度，也称基因型多样性。

根据多样性指数分析（表 7-4），发现 417 份种质 Simpson 指数和 Shannon-weaver 指数分别为 0~0.914 和 0~2.633，总体平均值分别为 0.799 和 1.869。其中以除湖南外其他地区野生大豆的多样性指数为最高，分别为 0.818 和 1.94；其次为湖南野生大豆，分别为 0.771 和 1.761；栽培大豆的多样性指数最低，分别为 0.634 和 1.34。

上述两种多样性指数分析结果表明，野生大豆群体的 Simpson 指数和 Shannon-weaver 指数较栽培大豆的高，表明野生大豆群体的遗传多样性较高并且基因型较为丰富；群体 I 的 Simpson 指数和 Shannon-weaver 指数较群体 II 的高，表明湖南以外地区的野生大豆群体包括不同生态类型的野生大豆材料从而体现出较高的遗传多样性以及较丰富的基因类型，也反映出生态类型对遗传多样性具有显著的影响。

表 7-4　42 对 SSR 引物不同群体多样性指数

位点	连锁群	湖南栽培大豆		湖南野生大豆		其他地区野生大豆		总体	
		Simpson	Shannon	Simpson	Shannon	Simpson	Shannon	Simpson	Shannon
Satt300	A1	0.271	0.624	0.588	1.354	0.786	1.860	0.668	1.455
Satt236	A1	0.400	0.786	0.832	1.946	0.841	2.096	0.743	1.761
Satt429	A2	0.668	1.235	0.729	1.334	0.773	1.635	0.809	1.752
Satt197	B1	0.791	1.995	0.898	2.317	0.822	2.129	0.867	2.382
Satt415	B1	0.778	1.476	0.809	1.768	0.834	1.911	0.822	1.788
Satt577	B2	0.455	0.926	0.752	1.699	0.739	1.772	0.673	1.577

（续表）

位点	连锁群	湖南栽培大豆		湖南野生大豆		其他地区野生大豆		总体	
		Simpson	Shannon	Simpson	Shannon	Simpson	Shannon	Simpson	Shannon
Satt168	B2	0. 648	1. 412	0. 714	1. 567	0. 837	2. 090	0. 830	2. 058
Satt556	B2	0. 371	0. 900	0. 794	1. 899	0. 846	2. 040	0. 733	1. 824
Satt194	C1	0. 558	1. 031	0. 754	1. 502	0. 830	1. 725	0. 810	1. 737
Satt371	C2	0. 578	1. 126	0. 815	1. 753	0. 681	1. 491	0. 708	1. 492
Satt281	C2	0. 872	2. 352	0. 860	2. 245	0. 914	2. 633	0. 912	2. 590
Satt184	D1a	0. 737	1. 565	0. 756	1. 966	0. 865	2. 164	0. 847	2. 148
Satt408	D1a	0. 766	1. 201	0. 829	1. 991	0. 841	2. 013	0. 826	1. 798
Satt005	D1b	0. 801	1. 728	0. 859	2. 250	0. 866	2. 280	0. 898	2. 447
Satt216	D1b	0. 607	1. 191	0. 816	1. 907	0. 854	2. 019	0. 825	2. 001
Satt002	D2	0. 858	2. 152	0. 837	2. 109	0. 870	2. 231	0. 882	2. 286
Satt226	D2	0. 837	1. 959	0. 836	1. 875	0. 811	1. 980	0. 844	2. 015
Satt230	E	0. 000	0. 000	0. 815	1. 836	0. 794	1. 670	0. 595	1. 316
Satt268	E	0. 689	1. 351	0. 769	1. 507	0. 732	1. 414	0. 749	1. 525
Satt586	F	0. 807	1. 824	0. 805	2. 048	0. 887	2. 011	0. 862	2. 108
Satt218*	F	0. 000	0. 000	0. 653	1. 361	0. 745	1. 633	0. 665	1. 449
Satt334	F	0. 700	1. 359	0. 819	1. 703	0. 845	1. 729	0. 815	1. 737
Satt309	G	0. 512	0. 695	0. 724	1. 223	0. 775	1. 717	0. 670	1. 282
Satt352	G	0. 706	1. 444	0. 511	1. 177	0. 815	1. 954	0. 812	1. 918
Satt279	H	0. 622	1. 300	0. 851	2. 283	0. 811	1. 812	0. 857	2. 298
Sat_214*	H	0. 519	1. 125	0. 886	2. 151	0. 864	2. 205	0. 775	1. 991
Satt239	I	0. 680	1. 281	0. 792	1. 700	0. 880	2. 112	0. 862	2. 073
Sct_189	I	0. 683	1. 340	0. 752	1. 614	0. 883	2. 187	0. 845	2. 079
Sct_001	J	0. 674	1. 273	0. 674	1. 238	0. 778	1. 494	0. 719	1. 378
Satt414	J	0. 855	1. 855	0. 809	1. 858	0. 801	2. 079	0. 847	2. 011
Satt431	J	0. 807	1. 722	0. 818	1. 743	0. 819	1. 846	0. 838	1. 891
Satt588	K	0. 884	1. 830	0. 905	2. 481	0. 901	2. 482	0. 920	2. 419
Satt242	K	0. 421	1. 080	0. 378	0. 866	0. 560	1. 171	0. 707	1. 587
Satt001	K	0. 723	1. 447	0. 690	1. 244	0. 849	1. 912	0. 840	1. 845
Satt373	L	0. 858	1. 978	0. 807	1. 773	0. 778	1. 783	0. 851	1. 995

（续表）

位点	连锁群	湖南栽培大豆		湖南野生大豆		其他地区野生大豆		总体	
		Simpson	Shannon	Simpson	Shannon	Simpson	Shannon	Simpson	Shannon
Satt590	M	0.830	2.079	0.856	2.140	0.867	2.235	0.855	2.171
Satt346	M	0.647	1.152	0.738	1.566	0.771	1.640	0.752	1.634
Satt387	N	0.145	0.283	0.758	1.813	0.839	1.997	0.691	1.574
Satt339	N	0.686	1.562	0.895	2.402	0.879	2.335	0.850	2.285
Satt243	O	0.608	1.329	0.791	1.723	0.847	1.954	0.775	1.831
Satt345	O	0.776	1.556	0.792	1.866	0.882	2.410	0.882	2.231
Satt259	O	0.791	1.748	0.624	1.166	0.733	1.622	0.825	1.886
平均值		0.634	1.340	0.771	1.761	0.818	1.940	0.799	1.869

二、聚类分析

根据等位变异遗传信息含量计算 Jaccard 相似系数，并分别对各个群体进行 UPGMA 聚类分析，从而建立群体内种质间树状关系图来分析群体内种质间遗传关系。

（一）栽培大豆种质间遗传关系分析

根据聚类结果（图 7-2），在相似系数为 0.8 处将该群体分为十大类群，其中第一类主要包括 14 份材料，该类又可进一步细分为 3 个亚类，其中第一亚类包括 9 份材料，这 9 份材料主要来自怀化、娄底、邵阳、株洲以及大庸等地区，其中怀化位于湖南西部，娄底和邵阳位于湖南中部，而株洲位于湖南东部，大庸位于湖南北部，但怀化、娄底和邵阳均是相邻的地区，主要以黑色为主，这就表明大庸的新桥黑豆以及株洲黑豆或其亲本材料可能来自以怀化、娄底和邵阳中心的地区；第二亚类包括新桥黄豆和横阳大黄豆 2，分别来自大庸和娄底新化；第三亚类包括横阳大青豆、常德春黑豆与黄家铺黑豆，分别来自娄底新化、常德和大庸，而常德和大庸在地理位置上是湖南北部相邻的地区。根据以上结果分析，这一类群主要由黑色大豆组成，且每一亚类中均有来自娄底的材料，其中来自湖南中西部的娄底的材料共有 10 份，这就表明以怀化、娄底和邵阳为中心的湖南中西部地区可能是湖南栽培大豆的一个遗传多样性中心。

第二类群材料众多，在相似系数为 0.82 处又将其分为 7 个亚类。第一亚类又可以分为 3 个小类，其中第一小类除有 1 份材料来自常德外，其他的中湖黄豆 1、内溪双平豆、土公坪早黄豆等 10 份均来自湘西土家族苗族自治州，并且黄豆和黑豆分别先聚在一起；第二小类包括 23 份材料，除 2 份材料来自益阳外，其余的材料均来自湘西、怀化和张家界地区；第三小类包括 15 份材料，其中来自张家界和永州的各有 4 份，湘西和邵阳各有 2 份，常德、娄底和怀化各有 1 份。由于上述的 3 个小类中均含有来自湘西的材料，且数量较多，这就表明湘西地区可能是湖南栽培大豆的另一个遗传多样性中心。

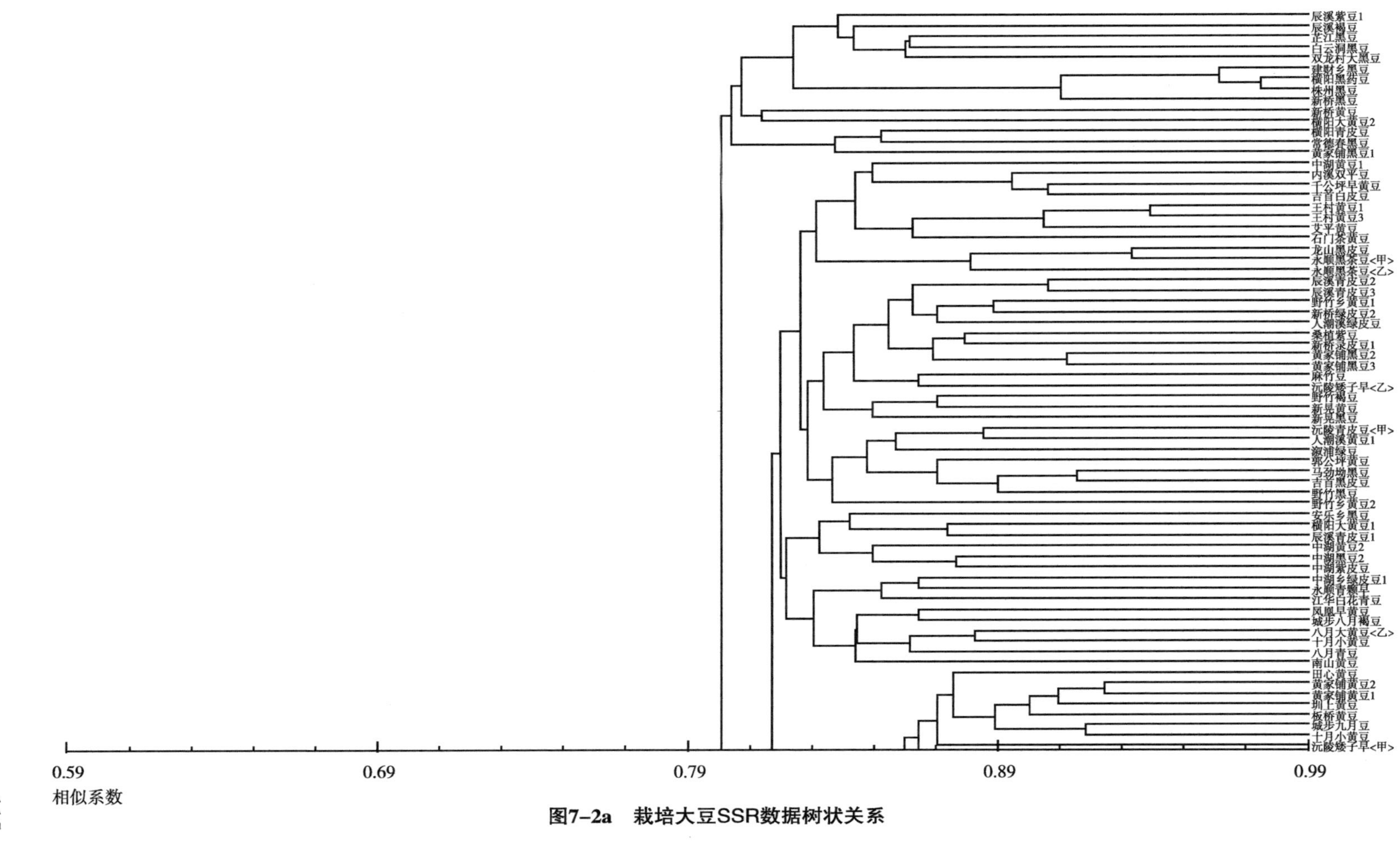

图7-2a　栽培大豆SSR数据树状关系

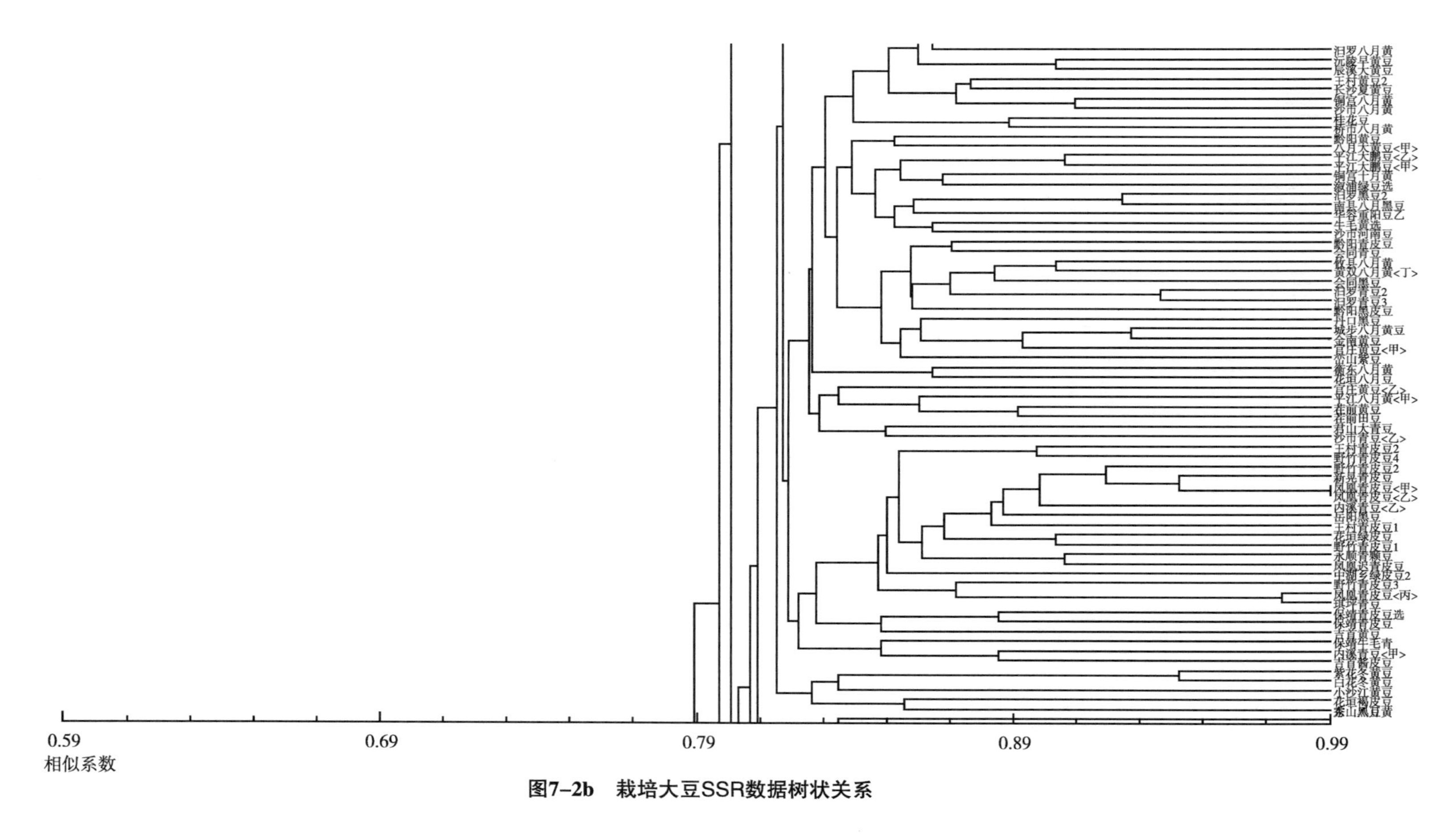

图7-2b　栽培大豆SSR数据树状关系

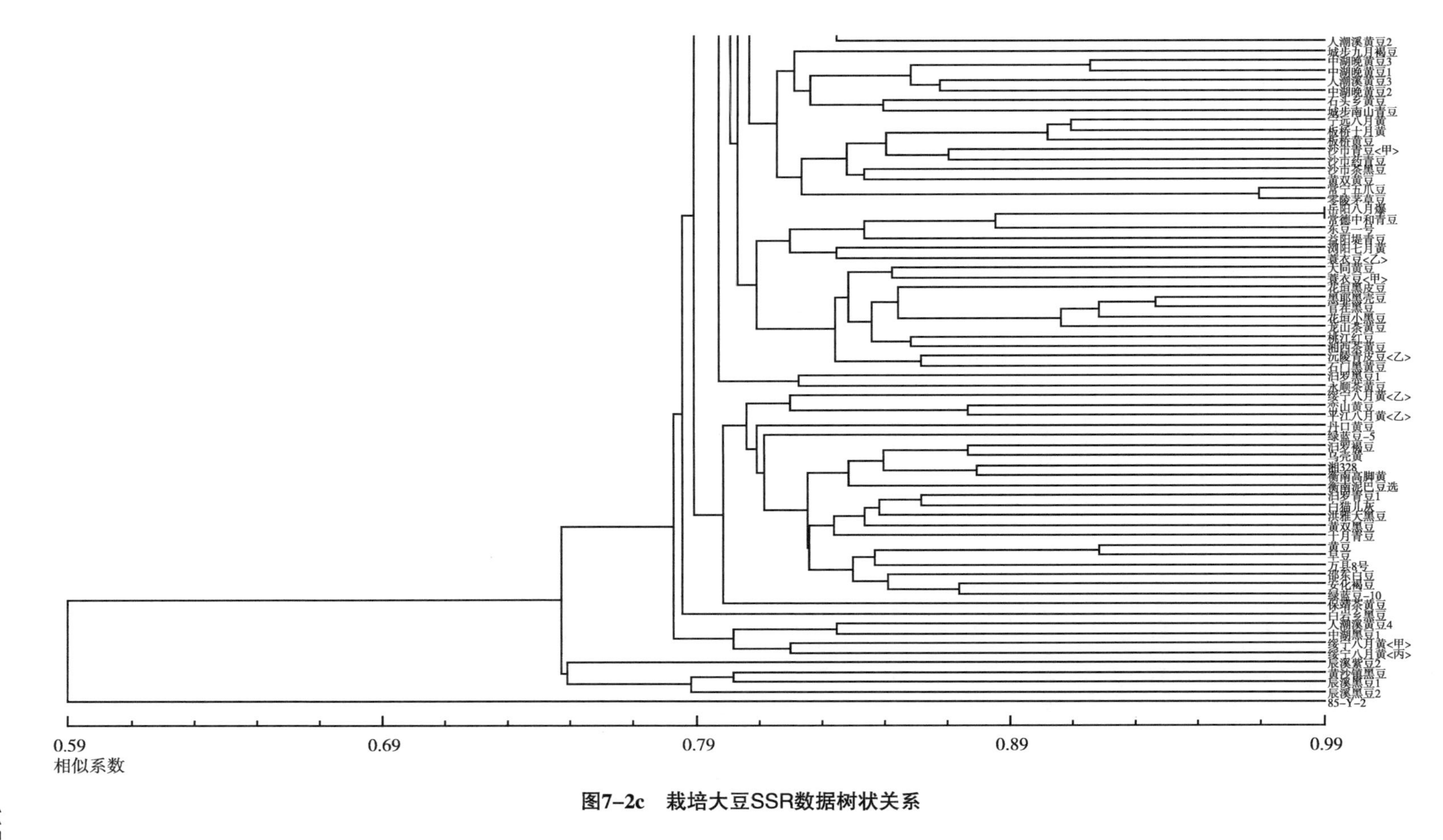

图7-2c 栽培大豆SSR数据树状关系

第二亚类又可分为四小类，第一小类共 17 份材料，其中来自益阳、大庸以及永州市的材料各有 2 份，4 份来自怀化，3 份来自长沙，娄底、岳阳、邵阳以及湘西材料各有 1 份；第二小类包括 24 份材料，其中来自岳阳和怀化的材料各有 6 份，4 份材料来自邵阳，3 份来自株洲，2 份来自长沙，此外永州、益阳以及湘西各有 1 份；第三小类只有 2 份材料，分别为衡阳的衡东八月黄和湘西的花垣八月豆；第四小类包括 6 份材料，其中 2 份来自岳阳，2 份来自郴州，另外还有株洲醴陵的官庄黄豆<乙>和长沙浏阳的沙市青豆<乙>。综上所述，在该亚类的 49 份材料中，其中来自怀化、娄底、湘西和邵阳等湖南中西部地区的材料有 18 份。

第三亚类共包括 23 份材料，19 份材料来自湘西，其中凤凰青皮豆<甲>、凤凰青皮豆<乙>的相似系数达 0.99，可能为同一份种质；2 份来自怀化，此外来自岳阳和大庸的材料各 1 份。同时发现该亚类材料主要为青皮黄豆。

第四亚类由 5 份材料组成，分别为张家界桑植县的紫花冬黄豆和白花冬黄豆、邵阳隆回县的小沙江黄豆、湘西花垣县的花垣褐皮豆和长沙浏阳的秀山八月黄，其中来自湖南西部（包括邵阳、湘西以及张家界桑植县）的材料有 4 份。

第五亚类只有 2 份材料，分别为常德石门的东山黑豆和张家界桑植县的人潮溪黄豆 2。

第六亚类可分为两小类，第一小类由 7 份材料组成，其中来自湖南西部地区的有 6 份（张家界 4 份，邵阳 2 份），另外 1 份来自永州；第二小类由 9 份材料组成，其中衡阳 3 份、长沙 3 份、永州 2 份，另外还有 1 份来自邵阳。在该小类中来自湖南东部地区（包括长沙和衡阳）的材料有 6 份，来自湖南西部（邵阳）的仅 1 份。

第七亚类包括 17 份材料，其中来自湖南西部的材料有 9 份（湘西 7 份，怀化 2 份），来自益阳的有 3 份，来自常德的有 2 份，来自岳阳、长沙、郴州的各有 1 份。其中岳阳八月爆和常德中和青豆分别来自岳阳的常德，但它们之间的相似系数达 0.99，可能是同一份种质在不同地区的不同名称。

以上第二类群中七个亚类之间的聚类关系为第二和第三亚类先聚在一起，再和第一亚类聚在一起，然后和第四、五、六、七亚类依次聚在一起。在这 7 个亚类中，由于第 5 亚类仅包括 2 份材料，其中 1 份来自湖南西部（张家界），在另外的 6 个亚类中均含有较多的湖南西部材料，这表明湖南西部是一个栽培大豆的遗传多样性中心。

第三类仅有 2 份材料，分别为岳阳的汨罗黑豆 1 和永顺茶黄豆。

第四类主要由春大豆和秋大豆组成，以上三大类群中的材料全部为夏大豆。其中秋大豆和春大豆分别聚在一起，秋大豆中除湘 325 是湖南省作物研究所杂交育成的外，其他 3 份均来自衡阳衡南，分别为乌壳黄、衡南高脚黄和衡南泥巴豆选；共包括春大豆 8 份，分别为湖南的邵东白豆和安化褐豆，贵州的白猫儿灰和绿蓝豆-10，四川的洪雅大黑豆和万县 8 号，广东的黄豆和早豆；另外还有夏大豆 8 份，分别为邵阳的绥宁八月黄、丹口黄豆和黄双黑豆，岳阳的平江八月黄<乙>、汨罗褐豆和汨罗青豆 1，株洲攸县的峦山黄豆和永州江化的十月青豆，其中汨罗青豆 1 和黄双黑豆与春大豆聚在一起。

第五类与第六类分别只有 1 份材料，分别为湘西保靖的保靖茶黄豆和吉首的白岩乡黑豆。

第七类由 4 份材料组成，分别为张家界桑植的人潮溪黄豆 4 和慈利的中湖黑豆 1，邵阳绥宁的绥宁八月黄<甲>和绥宁八月黄<丙>。

第八类仅 1 份材料，为怀化的辰溪紫豆 2。

第九类包括 3 份材料，为岳阳的黄沙镇黑豆与怀化的辰溪黑豆 1 和辰溪黑豆 2，第八类和第九类的材料在相似系数为 0. 75 处聚在一起。

第十类仅有 1 份材料，为湖南省作物研究所杂交育成的 85-Y-2，这份材料叶色为黄绿色，可能是突变体。

以上十大类群的聚类关系为第一类和第二类先聚在一起然后和第三类聚在一起，第四和第五类先聚在一起再和上一类群聚在一起，然后依次和第六第七类聚在一起，第八和第九类先聚在一起，再和上一类群聚在一与，最后和第十类聚在一起。

根据以上聚类结果分析可知：遗传距离与地理起源在类群间表现不一致性，而类群内表现一致性；聚类结果表现与生态类型一致的特征，即春大豆和秋大豆聚为一类（每四类群），与夏大豆明显分开，并且在第四类群中春大豆与秋大豆各自聚在一起；杂交获得的黄化突变体材料与其他材料距离最远，在相似系数为 0. 59 处将其与其他材料分开；湘西应该是湖南栽培大豆的一个多样性中心。

（二）湖南野生大豆种质间聚类分析

根据聚类分析结果（图 7-3），在相似系数为 0. 774 处将湖南野生大豆分为七大类群，其中第一类群中材料众多，在相似系数为 0. 808 处将这类材料分为 7 个亚类。

其中第一亚类在相似系数为 0. 814 处又可分为三小类，第一小类主要包括新田的龙秀后山、龙秀村池塘边、桑子村和青龙村的 31 份材料，其中桑子村 16 份，龙秀后山 7 份，龙秀村池塘边和青龙村各 3 份，新田 2km 处以及道县各 1 份。道县位于湖南南部，与新田同属于永州且距离较近，将这部分材料聚在一起与地理来源存在相关性。第二小类包括 26 份材料，主要由来自新田 1km、2km 和 6km 处的材料组成，其中有 5 份采自 2km 处材料，15 份采自 6km 处材料，江永和岳阳各有 2 份，道县以及新田 1km 处各有 1 份。江永与道县相邻且与新田同属于永州，而岳阳位于湖南北部与新田相距较远，且在岳阳收集到的野生大豆资源较少。第三小类中包括来自新田的 3 个群体和来自华容的 5 份材料，而华容位于湖南北部属于岳阳，该地区距离新田很远，将这两个地区的材料聚在一起，同时根据前两个小类的聚类结果推测以新田县为中心的湖南南部可能是一个野生大豆的多样性中心。

第二亚类由 3 份材料组成，其中 2 份来自新田桑子村，1 份来自新田青龙村；第三亚类由 6 份材料组成，其中有 3 份来自郴州，2 份来自道县，1 份来自江永，这 3 个县与新田同位于湖南南部，距离很近；第四亚类将 1 份新田县桑子村和 2 份湘潭县农业局内的材料（Y_1、Y_2）聚一起；第五亚类由 1 份湘潭县农业局内的材料（Y_3）和 2 个群体（Y_4、Y_5）材料组成，这 2 个群体分别来自湘潭杨家桥新湘村渠边和临湘五里乡；第六亚类仅有 1 份群体材料，来自临湘长安镇；第七亚类由 4 份材料组成，其中 2 份来自常德、1 份来自岳阳、1 份来自溪口，均位于湖南北部。

在第一类群中，第一、第二、第三、第四亚类先聚在一起，这 4 个亚类的材料大多来自湖南南部，也有少数几份材料来自湖南中北部；第五、第六、第七亚类先聚在一

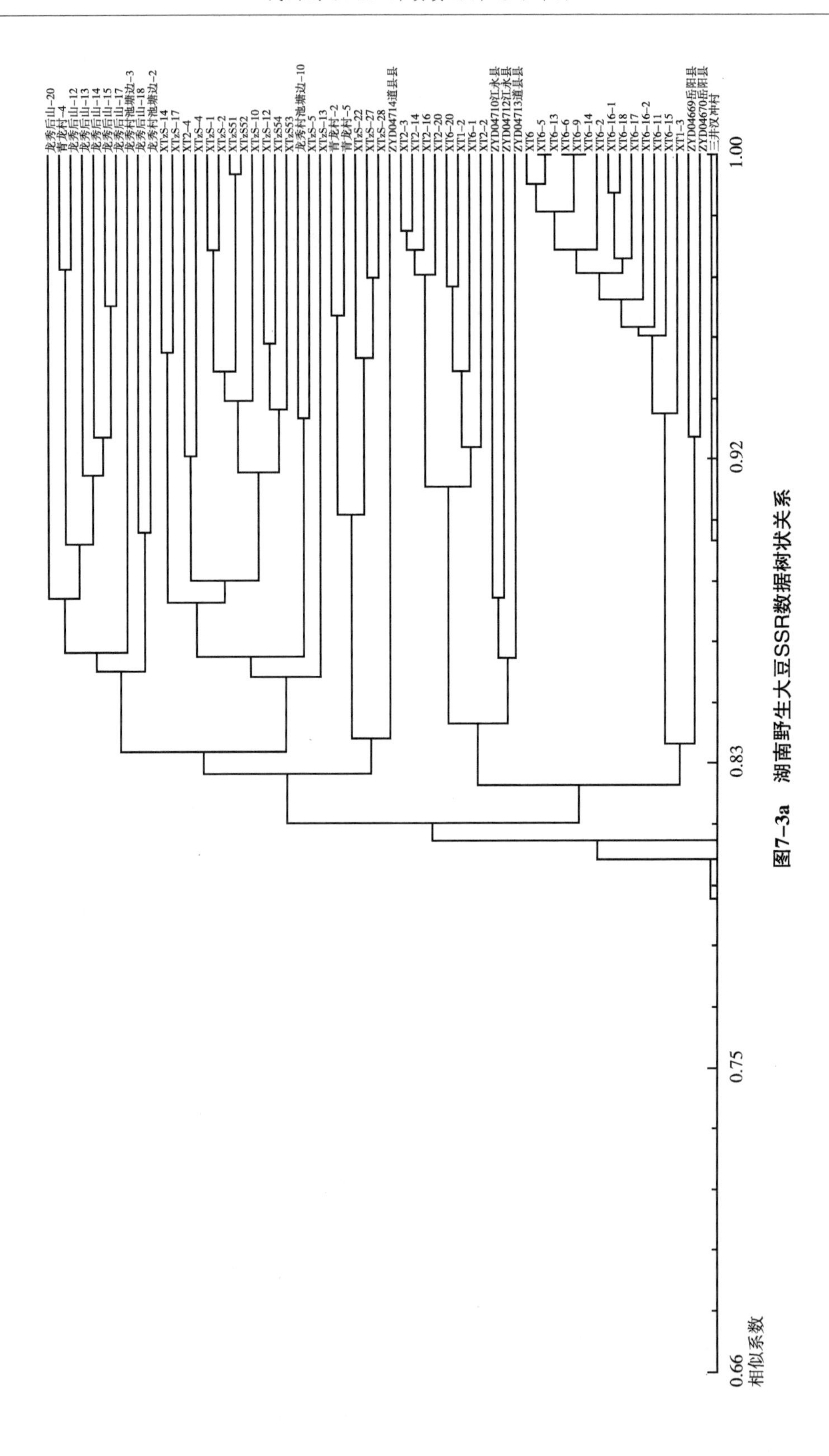

图7-3a　湖南野生大豆SSR数据树状关系

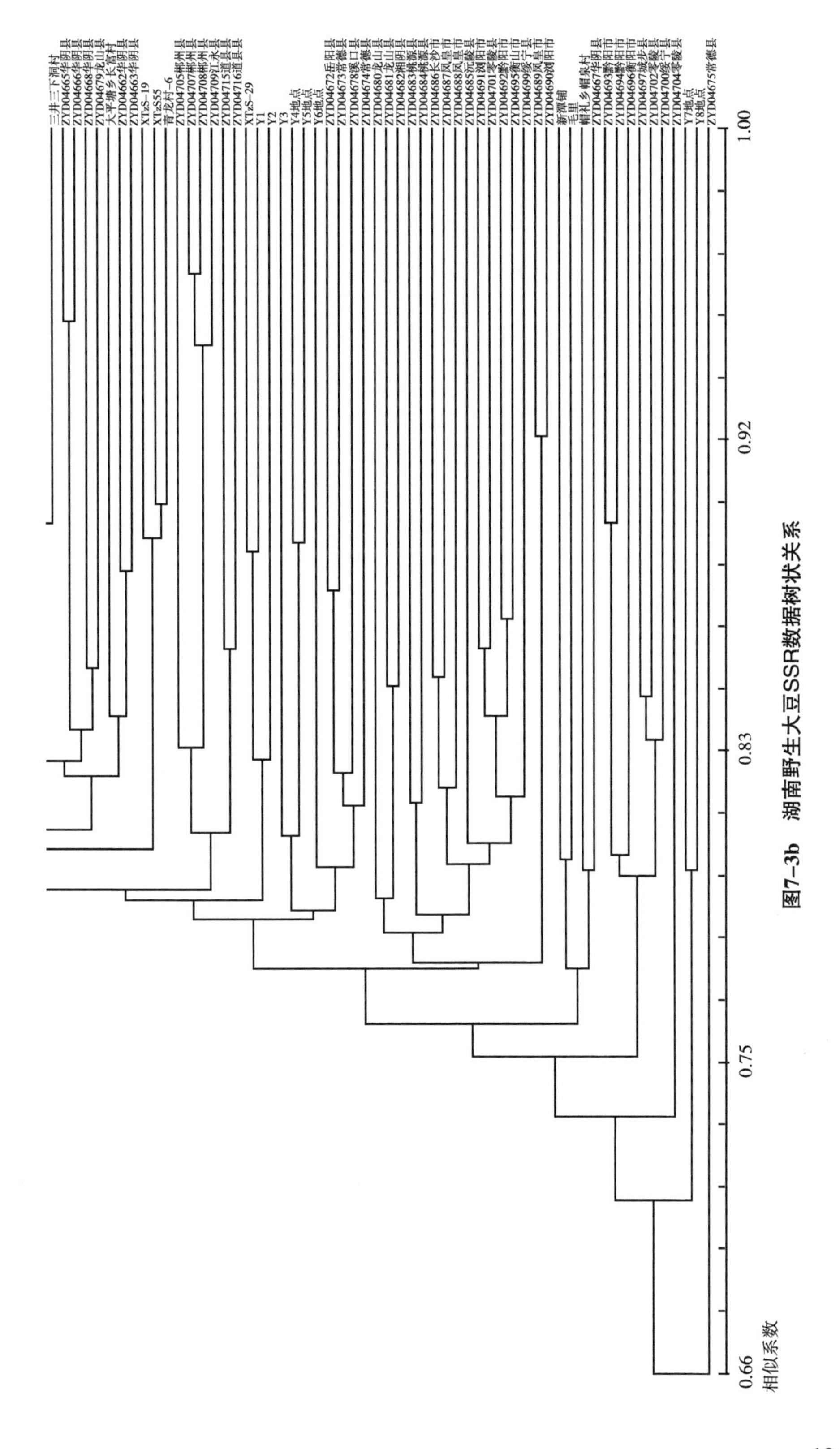

图7-3b　湖南野生大豆SSR数据树状关系

起，这 3 个亚类包括的材料较少，且均来自湖南中北部。该类群的聚类结果表现出明显的地域性。

第二类群又可进一步分为 4 个亚类，第一亚类由 3 份种质组成，其中 2 份来自湘西龙山，1 份来自岳阳湘阴，分别位于湖南的东北部和西北部，距离较远；第二个亚类仅包括 2 份桃源（与怀化相邻）的材料；第三亚类包括 9 份材料，其中，有 5 份材料来自湖南西部（3 份来自怀化，湘西有 2 份），3 份来自湖南中部（2 份来自长沙，衡阳有 1 份），1 份来自湖南南部（永州）；第四亚类有 1 份凤凰和 1 份浏阳的材料组成。在该类群的 16 份材料中，10 份来自湖南西部，4 份来自湖南中部，湖南南部和北部的各 1 份，这表明湖南西部可能是湖南的另一个野生大豆多样性中心。

第三类群仅由 3 份来自新田的群体材料和 1 份岳阳的材料构成。

第四类群包括 6 份材料，其中 2 份来自怀化，来自衡阳、城步（与怀化相邻）、永州和绥宁（与怀化相邻）的材料各 1 份。在该类群的 6 份材料中，有 4 份来自湖南西部（怀化、城步和绥宁），另外 2 份来自湖南中南部。

第五类群只有 1 份材料，来自湖南西部的绥宁。

第六类群由 2 份群体材料组成，分别为临湘城南乡和临湘原种场群体。

第七类群也只有 1 份材料，是来自常德的种质，位于聚类图的最下方，与其他 90 份材料遗传距离相距最远。

综上所述，湖南野生大豆的聚类结果表现出与地理位置的一致性，同时湖南的野生大豆可能存在以湖南南部的新田和湖南西部的 2 个多样性中心。

（三）除湖南外其他地区野生大豆种质间聚类分析

对除湖南外其他的 91 份野生大豆进行聚类（图 7-4），在遗传相似系数 0.818 处将这些材料先分为 12 个类群。

第一类群包括 12 份材料，其中有 5 份核心种质，2 份来自河北，山西、辽宁、甘肃材料各 1 份；此外还有 7 份福建材料，2 份来自霞浦，还有邵武、泰宁、建宁、清流、浦城各 1 份。

第二类群包括 28 份材料，全部来自福建，聚类结果与材料的地理分布基本一致。这一类群又可分为 5 个亚类，第一亚类除 1 份宁化的材料外，其他材料全部来自南平，包括南平的浦城、崇安、光泽、松溪和政和；第二亚类包括 6 份材料，分布于福建南平的邵武、建瓯、顺昌和宁德的周宁、屏南以及龙岩，其中邵武、周宁、建瓯、屏南和顺昌是相邻的地区，但与龙岩相距较远；第三亚类包括 4 份材料，其中 2 份材料来自将乐，清流和连城各有 1 份，将乐县和清流同属于三明，连城位于龙岩北部与清流的相邻；第四亚类包括 8 份材料，其中 4 份材料来自南平，3 份来自三明，古田有 1 份，在地理位置上古田与南平相邻；第五亚类包括 2 份材料，全部来自三明宁化。上述地区基本上是沿武夷山脉分布，推测武夷山脉可能是一个多样性中心。

第三类群包括 20 份材料，全部来自广西，遍布于 12 个县（市）。这一类群又可分为 3 个亚类，第一亚类中的材料来自贺州和桂林，而贺州和桂林在地理位置上是相邻的，均位于广西东北部，这一亚类中的聚类结果与地理位置分布基本一致；第二亚类由桂林的 8 份材料组成；第三亚类包括 6 份材料，其中有 3 份材料来自柳州融安，2 份材

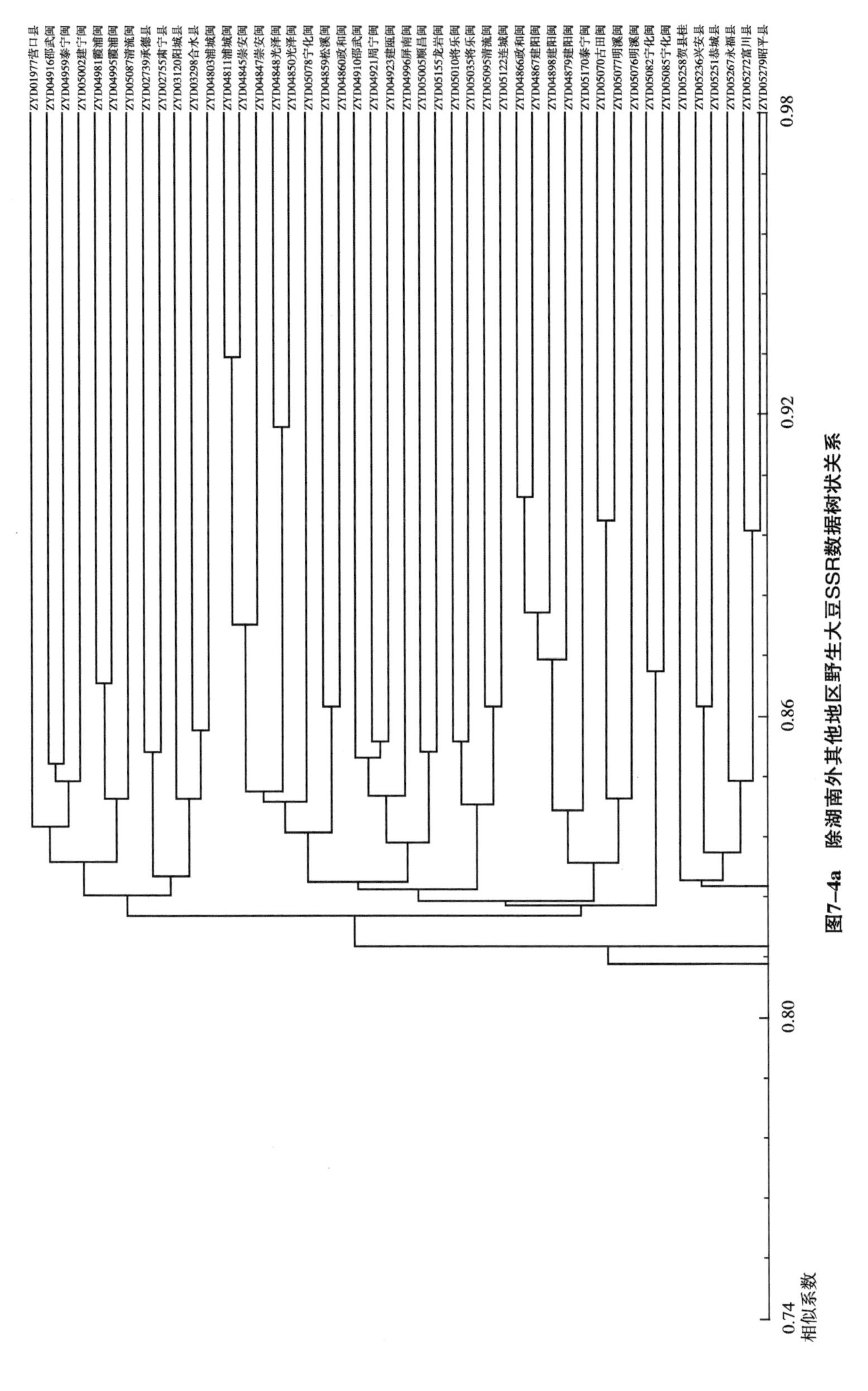

图7-4a　除湖南外其他地区野生大豆SSR数据树状关系

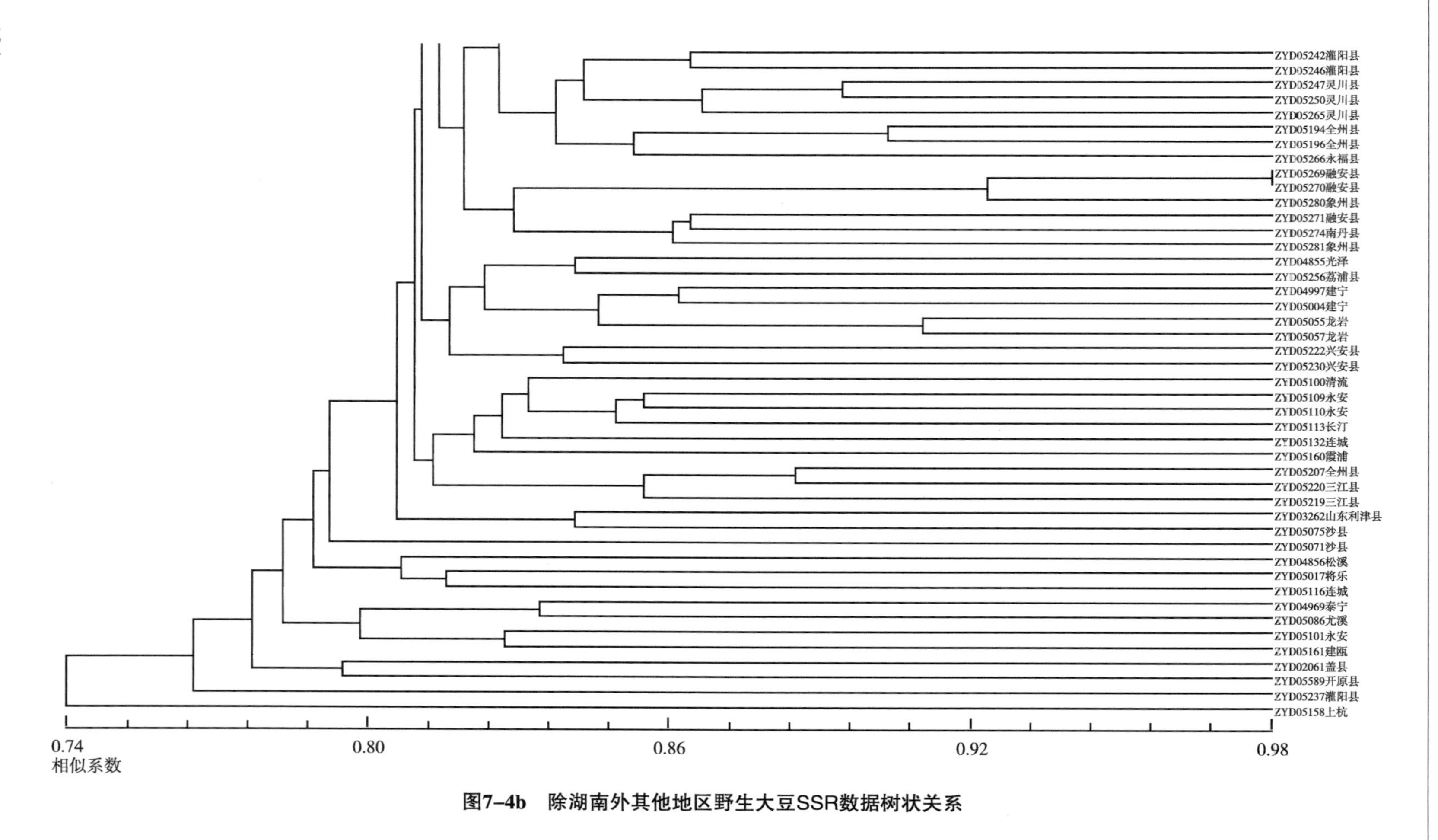

图7-4b 除湖南外其他地区野生大豆SSR数据树状关系

料来自来宾市象州，另外 1 份来自河池南丹，其中 2 份融安县的材料相似系数高达 0.98，可能为同一份种质，另外 1 份融安、1 份象州和 1 份南丹的材料先聚在一起，然后再与上一类聚在一起。融安和象州分别位于广西的北部和中部，相距较远，而南丹位于河池北部，与融安和象州都相距很远。推测将这 6 份材料聚在一起的可能原因是流经融安的融江与流经象州的柳江在柳州汇合，另外一条河流红水河流经南丹后与柳江汇合，因此可能是野生大豆种子随河流漂到另一地区，并经过自然选择形成了一个新的种群，但由于起源上的一致性从而将这 3 个地区的材料聚在一起。在这 3 个亚类中，第一亚类与第二亚类间的相似系数较高，这与他们所在地区在地理位置上相邻是一致的。

第四类群由 5 份福建的材料和 3 份广西的材料组成，这一类群又可分为 3 个亚群。这 3 个亚类中，除其中的一个亚类是由来自两个省份的材料组成外，其他的 2 个亚类均表现出与地理位置的一致性，即分别由 4 份来自福建和 2 份来自广西的材料组成。

第五类群包括福建的材料和 3 份广西的材料。其中先是将来自福建清流永、长汀、连城和霞浦的材料先聚在一起，再与 3 份来自广西全州、三江的材料聚在一起。

第六类群由 2 份种质组成，分别来自山东利津和福建沙县。

第七类只有 1 份沙县种质。

第八类由福建 3 份种质构成，连城和将乐的两份种质先聚在一起再与 1 份松溪种质种质聚在一起。

第九类包括 4 份福建种质，泰宁和尤溪材料先聚在一起，永安和建欧材料也聚在一起，然后这 4 份种质再聚在一起。

第十类由 2 份辽宁材料组成，分别来自辽宁盖县和开原。

第十一类和第十二类各 1 份材料，分别为广西灌阳和福建上杭的材料。

综上所述，聚类结果基本呈现出与地理位置的一致性，但也存在着地区间的交叉。在所划分的 12 个类群中，除第十类、第三类以及第十一类群分别是由来自辽宁和广西材料组成外，在其他的 9 个类群中均含有福建的材料，且在第一类和第六类类群中分别将来自福建的材料与来自北方的 5 份核心种质材料聚在一起，这就表明福建可能是一个野生大豆多样性中心。在福建内的种质材料中又以武夷山脉一带的材料最多，因此，该地区可能是一个野生大豆的多样性中心。而在广西的材料中，又以来自广西北部桂林的材料较多，因此桂林可能是一个野生大豆的多样性中心。在第十类群中将来自辽宁的 2 份材料单独聚为一类，且相似系数与其他地区的相差较大，这表明辽宁作为不同的生态区可能是一个野生大豆的多样性中心，但聚类结果中出现的地区间的交叉问题还有待于深入研究。

三、3 个群体间遗传关系

（一）3 个群体间遗传距离和遗传一致性分析

群体之间的遗传关系常用遗传距离来表示，通过等位变异的频率来计算。两个群体之间若有相同的各种等位变异，且它们频率大小相近，遗传距离较小，遗传关系较近；反之若两群体间拥有较少的相同等位变异，等位变异类型和变异频率相差较大时，遗传距离较大，遗传关系越远。

本研究中通过计算不同群体等位变异频率来计算它们之间的欧氏遗传距离（表 7-5），并进行 UPGMA 聚类分析（图 7-5、图 7-6），结果表明栽培大豆和另两个野生大豆群体遗传距离相距较远（分别为 3.526 和 3.172），单独聚为一类。两个野生大豆群体遗传距离较近（为 2.015），首先聚在一起，然后再与栽培大豆聚在一起。

表 7-5　基于 SSR 数据不同群体间遗传关系

群体	栽培大豆	湖南野生大豆	其他地区野生大豆
栽培大豆	**	3.526	3.172
湖南野生大豆	0.432	**	2.015
除湖南外其他地区野生大豆	0.532	0.714	**

注：* 对角线上为欧氏遗传距离，对角线下为遗传一致性。

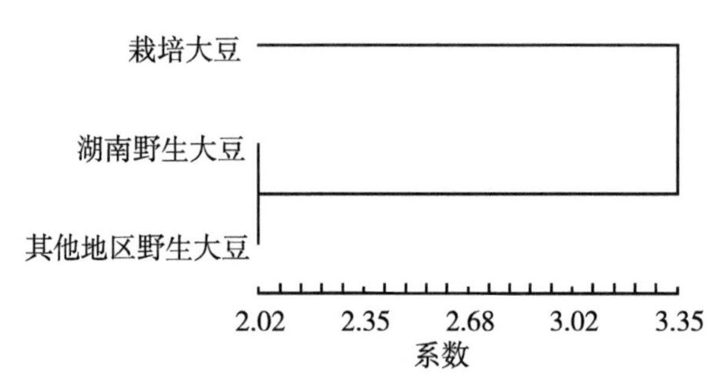

图 7-5　基于 SSR 数据不同群体间的欧氏距离构建的遗传关系

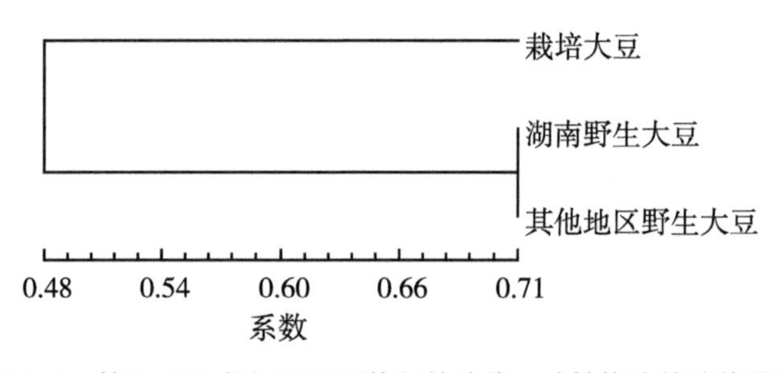

图 7-6　基于 SSR 数据不同群体间的遗传一致性构建的遗传关系

群体间 Nei 氏遗传一致性（I）也是用来衡量群体之间遗传关系的一个指标。I 的值为 0~1，与遗传距离呈负相关，若两个群体在所有位点上的所有等位变异频率越相近，I 值越接近 1，两群体的遗传关系越近；反之若两群体在所有位点上所有等位变异频率差异越大，I 值越接近 0，两群体之间的遗传关系越远。根据群体遗体间遗传一致性（表 7-5），对群体进行 UPGMA 聚类（图 7-7），结果与通过欧氏遗传距离的 UPGMA 聚类结果相一致，验证了这一结果的准确性。

（二）3个群体间的聚类分析

根据以上3个群体的聚类结果，从中分别挑选有代表性的材料共112份进行聚类，其中栽培大豆48份、湖南野生大豆36、其他地区野生大豆28份。

根据聚类结果（图7-6），在相似系数为0.82处将112份材料分为8个类群，第一类群包括48份栽培大豆与夏大豆聚在一起，在该类群中将春大豆与秋大豆又单独聚为一个亚类。

第二类群包括53份野生大豆材料，将这部分材料进一步细分为8个亚类，第一亚类包括13份材料，其中11份来自湖南，2份来自福建（分别来自南平的浦城和政和）；第二亚类包括19份材料，其中18份来自湖南，1份来自福建（三明）；第三亚类包括7份材料，其中6份来自湖南，1份来自福建（宁德霞浦）；第四亚类包括2份材料，广西（贺州）和福建（南平）各1份；第五亚类包括3份材料，1份来自湖南，1份来自福建（宁德），1份来自广西（桂林）；第六亚类包括4份材料，均为北方核心种质，分别来自辽宁、甘肃、河北和山西；第七亚类包括2份材料，分别来自福建三明和广西桂林；第八亚类包括3份材料，其中2份来自福建，1份来自山东。

第三类群包括2份野生大豆材料，分别来自福建（三明）和广西（柳州）。

第四类群包括2份野生大豆材料，分别来自广西（桂林）和福建（三明）。

第五类群包括3份材料，均来自福建。

第六类群包括2份材料，均来自广西。

第七类群包括2份材料，分别来自福建（三明）和广西（桂林）。

根据以上聚类分析，几乎每个类群每个亚类都包括福建材料，推测福建可能是一个野生大豆的初生遗传多样性中心，其他地区的野生大豆可能来源于福建。

第八类群仅1份材料，为栽培大豆85-Y-2。

四、群体间遗传分化

总群体遗传多样性（H_t）可分解为各群体内遗传多样性（H_s）和群体间遗传多样性（D_{st}）。遗传分化系数（G_{st}）是用来反映遗传变异在群体内与群体间的分布情况的指数，用群体间的遗传多样性与总群体的遗传多样性的比值来表示，用以代表群体间遗传多样性的分化程度。本研究通过Shannon-weaver多样性指数来分析群体间的遗传分化关系（表7-6）。

3个大豆群体间42个SSR位点Shannon-weaver多样性指数的遗传分化系数为0.009~0.345，平均为0.115，即11.5%遗传变异存在于群体之间，变异幅度较大。其中在Satt590位点上的遗传分化系数仅为0.009，表明在大豆的进化过程中该位点受到的选择压力较大，该位点的变异可能会导致致死或者引起重要的功能缺陷；而在Satt242和Satt218 * 位点的遗传分化系数分别为0.354和0.311，表明这两个位点的变异对大豆的生命活动影响不大或是不具有生物功能。此外，还有一些位点的遗传分化系数相对较小，如Satt371（0.024）、Sct_001（0.031）、Satt408（0.035）等位点所在的区域可能比较重要，其发生变异可能会影响到大豆的生命活动，但不至于引起致死效应。

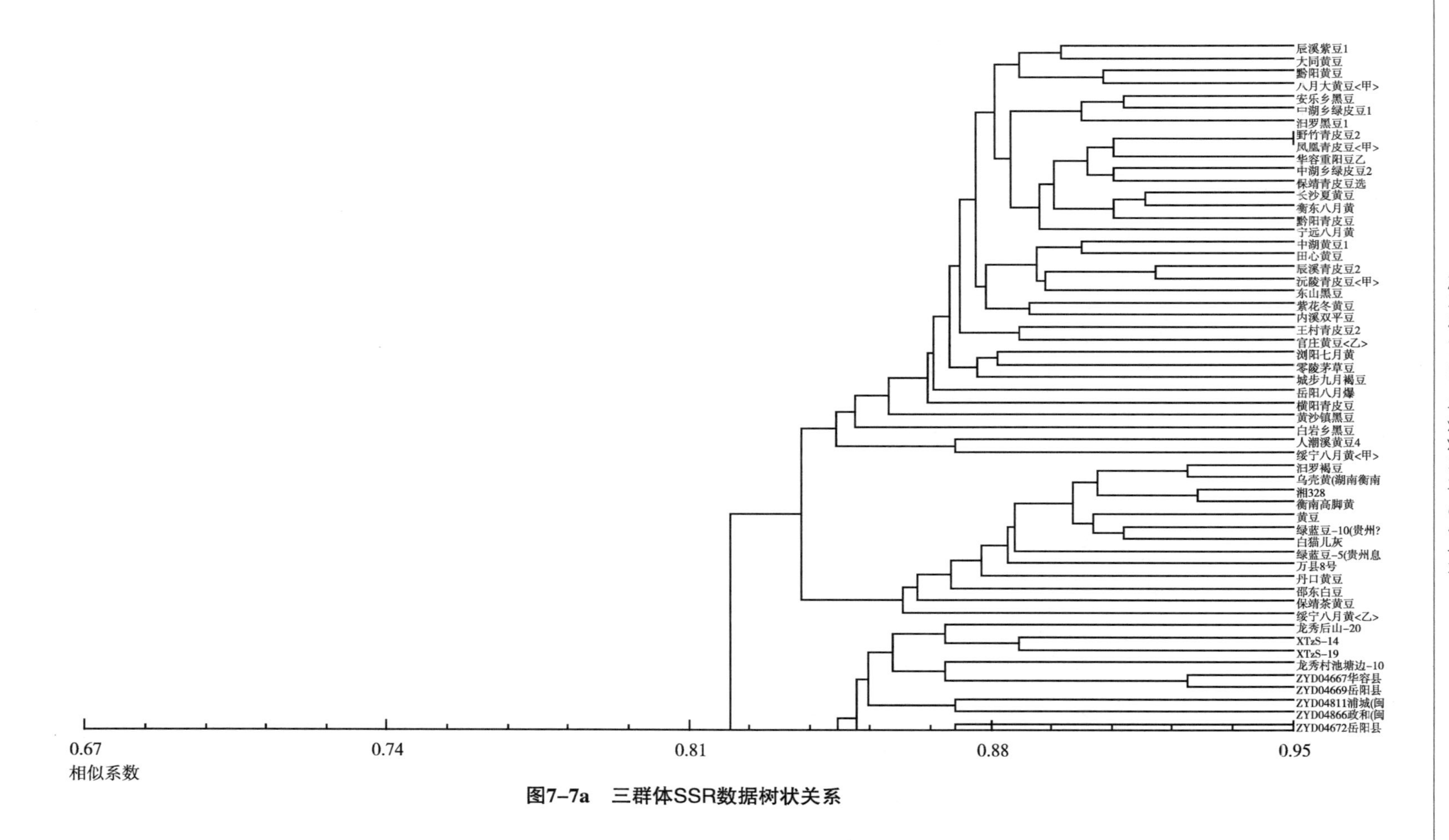

图7-7a　三群体SSR数据树状关系

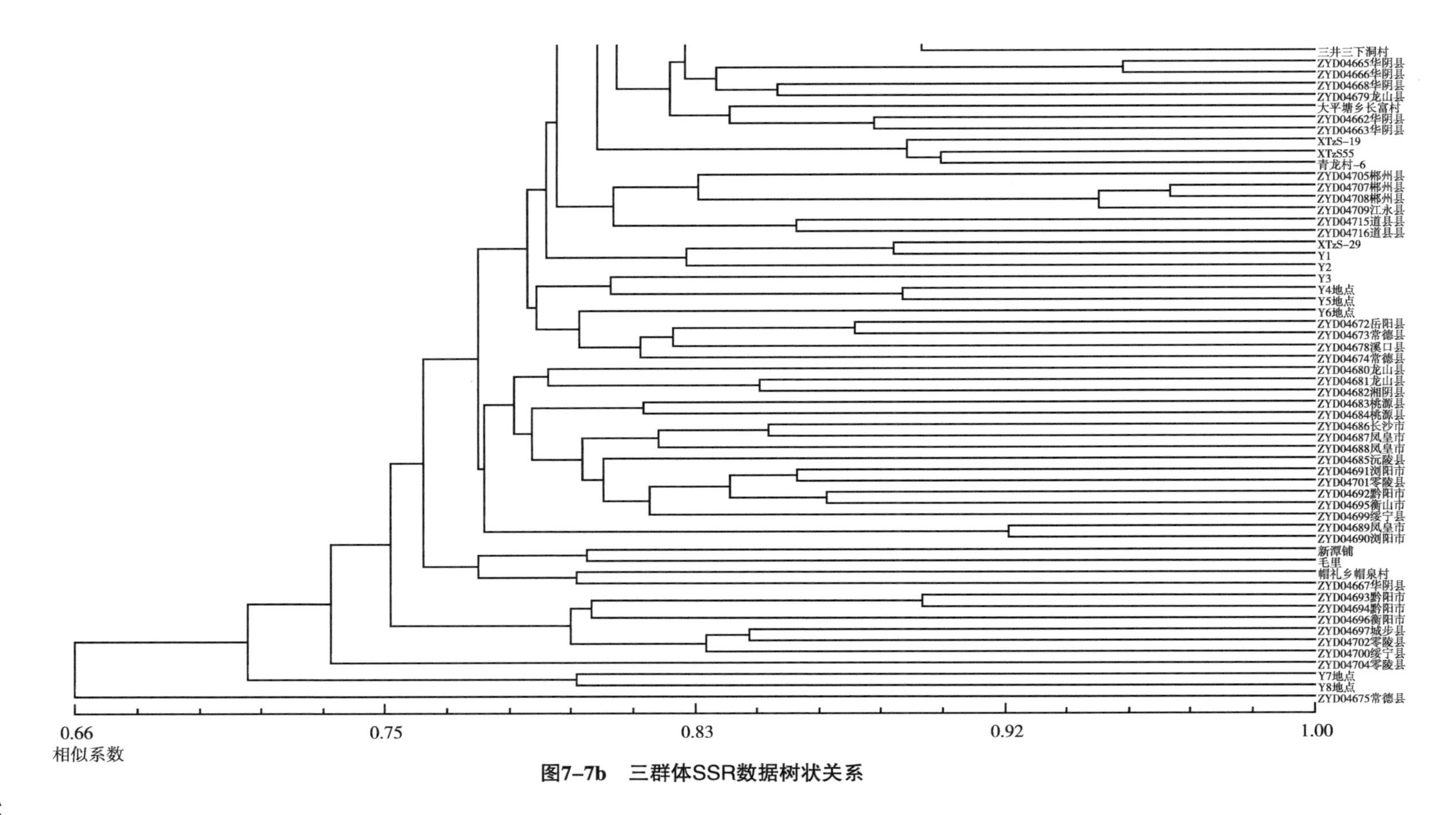

图7-7b　三群体SSR数据树状关系

因此，在利用分子标记构建遗传连锁图谱时应尽可能选取在该位点遗传分化系数较大的标记。

表 7-6　3 个群体间 42 个 SSR 标记遗传分化

位点	连锁群	Shannon 遗传多样性指数		
		总遗传多样性（H_t）	群体内遗传多样性（H_s）	遗传分化系数（G_{st}）
Satt300	A1	1. 455	1. 280	0. 121
Satt236	A1	1. 761	1. 609	0. 086
Satt429	A2	1. 752	1. 401	0. 200
Satt197	B1	2. 382	2. 147	0. 099
Satt415	B1	1. 788	1. 719	0. 039
Satt577	B2	1. 577	1. 466	0. 071
Satt168	B2	2. 058	1. 690	0. 179
Satt556	B2	1. 824	1. 613	0. 116
Satt194	C1	1. 737	1. 419	0. 183
Satt371	C2	1. 492	1. 457	0. 024
Satt281	C2	2. 590	2. 410	0. 069
Satt184	D1a	2. 148	1. 898	0. 116
Satt408	D1a	1. 798	1. 735	0. 035
Satt005	D1b	2. 447	2. 086	0. 147
Satt216	D1b	2. 001	1. 706	0. 148
Satt002	D2	2. 286	2. 164	0. 054
Satt226	D2	2. 015	1. 938	0. 038
Satt230	E	1. 316	1. 169	0. 112
Satt268	E	1. 525	1. 424	0. 066
Satt586	F	2. 108	1. 961	0. 070
Satt218*	F	1. 449	0. 998	0. 311
Satt334	F	1. 737	1. 597	0. 081
Satt309	G	1. 282	1. 212	0. 055
Satt352	G	1. 918	1. 525	0. 205
Satt279	H	2. 298	1. 798	0. 217
Sat_214*	H	1. 991	1. 827	0. 082
Satt239	I	2. 073	1. 698	0. 181

（续表）

位点	连锁群	Shannon 遗传多样性指数		
		总遗传多样性（H_t）	群体内遗传多样性（H_s）	遗传分化系数（G_{st}）
Sct_189	I	2.079	1.713	0.176
Sct_001	J	1.378	1.335	0.031
Satt414	J	2.011	1.931	0.040
Satt431	J	1.891	1.771	0.064
Satt588	K	2.419	2.265	0.064
Satt242	K	1.587	1.039	0.345
Satt001	K	1.845	1.534	0.168
Satt373	L	1.995	1.845	0.075
Satt590	M	2.171	2.151	0.009
Satt346	M	1.634	1.453	0.111
Satt387	N	1.574	1.364	0.133
Satt339	N	2.285	2.099	0.081
Satt243	O	1.831	1.669	0.088
Satt345	O	2.231	1.944	0.128
Satt259	O	1.886	1.512	0.198
平均值		1.896	1.680	0.115

第四节　基于 SRAP 标记的遗传多样性分析

一、3 个大豆群体遗传多样性分析

采用 Shannon-weaver 指数分析 3 个群体的 SRAP 多样性，根据多样性指数分析（表 7-7），发现 415 份种质（除 XT6-11）的 Shannon-weaver 指数分别为 0.034~1.784，总体平均值为 1.128。其中栽培大豆的多样性指数最高，为 0.963；其次为除湖南外其他地区的野生大豆，为 0.757；湖南野生大豆的多样性指数最低，为 0.687。

上述结果表明，根据 SRAP 多样性分析，栽培大豆的多样性较野生大豆的高，其中除湖南外其他地区的野生大豆多样性又较湖南地区的多样性高。可能是由于栽培大豆的表型变化较丰富，而 SRAP 标记扩增的是基因的 ORF 区，从而栽培大豆的 Shannon-weaver 指数较野生大豆的高。同时，由于湖南以外地区的野生大豆群体包括不同生态类型的野生大豆材料而体现出较高的遗传多样性以及较丰富的基因类型，从而使湖南以外地区的野生大豆群体的遗传多样性指数较湖南野生大豆的高。

表 7-7　17 对 SRAP 引物组合不同群体多样性指数

引物组合	栽培大豆	湖南野生大豆	其他地区野生大豆	总体
me1-em2	1. 025	1. 358	1. 131	1. 584
me1-em3	1. 092	0. 826	0. 970	1. 099
me1-em4	1. 234	1. 052	1. 053	1. 256
me1-em5	1. 450	0. 376	1. 033	1. 717
me1-em6	0. 773	0. 764	0. 867	0. 913
me7-em7	0. 187	0. 408	1. 281	0. 623
me8-em8	1. 559	0. 831	0. 478	1. 423
me15-em5	1. 211	0. 482	0. 381	0. 967
me20-em10	1. 534	0. 692	0. 640	1. 976
me21-em1	1. 413	1. 050	1. 500	1. 591
me22-em2	1. 784	1. 036	0. 287	2. 453
me1-em7	0. 495	0. 299	0. 337	0. 428
me2-em1	0. 988	0. 888	0. 726	1. 033
me4-em4	0. 357	0. 331	0. 216	0. 321
me5-em5	0. 243	0. 379	0. 535	0. 364
me6-em6	0. 794	0. 868	1. 097	1. 216
me12-em2	0. 229	0. 034	0. 331	0. 211
平均	0. 963	0. 687	0. 757	1. 128

二、3 个群体遗传关系分析

（一）栽培大豆种质间遗传关系分析

对 208 份栽培大豆进行 SRAP 聚类分析，根据聚类结果在相似系数为 0. 72 处将材料分为六大类群（图 7-8），第一类群共包括 69 份材料，又可分为 7 个亚类，第一亚类只有 1 份材料，辰溪紫豆 1；第二亚类共包括 25 份材料，其中来自西部的有 17 份（怀化 6 份、张家界 7 份、湘西 4 份），另外常德 4 份、娄底 2 份、益阳 1 份、衡阳 1 份，其中包括 5 份黑皮豆，分别为常德的安乐乡黑豆和石门黑黄豆、湘西的花垣黑皮豆、张家界的新桥黑豆和怀化的辰溪黑豆，这 5 份材料均来湖南西部；第三亚类共包括 31 份材料，主要有湘西的 14 份、怀化的 7 份，永州、益阳、岳阳的各 2 份，张家界、常德、邵阳、长沙的各 1 份，其中有 8 份为黑皮大豆，其中 6 份来自湘西、2 份来自怀化，结合以上分析，湖南西部应该是一个黑皮大豆的多样性中心。第四亚类包括 1 份材料，为岳阳的黄沙镇黑豆；其中湘西材料 3 份，张家界、怀化各 2 份，永州、常德各 1 份；第五亚类包括 5 份材料，分别来自株洲、郴州、娄底、张家界和湘西，其中株洲黑豆来自株洲；第六亚类包括 1 份材料，为来自湘西龙山的黑邪黑壳豆；第七亚类包括 5 份材料，其中3份来自张家界，另外还有益阳和怀化的各1份，其中中湖黑豆1来自张家界。

第二类群共包括18份材料，分别来自张家界、湘西、怀化和娄底，其中张家界、湘西、怀化都位于湖南的西部，其中张家界和湘西各7份，娄底3份，怀化1份。

第三类群包括8份材料，其中湘西和怀化各2份，邵阳、常德、娄底、张家界各1份。

第四类群共包括116份材料，可再细分为4个亚类，第一亚类包括17份材料，其中邵阳4份、湘西3份、张家界和株洲各2份，益阳、长沙、怀化、岳阳、衡阳和永州各1份。第二亚类包括97份材料，又可分为两个小类，第一小类共包括57份材料，其中湘西16份、岳阳9份，永州和邵阳各7份，长沙6份，怀化3份，株洲、张家界、衡阳和郴州各2份，益阳1份；第二小类共包括20份材料，其中怀化6份；湘西4份；岳阳和邵阳各3份；长沙2份；株洲和张家界各1份。第三亚类和第四亚类材料各1份，分别为长沙的铜宫十月黄和益阳堤青豆。

以上四个类群中的材料全部为夏大豆。

第五类群包括16份材料，包括10份春大豆（早豆、85-Y-2、白猫儿灰、黄豆、万县8号、邵东白豆、安化褐豆、绿蓝豆-5、绿蓝豆-10、洪雅大黑豆）和4份秋大豆（乌壳黄、湘328、衡南高脚黄、衡南泥巴豆选），另外还包括2份夏大豆（黄双黑豆和十月青豆）。

第六类群仅1份材料，为辰溪紫豆2。

（二）湖南野生大豆种质间聚类分析

对除XT6-11外的湖南野生大豆进行SRAP聚类分析，根据聚类分析结果（图7-9），在相似系数为0.828处将湖南野生大豆分为九大类群，其中第一类群材料众多，在相似系数为0.87处将这类材料分为六个亚类。第一亚类共包括29份材料，主要来自新田县的龙秀后山、新田桑子村、新田1km和新田2km处，其中龙秀后山6份，桑子村13份、新田1km处2份，新田2km处6份，龙秀村池塘边和凤凰县材料各1份；凤凰属于湘西土家族苗族自治州，位于湖南西部，新田属永州，位于湖南南部，两地相距较远。第二亚类包括15份材料，其中14份均来自新田6km处，且先聚在一起，然后与1份新田的新潭铺的群体材料聚在一起。第三亚类包括26份材料，其中新田11份（桑子村5份、青龙村4份、龙秀村池塘边1份），湘潭县农业局内单株2份，临湘群体3份，岳阳8份（华容1份、岳阳3份、湘阴1份、临湘群体3份），常德桃源2份，张家界溪口1份；岳阳、常德、张家界彼此相邻，位于湖南北部，湘潭位于湖南中部。第四亚类共2份材料，分别来自长沙和凤凰；长沙位于湖南东部，凤凰属湘西土家族苗族自治州，位于湖南西部。第五亚类仅包括1份材料，来自华容。第六亚类包括2份材料，均来自湘西土家族苗族自治州的龙山。

第二类群包括4份材料，其中3份来自新田，均为群体材料（1份毛里群体、1份大平塘乡长富村群体、1份帽礼乡帽泉村群体），另外1份材料来自岳阳华容。

第三类群仅包括1份材料，来自沅陵，沅陵属于怀化，位于湖南西部。

第四类群包括2份材料，均为群体材料，分别来自新田的三井汉冲村和三井三下

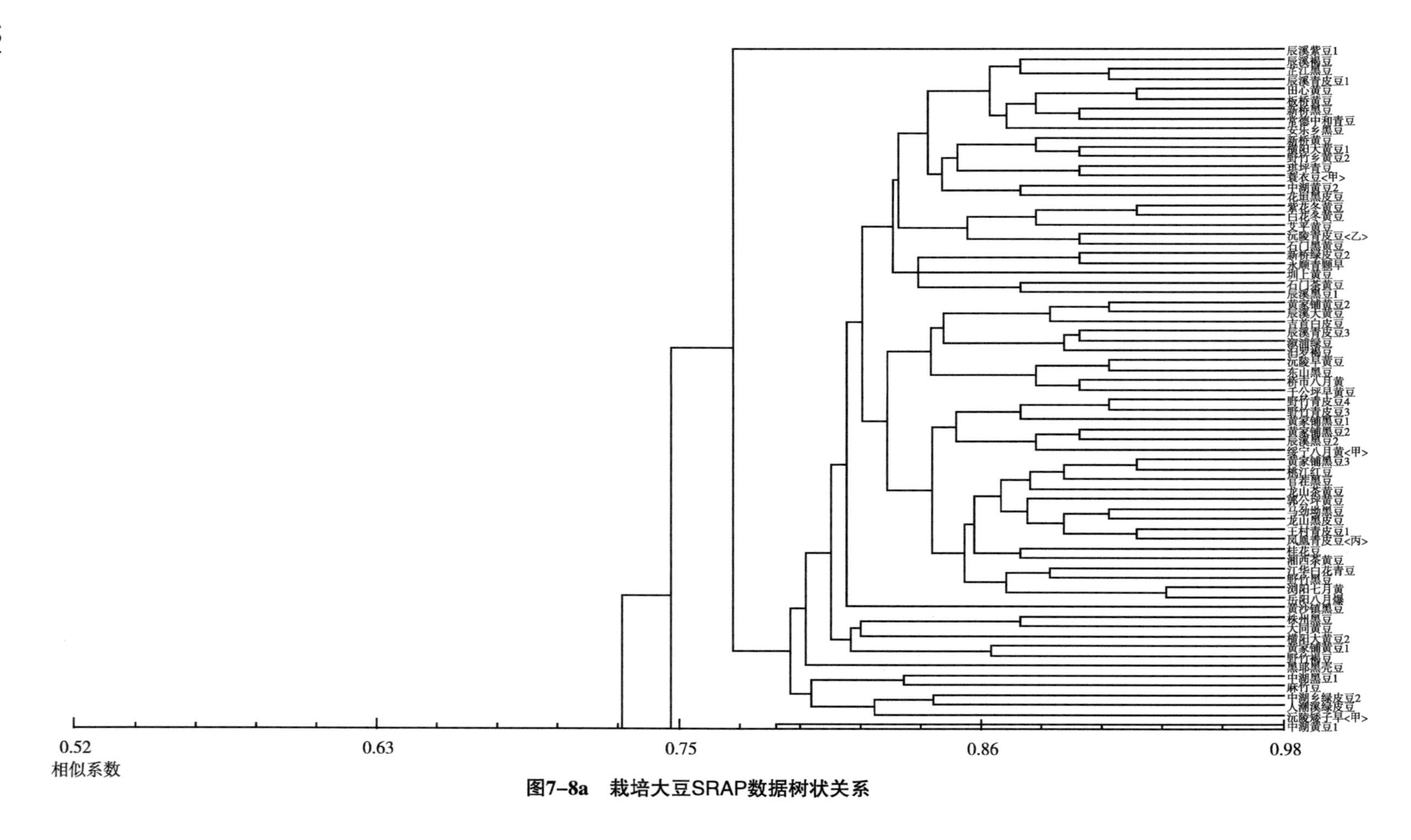

图7-8a 栽培大豆SRAP数据树状关系

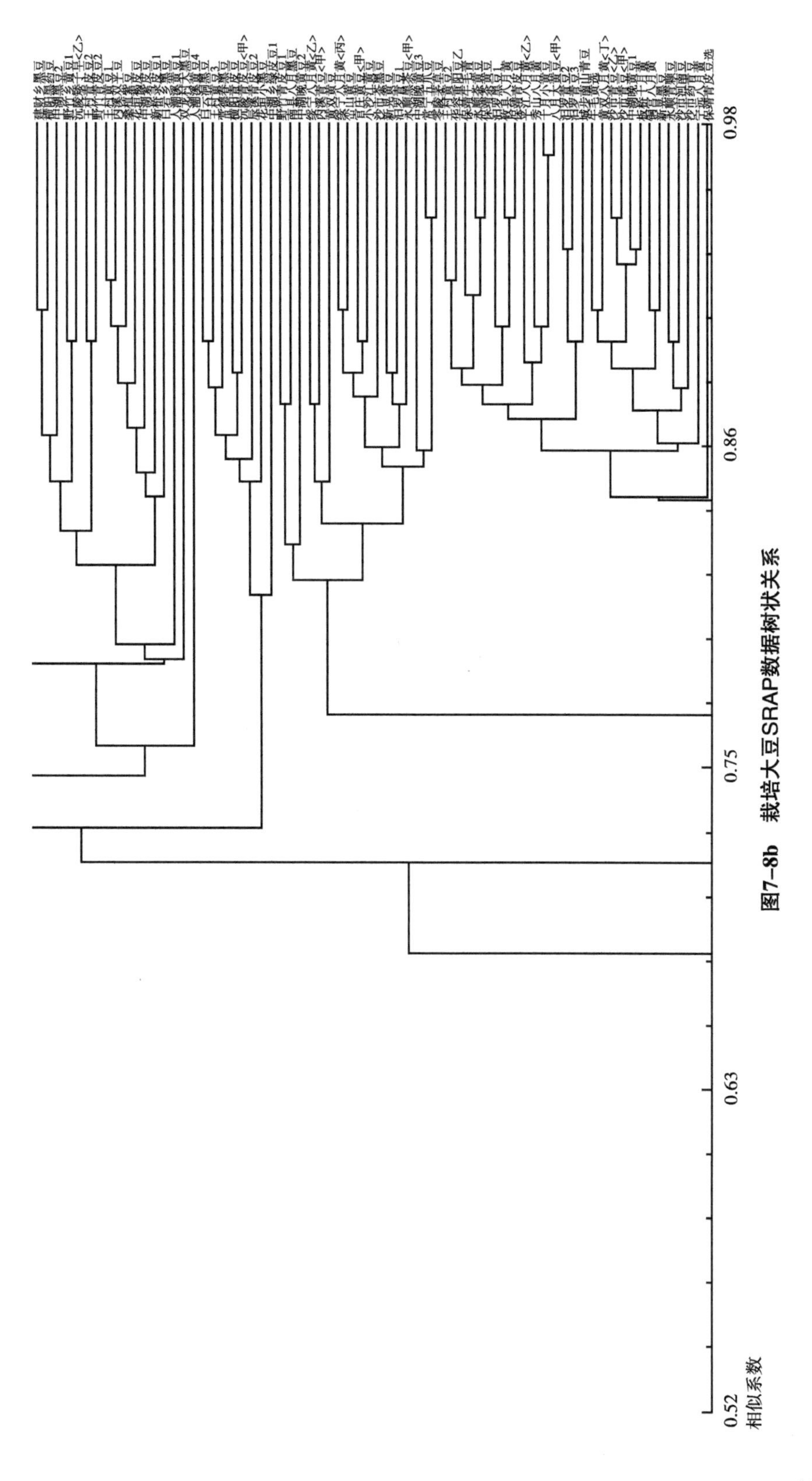

图7-8b　栽培大豆SRAP数据树状关系

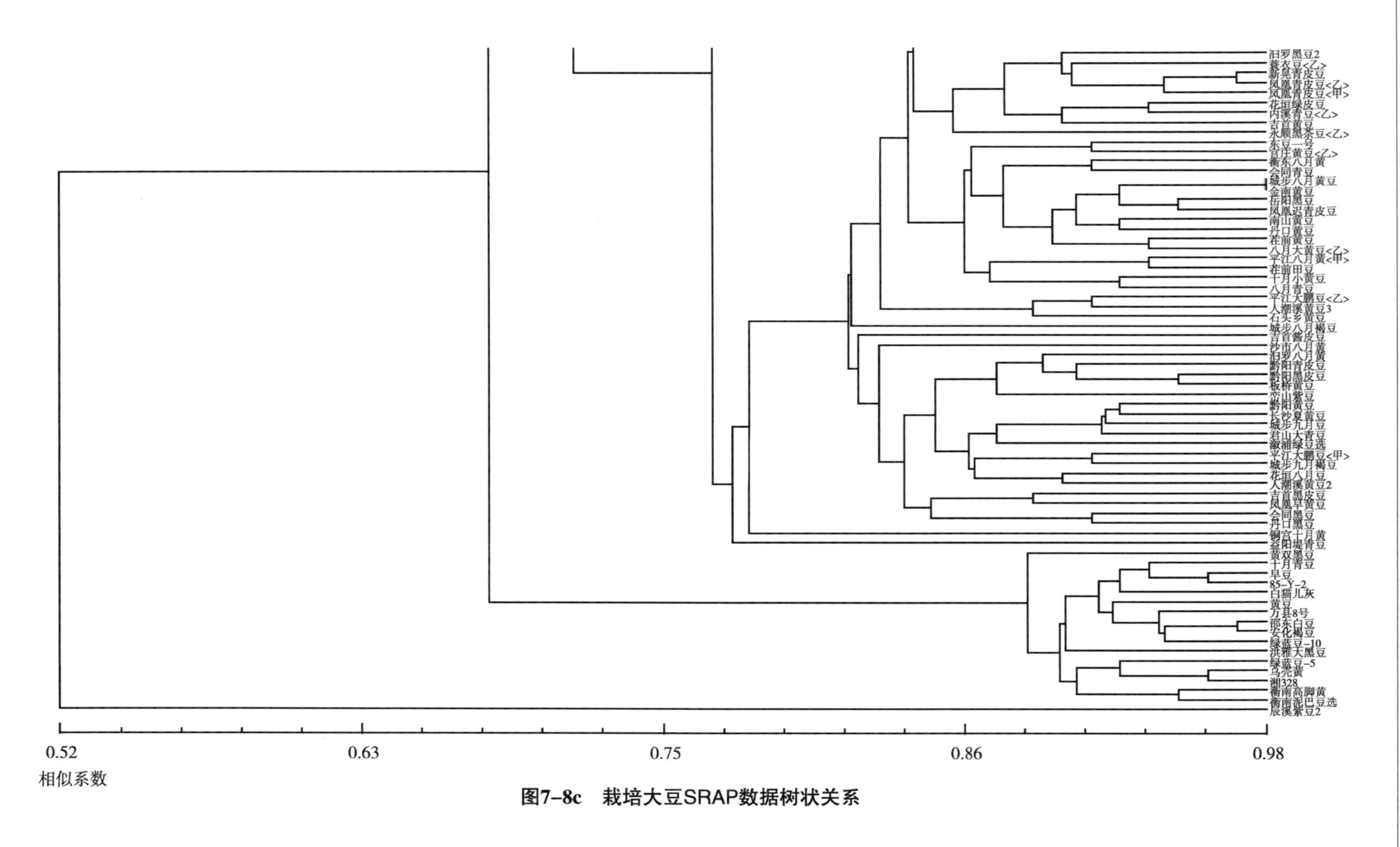

图7-8c　栽培大豆SRAP数据树状关系

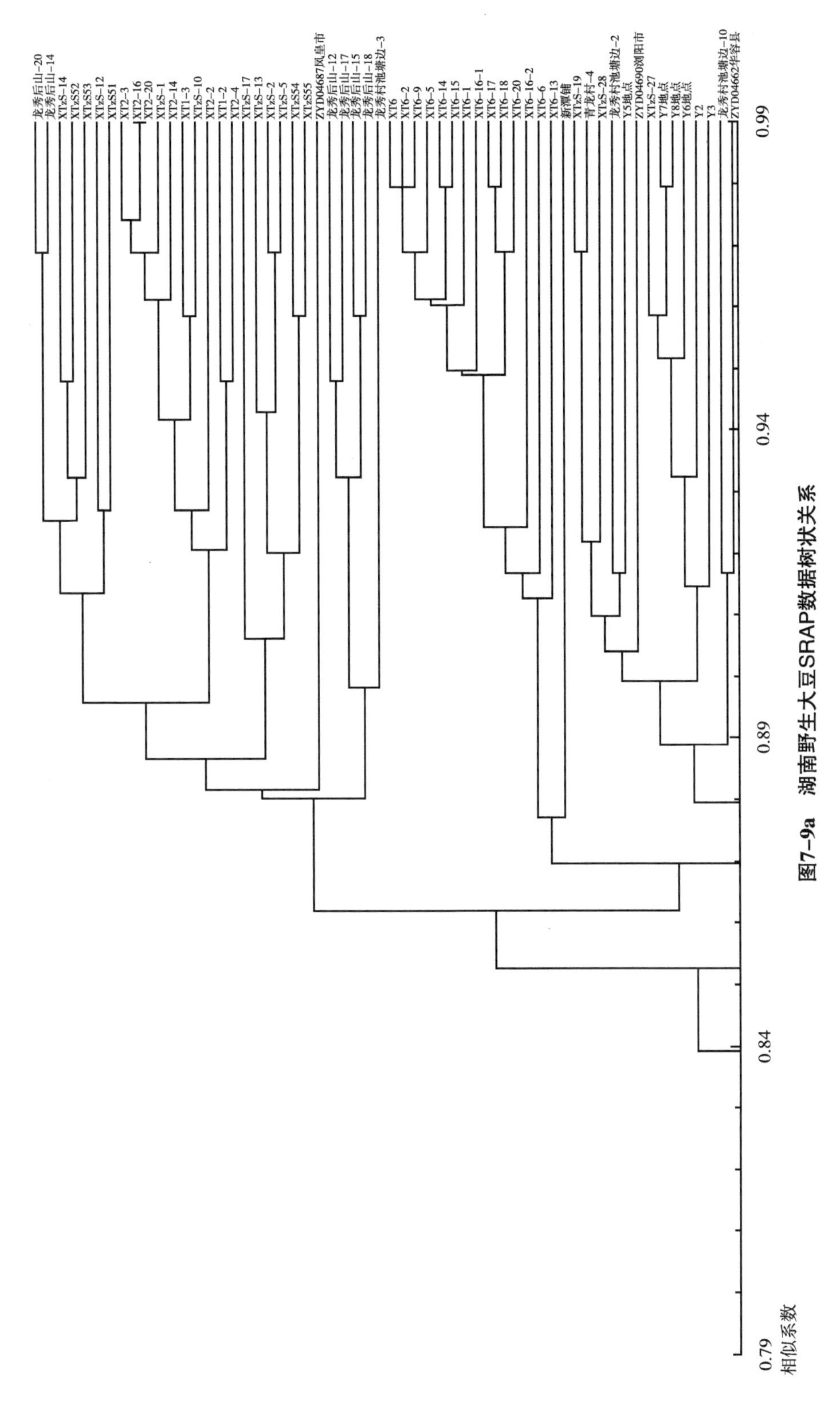

图7-9a　湖南野生大豆SRAP数据树状关系

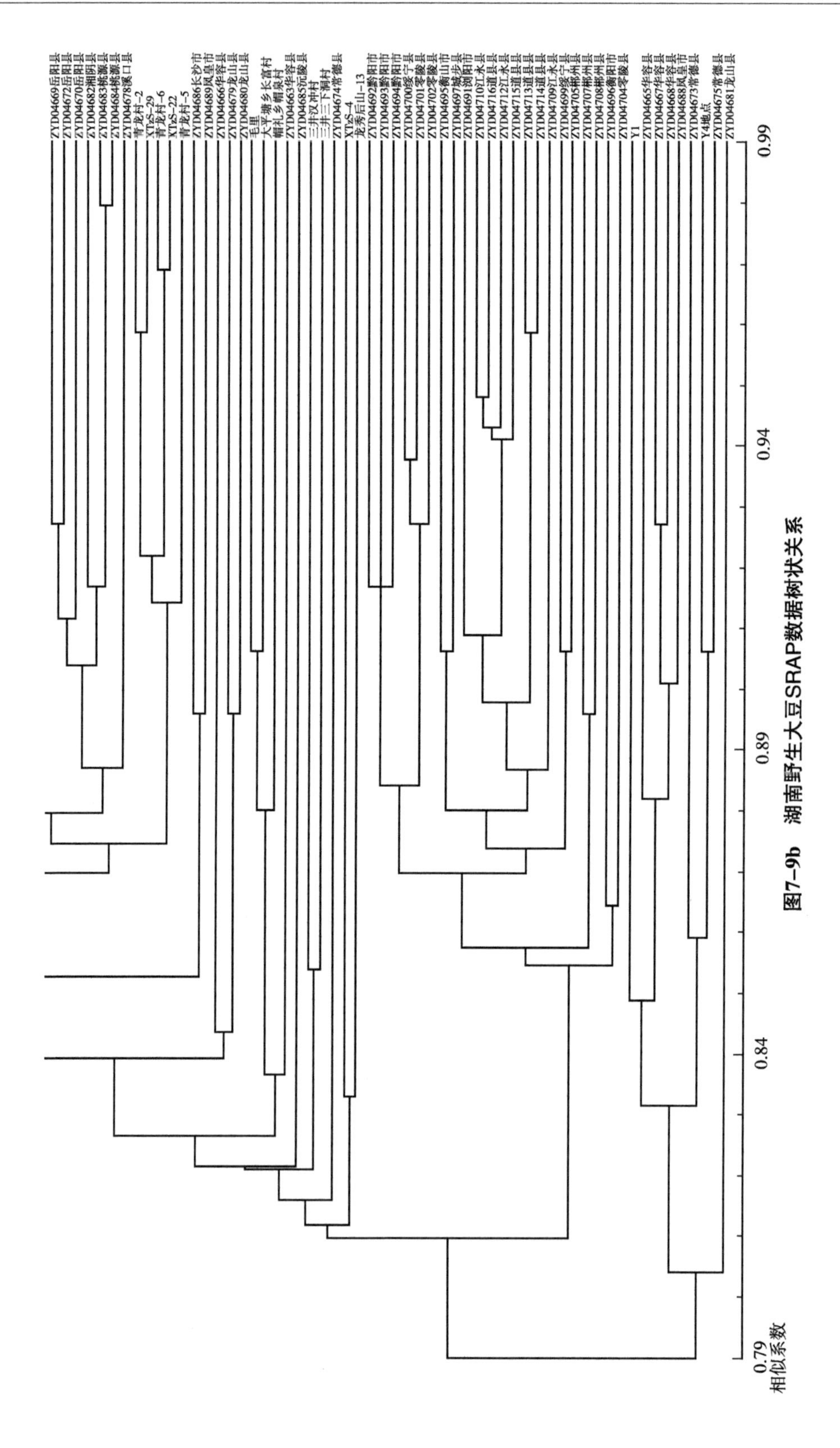

图7-9b 湖南野生大豆SRAP数据树状关系

洞村。

第五类群仅包括 1 份材料，来自常德。

第六类群包括 2 份材料，分别来自新田的桑子村和龙秀后山。

以上六个类群中几乎都包括新田材料，龙秀后山-13、桑子村-4 等个体材料和毛里、大平塘乡长富村、三井汉冲村等群体材料与新田其他材料之间的遗传距离，比岳阳、常德等北部地区和湘西等中部地区与新田材料之间的遗传距离还要远，可以推测湖南新田可能为一个野生大豆的多样性中心。

第七类群包括 22 份材料，其中永州 10 份（道县 4 份、零陵 3 份、江永 3 份），怀化（黔阳 3 份）、邵阳（绥宁 2 份、城步 1 份）和郴州各 3 份，衡阳 2 份（衡山 1 份、衡阳 1 份），长沙 1 份（浏阳）；永州、郴州位于湖南南部，邵阳、怀化位于湖南西部，衡阳位于湖南中部，长沙位于湖南东部。这一部分材料进一步细分为四个亚类，第一亚类共 6 份材料，其中怀化 3 份（黔阳），永州 2 份（零陵），邵阳 1 份（绥宁）。第二亚类共 12 份材料，其中永州 7 份（道县 4 份、江永 3 份），邵阳 2 份（城步、绥宁各 1 份），衡阳（衡山）、长沙（浏阳）、郴州各 1 份。第三亚类由 2 份郴州材料组成。第四亚类共 2 份材料，分别来自衡阳和永州（零陵）。根据以上分析，四个亚类中有 3 个亚类包括永州的材料，2 个亚类包括邵阳材料，永州位于湖南南部，邵阳与永州相邻，邵阳的城步和绥宁均位于邵阳南部，可以推测湖南南部永州和邵阳南部地区可能是野生大豆的一个多样性中心。

第八类群包括 8 份材料，其中 3 份来自华容，2 份来自常德，1 份来自凤凰，此外还包括湘潭个体和群体材料各 1 份，其中华容属于岳阳，与常德相邻位于湖南北部，凤凰属于湘西土家族苗族自治州，位于湖南西部，湘潭位于湖南中部。

第九类群仅包括 1 份材料，来自湘西龙山。

根据以上聚类分析，新田县属于永州，以永州为中心的湖南南部地区和邵阳、怀化、湘西等西部地区可能是湖南野生大豆的多样性中心。

（三）除湖南外其他地区野生大豆种质间聚类分析

对 91 份除湖南外其他地区野生大豆进行 SRAP 多样性分析，根据聚类分析结果（图 7-10），在相似系数为 0.8 处可将材料分为五大类群，第一类群共包括 40 份材料，除辽宁、河北各 2 份材料和 1 份山西材料外，其他材料均来自福建。将这一类材料细分为六个亚类，第一亚类包括 9 份材料，除 1 份来自辽宁营口市外，其他 8 份均来自福建，其中 5 份来自南平（光泽 3 份、建阳 1 份、顺昌 1 份），3 份来自三明（建宁 2 份、将乐 1 份）；南平与三明相邻，建宁和将乐县属于三明，位于三明北部与南平相邻，光泽、建阳、顺昌与建宁、将乐距离较近。第二亚类包括 13 份材料，全部来自福建，主要来自南平和三明，其中南平 5 份（邵武 2 份，松溪、建阳和建瓯各 1 份）、三明 4 份（建宁、沙县、泰宁和将乐各 1 份）、宁德 3 份（屏南、古田和周宁各 1 份）、龙岩 1 份；宁德位于福建北部与南平相邻，周宁、屏南和古田位于宁德西部，与南平的建瓯相邻，建宁、沙县、泰宁和将乐位于三明北部与南平相邻，龙岩位于福建南部，与南平相距较远。第三亚类包括 6 份材料，全部来自三明，其中 1 份来自沙县、2 份来自明溪、3 份来自宁化，这 3 个地方分别位于三明市的北部、中部和西南部，明溪 1 份材料与沙县材料聚在一起，另 1 份材料与宁化材料聚在一起，体现了很强的地域性。第四亚类包括 3 份材料，全部来自南平，其中 2 份来自政和、1 份来自建阳。第五亚类包括 6 份材料，其中河北 2 份，山西、山东、辽宁和福建各 1 份，福建的来自南平最北部的浦城。第六亚类包括 3 份材料，其中 2 份来自宁德的霞浦，1 份来自三明的泰宁。

第二类群共包括 44 份材料，全部来自福建和广西，将这类材料进一步细分为四个亚类，第一亚类包括 2 份材料，均来自福建清流，清流位于三明西南部。第二亚类包括 4 份材料，其中 3 份来自福建，1 份来自广西，福建材料中 2 份来自三明（泰宁、清流各 1 份），1 份来自龙岩长汀，长汀位于龙岩西北部，与清流相邻，距离很近；广西材料来自桂林的兴安，桂林位于广西北部。第三亚类包括 7 份材料，均来自福建，其中 3 份来自三明（将乐、永安、尤溪材料各 1 份），2 份来自南平（松溪、建瓯材料各 1 份），此外还包括宁德（霞浦）和龙岩（上杭）材料各 1 份。第四亚类包括 31 份材料，将这部分材料再进一步划分为 3 个小类，第一小类包括 4 份材料，其中 3 份来自广西，1 份来自福建（三明永安），广西材料中 2 份来自三江，1 份来自全州，其中全州属桂林，位于广西北部，三江县属柳州，同样位于广西北部；第二小类包括 19 份材料，其中 5 份材料来自福建，14 份材料来自广西，5 份福建材料中 4 份来自龙岩（连城 3 份、龙岩县 1 份），1 份来自三明（永安），龙岩位于福建西南部，北边与三明相邻，连城与永安相邻，分别位于龙岩北部和三明南部，14 份广西材料中 11 份来自桂林（灵川和灌阳各 3 份、永福和兴安各 2 份、荔浦 1 份），2 份来自柳州（融安），1 份来自来宾（象州），桂林与柳州相邻，位于柳州东边，柳州的融安与桂林的永福县相邻，柳州与桂林的材料聚在一起，与地理位置的分布是相一致的，象州属来宾，位于广西中部，与融安和桂林距离都较远，却与融安的材料先聚在一起，相似系数高达 0.913，融江和柳江流经融安、柳州和象州，这可能是融安材料与象州材料相似度高的原因。第三小类包括 8 份材料，其中 7 份来自广西、1 份来自辽宁（开原）。7 份广西材料中，2 份来自桂林（全州），2 份来自贺州（富川和昭平），1 份来自柳州（融安），1 份来自来宾（象州），1 份来自河池（南丹）。桂州与贺州相邻位于桂州东部，河池的南丹位于广西中西部地区，与本小类中其他材料地理位置相距较远。

第三类群包括 2 份材料，均来自广西，分别来自桂林的恭城和贺州的贺县，恭城县位于桂林东部与贺州市相邻。

第四类群包括 4 份材料，其中 3 份来自福建，1 份来自甘肃（合水），3 份福建材料中 2 份来自南平的崇安（今武夷山）、1 份来自南平的浦城。

第五类群仅包括 1 份材料，来自福建龙岩。

根据以上聚类分析，浦城县属于南平，位于福建最北部，与北方的核心种质（除辽宁 2 份外）均聚在一起，包括辽宁 1 份（盖县）、河北 2 份（分别来自承德和肃宁）、1 份山西材料（阳城）、1 份山东材料（利津）和 1 份甘肃材料（合水）。

根据以上结果分析发现，除第三类群的材料全是来自广西外，其他个类群中均以来自福建的材料为主，同时第三类群与其他类群间的相似程度不高。因此，认为福建可能是一个野生大豆的初生遗传多样性中心，而广西可能是一个再生遗传多样性中心。

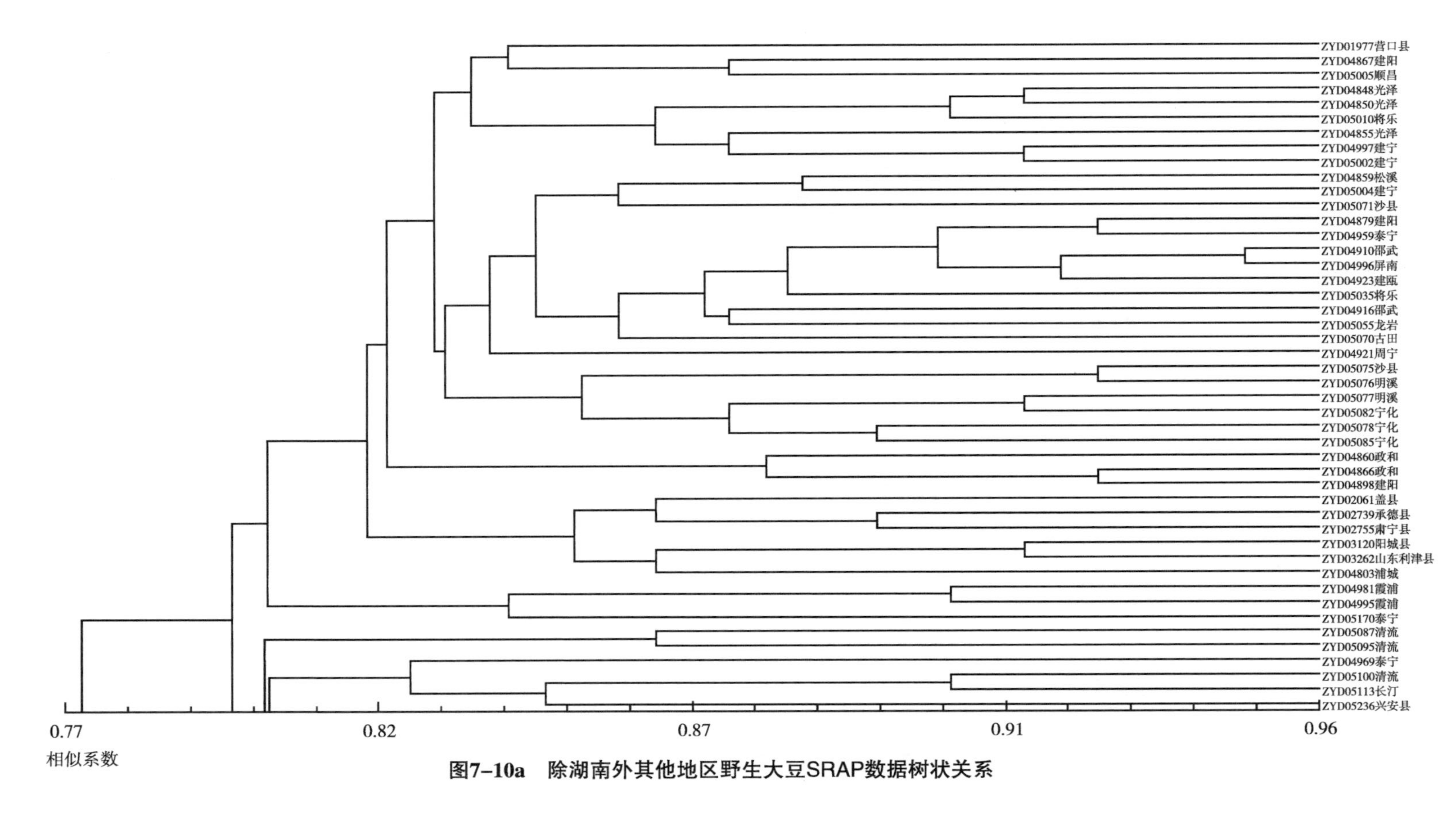

图7-10a　除湖南外其他地区野生大豆SRAP数据树状关系

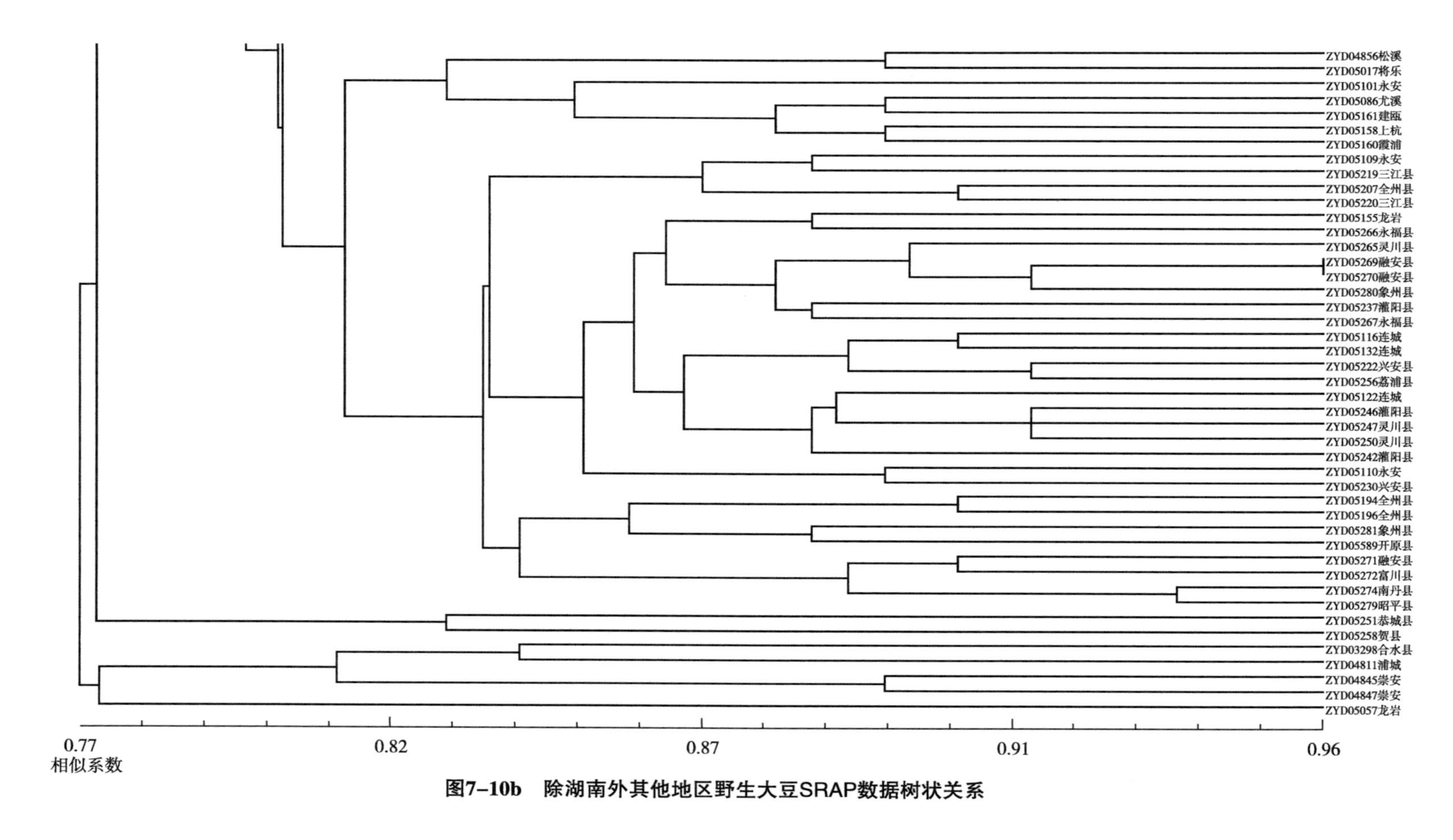

图7-10b　除湖南外其他地区野生大豆SRAP数据树状关系

三、3 个群体间遗传关系

（一）3 个群体间遗传距离和遗传一致性分析

通过计算不同群体之间的欧氏遗传距离和 Nei 氏遗传一致性（表 7-8），并进行 UPGMA 聚类分析（图 7-11、图 7-12），来研究三个群体之间的遗传关系。

基于 SRAP 标记的分析结果，两个野生大豆群体的遗传距离较近，为 2.598；栽培大豆与这两个野生大豆群体遗传距离分别为 3.656 和 3.591。栽培大豆与其他省份的野生大豆间的欧氏遗传距离为 3.591，比与湖南野生大豆欧氏遗传距离（3.656）小，但差异较小，这与 SSR 标记分析的群体间遗传距离结果是基本一致的。可能是由于在栽培大豆中除来自湖南的材料外还有来自其他省份的材料，而这些材料的生态类型也不相同，来自其他省份的材料主要是春大豆和秋大豆，而湖南的材料主要是夏大豆。基于 SRAP 标记对栽培大豆聚类，也是将春大豆和秋大豆与夏大豆聚为不同亚类。由于 SRAP 标记扩增的是基因的 ORF 区以及大豆对光周期比较敏感，可能某个标记扩增的位点与光周期有关，从而导致栽培大豆与其他省份的野生大豆的遗传距离较湖南的稍小。

通过对群体间遗传一致性（I）的分析，两个野生大豆群体间的遗传一致性最高（为 0.957），栽培大豆与野生大豆群体之间的遗传一致性较低（分别为 0.916 和 0.917），但栽培大豆与湖南野生大豆的遗传一致性比其他省份的低，这与群体间的遗传距离的结论类似，也可能是由类似的原因引起的。

表 7-8　基于 SRAP 数据不同群体间遗传关系

项目	栽培大豆	湖南野生大豆	其他地区野生大豆
栽培大豆	**	3.656	3.591
湖南野生大豆	0.916	**	2.598
其他地区野生大豆	0.917	0.957	**

注：* 对角线上为欧氏遗传距离，对角线下为遗传一致性。

（二）3 个群体间的聚类分析

对 112 份材料（同 SSR）进行 SRAP 聚类，根据聚类结果（图 7-13）进行分析，在相似系数为 0.64 处将材料分为两大类，第一大类由 22 份材料组成，全部为湖南夏大豆。

第二大类共包括 90 份材料，在相似系数为 0.672 处可分为两个亚类，第一亚类共包括 26 份材料，进一步细分为两个小类，第一小类由 16 份材料组成，均为来自湖南的夏大豆；第二小类由 10 份材料组成，其中 7 份为春大豆，3 份为秋大豆，春大豆包括黄豆（广东）、邵东白豆（湖南邵阳）、万县 8 号（重庆）、85-Y-2（湖南省作物研究所杂交育成）、绿蓝豆-5、绿蓝豆-10（贵州息烽）和白猫儿灰（贵州黔西），秋大豆包括乌壳黄（湖南衡南）、湘 328（湖南省作物研究所杂交育成）和衡南高脚黄（湖南衡南）。第二亚类共包括 64 份材料，在相似系数为 0. 72 处再细分为两小类，第一小类包括 36 份材料，均为来自湖南的野生大豆；第二小类包括 28 份材料，均为来自湖南以外其他地区的野生大豆组成。

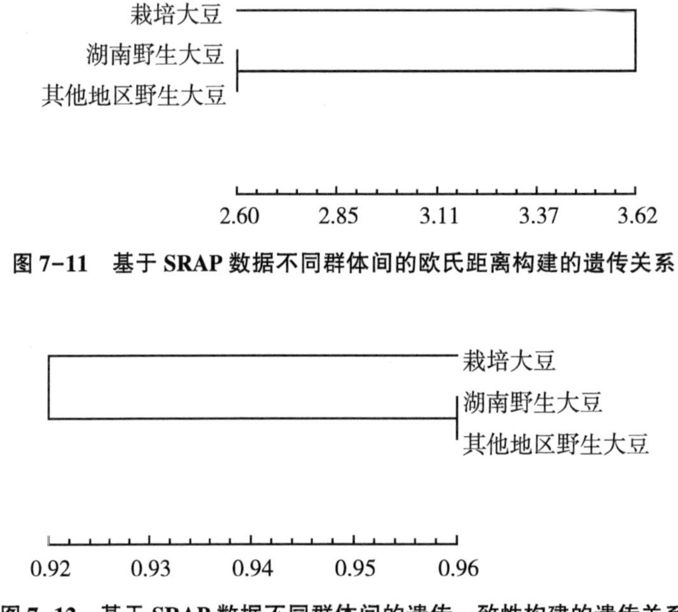

图 7-11　基于 SRAP 数据不同群体间的欧氏距离构建的遗传关系

图 7-12　基于 SRAP 数据不同群体间的遗传一致性构建的遗传关系

根据 SRAP 聚类结果，湖南野生大豆和其他地区野生大豆可以明显分开，并且在相似系数为 0. 72 处先聚为一类，再在相似系数为 0. 672 处与 26 份栽培大豆（16 份湖南夏大豆、7 份春大豆、3 份秋大豆）聚在一起，最后在相似系数为 0. 64 处与 22 份湖南夏大豆聚在一起。

第五节　三种标记相关性分析

一、3 个大豆群体 SSR、SRAP 标记相关性分析

为了研究 SSR 和 SRAP 两种聚类方法间的相关性，本研究利用 SSR 和 SRAP 标记分别计算 3 个群体内的遗传距离，并利用 Mantel 测验对其遗传距离矩阵进行相关性分析（表 7-9），结果表明两种标记在三个群体间平均相关系数为 0. 256，其中湖南野生大豆的相关系数最高，为 0. 368；其次为除湖南外的其他群体相关系数，为 0. 216；在栽培大豆间的相关系数最低，为 0. 184。可能是由于湖南野生大豆处于同样的生态类型下使其遗传分化较小，其他省份的野生大豆群体中的材料由于来自不同的生态区而存在较大的遗传分化，栽培大豆群体中不仅有不同生态型的材料，而且即使来自同一个生态类型的材料由于在驯化和人工选择过程中受到的选择压力不同从而表现出不同的表型特征。同时又由于这两种分子标记自身的特点，导致出现上述结果。

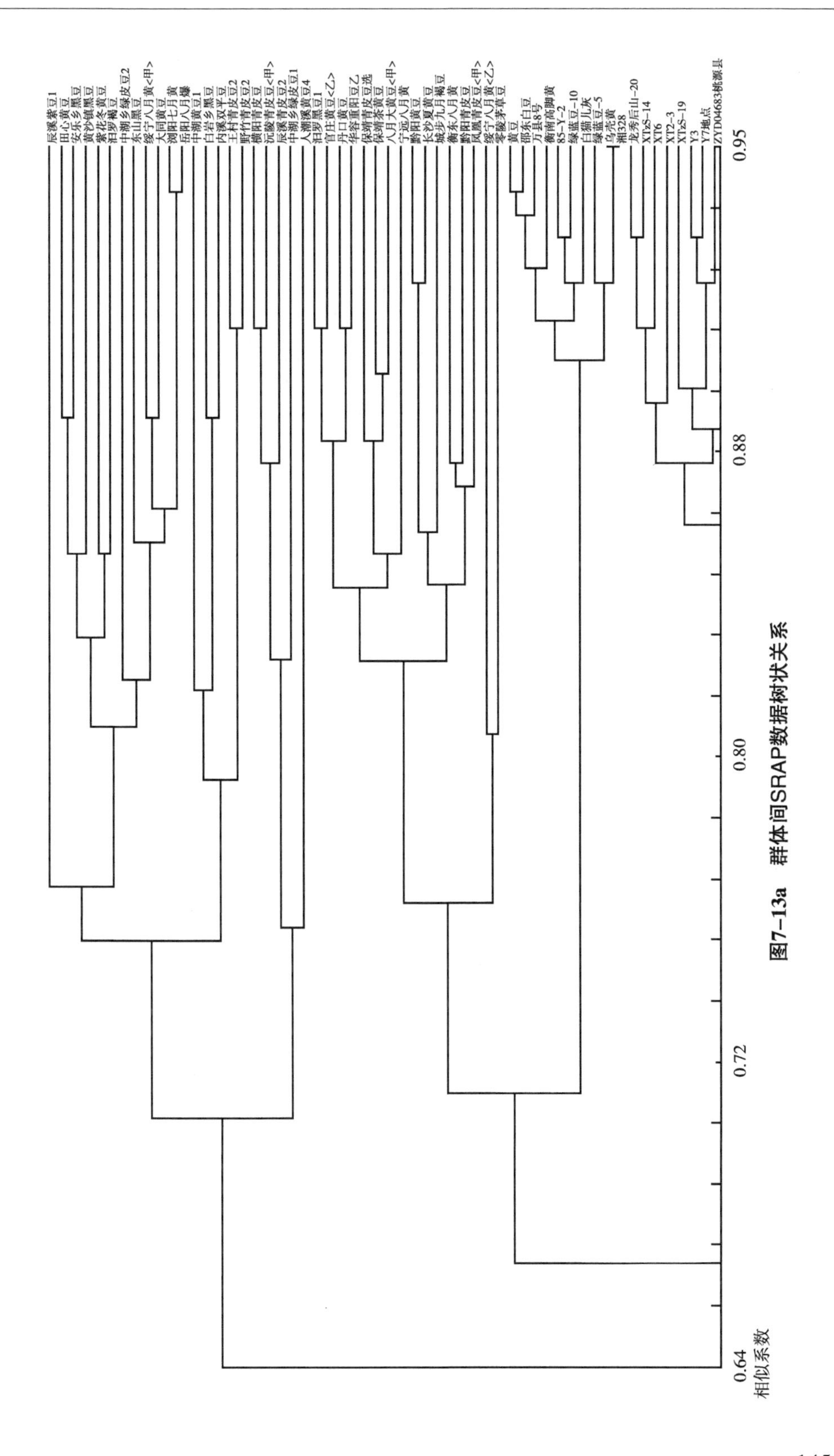

图7-13a　群体间SRAP数据树状关系

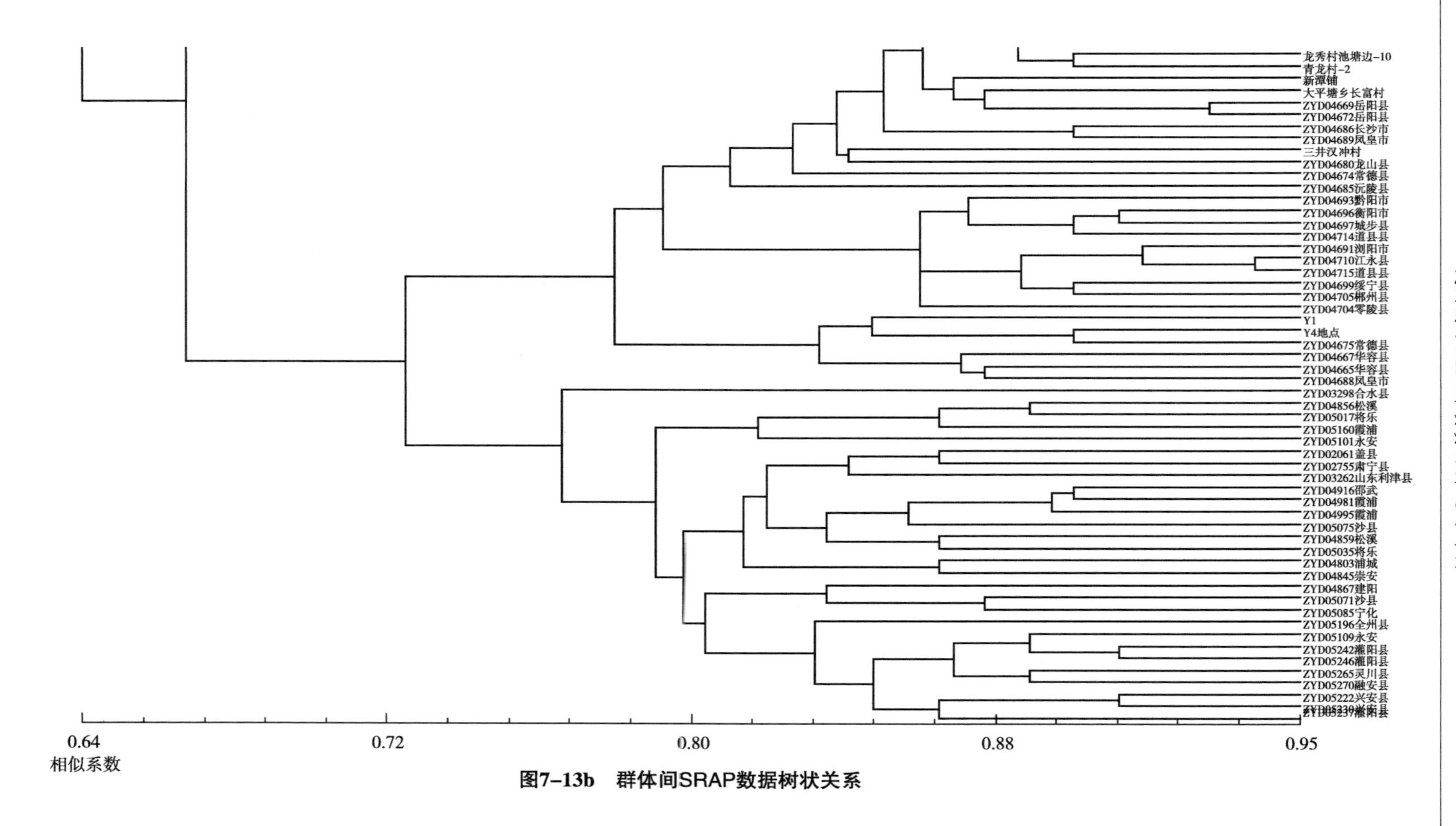

图7-13b 群体间SRAP数据树状关系

表 7-9 三个群体 SSR 与 SRAP 数据相关性分析

	栽培大豆	湖南野生大豆	除湖南外其他地区野生大豆	平均
相关系数	0.184	0.368	0.216	0.256

二、栽培大豆表型性状、SSR 与 SRAP 三种标记的相关性分析

为了研究不同聚类方法间的相关性，本研究利用了 33 个表型性状以及 SSR、SRAP 标记数据分别计算种质间的遗传距离，并利用 Mantel 测验对其遗传距离矩阵进行相关性分析，结果表明（表 7-10）基于表型性状分析遗传距离与基于 SSR、SRAP 标记分析的相关系数分别为 0.218 和 0.175，但没有达到显著水平。可见，利用表型性状与不同的分子标记研究种质的遗传多样性的结果尽管存在相关性，但并没有一致性。可能是由于表型数据受环境条件的影响较大，控制某一性状的相同的基因组合在不同的环境条件下可能会表现为不同的表型，同时，控制某一性状的不同的基因组合在不同的环境条件下可能表现出相同的表型。不同类型的分子标记由于其特点和功能不同，对基因组的反映也会不同。譬如在本研究 SSR 标记扩增的区域是简单重复序列，多半不具有功能，而 SRAP 标记扩增的是基因的 ORF 区，但在基因组中分布又各有特点，从而导致了其分析结果的不一致。

表 7-10 栽培大豆表型性状数据与 SSR、SRAP 数据相关性分析

分子标记	相关系数	
	SSR 标记	SRAP 标记
表型性状	0.218	0.175

第六节 小 结

基于 33 个表型性状对 208 份栽培大豆进行了遗传多样性分析，发现其 Simpson 指数和 Shannon 指数分别为 0.092~0.861 和 0.914~2.058，平均值分别为 0.616 和 1.291，并发现粗蛋白含量和粗脂肪含量的遗传多样性指数较高，表明这两个性状的遗传多样性程度较高。基于表型性状的聚类结果，在相似系数为 0.79 处将这些材料划分为 4 个类群，在这四大类群中均包括来自湖南西部地区（湘西、怀化等）材料，且该地区收集到的大豆材料较多，表型较丰富，因此推测该地区是湖南栽培大豆的遗传多样性中心。尽管在这些材料中包括春大豆、夏大豆以及秋大豆，但聚类结果并没有将这些材料按生态类型单独聚为一个亚类，因此认为基于表型性状的聚类并不能反映出生态类型的不同。

利用 SSR 标记对包括野生大豆和栽培大豆的 416 份种质资源进行了遗传多样性分析，在所统计的 42 个标记中，共检测到 446 个等位变异，每个位点的平均变异为 10.62

个，其中以除湖南外的华南部分地区的野生大豆群体（群体Ⅰ）的等位变异数最多(9.74个)，栽培大豆（群体Ⅲ）最低（6.76个）；并在3个群体中共检测到稀有带型45个，以群体Ⅰ中最多（29个），群体Ⅲ最少（10个）；聚类分析发现，材料的遗传多样性与地理起源并不存在严格的一致性。在对野生大豆材料聚类中发现几乎每个类群中均含有来自福建的材料，因此认为福建是野生大豆的一个初生遗传多样性中心；对3个群体间的遗传分化分析发现，3个群体间在42个位点上的Shannon-weaver多样性指数的遗传分化系数为0.009~0.345，平均为0.115，即11.5%遗传变异存在于群体之间，变异幅度较大。遗传多样性指数分析发现，416份种质的Simpson指数和Shannon-weaver指数分别为0~0.914和0~2.633，在三个群体中以除湖南外华南部分地区野生大豆（群体Ⅰ）的多样性指数为最高，分别为0.818和1.94；其次为湖南野生大豆（群体Ⅱ)，分别为0.771和1.761；栽培大豆（群体Ⅲ）的多样性指数最低，分别为0.634和1.34。聚类分析发现，在野生大豆中遗传距离与地理起源在类群间基本表现一致性，但在栽培大豆中遗传距离与地理起源在类群间表现不一致性，类群内表现一致性，并反映出生态类型的变化。

利用SRAP标记对3个群体进行了遗传多样性分析，发现Shannon-weaver遗传多样性指数分别为0.034~1.784，总体平均值为1.128。其中以栽培大豆（群体Ⅲ）的多样性指数最高，为0.963，其次为除湖南外华南部分地区野生大豆（群体Ⅰ)，为0.757；湖南野生大豆（群体Ⅱ）的多样性指数最低，为0.687。对3个群体的聚类分析发现，在栽培大豆中（群体Ⅲ)，聚类结果反映出遗传多样性与生态类型的一致性，即将春大豆和秋大豆各自单独聚为类群。福建野生大豆表现出较高的遗传多样性，认为福建是野生大豆的初生遗传多样性中心，同时由于将部分栽培大豆（包括春大豆和秋大豆）与福建的野生大豆聚在一起，因此，推测福建可能是栽培大豆的起源中心。

本研究利用了3种方法对栽培大豆进行了遗传多样性分析，利用Mantel测验对3种分析结果进行了相关性分析，发现基于表型性状分析遗传距离与基于SSR、SRAP标记分析的相关系数分别为0.218和0.175，但没有达到显著水平。利用Mantel测验分析SSR和SRAP标记在三个群体内的相关性进行了分析，发现两种标记在3个群体间平均相关系数为0.256，其中湖南野生大豆的相关系数最高，为0.368；其次为除湖南外的华南部分地区群体相关系数，为0.216；栽培大豆的相关系数最低，为0.184。所产生的3种聚类结果的相关性不高，3种方法在遗传多样性分析方面即相互独立又互为补充，每种方法都有特定的意义。因此，在进行遗传多样性分析时，应根据不同的目的将多种方法结合应用，从而达到全面、客观地评价种质资源，也为育种提供有价值的种质资源。

参考文献

常汝镇，1989. 中国大豆遗传资源的分析研究I. 不同栽培区大豆遗传资源的生育期[J]. 作物品种资源，28（2)：4-6.

常汝镇，1990. 中国大豆遗传资源的分析研究 III. 大豆生育习性和结荚习性分布点

[J]. 作物品种资源，32（2）：1-2.
常汝镇，1990. 中国大豆遗传资源的分析研究 IV. 不同地区大豆遗传资源的若干植株性状 [J]. 作物品种资源，34（2）：10-11.
陈宏伟，朱珍珍，李莉，等，2019. 鲜食大豆种质资源农艺性状遗传多样性分析 [J]. 南方农业，13（29）：177-182.
崔艳华，邱丽娟，常汝镇，等，2004. 黄淮夏大豆遗传多样性分析 [J]. 中国农业科学，37（1）：15- 22.
董英山，吕景良，江相智，1998. 中国栽培大豆遗传多样性中心探讨 [J]. 作物杂志（1）：3-5.
盖钧镒，许东河，高忠，等，2000. 中国栽培大豆与野生大豆不同生态型群体间遗传演化关系研究 [J]. 作物学报，26（5）：513-520.
惠东威，庄炳昌，陈受宜，1996. RAPD 重建的大豆属植物的亲缘关系 [J]. 遗传学报，23（6）：460-468.
惠东威，庄炳昌，顾京，1994. 利用 RAPD 对大豆属植物系统学研究的初报 [J]. 科学通报，39（2）：175-178.
金尚昆，朱玉萍，缪依琳，等，2018. 黄淮海地区新育成大豆品系 SSR 标记多样性分析 [J]. 大豆科学，37（2）：173-178.
李建东，景小原，燕雪飞，2015. 黄淮野生大豆表型性状多样性研究 [J]. 大豆科学，34（5）：741-751.
李为民，王宇超，黎斌，等，2015. 陕西省野生大豆种质资源的 SSR 遗传多样性研究 [J]. 中国农学通报，31（24）：99-105.
林春雨，梁晓宇，赵慧艳，等，2019. 黑龙江省主栽大豆品种遗传多样性和群体结构分析 [J]. 科学杂志（2）：78-83.
孙蕾，赵洪锟，赵芙，等，2015. 东北野生大豆遗传多样性分析 [J]. 大豆科学，34（3）：355-360.
滕康开，郭呈宇，张吉顺，等，2018. 江淮地区夏大豆新品系 SSR 和 PAV 分子标记多样性分析 [J]. 分子植物育种，16（15）：4 971-4 981.
王金陵，1981. 大豆的生态性状与品种资源问题 [J]. 中国油料（1）：10-15.
谢华，关荣霞，常汝镇，等，2005. 利用 SSR 标记揭示我国夏大豆（*Glycine max*（L.）Merr）种质遗传多样性 [J]. 科学通报，50（5）：434-442.
许东河，高忠，盖钧镒，等，1999. 中国野生大豆与栽培大豆等位酶 RFLP 和 RAPD 标记的遗传多样性与演化趋势分析 [J]. 中国农业科学，32（6）：16-22.
张海平，吴书峰，陈妍，等，2018. 山西省野生大豆资源遗传多样性分析 [J]. 大豆科学，37（1）：58-66.
张振宇，韩旭东，郭泰，等，2015. 东北特用豆地方品种资源调查 [J]. 中国种业（5）：77-78.
赵艳杰，冯艳芳，黄思思，等，2019. 182 份东北地区受保护大豆品种 DNA 指纹库的构建及分析 [J]. 中国种业（11）：43-47.

周新安，彭玉华，王国勋，等，1998. 中国栽培大豆遗传多样性和起源中心初探［J］. 中国农业科学，31（3）1：3-5.

庄炳昌，1994. 中国不同纬度不同进化类型大豆的 RAPD 分析［J］. 科学通报，39（23）：2 178-2 180.

CUI ZHANGLIN，CARTER THOMAS E，BURTONB JOSEPH W，et al.，2001. Phenotypic diversity of modern Chinese and North American soybean cultivars［J］. Crop Science，41（6）：1 954-1 967.

HYTEN DAVID L，SONG QIJIAN，ZHU YOULIN，et al.，2006. Impacts of genetic bottlenecks on soybean genome diversity［J］. Proceedings of the national academy of sciences of the United States of America，103（45）：16 666-16 671.

PERRY M C，MCLNTOSH M S，STONER A K，1991. Geographical paterns of variation in the USDA Soybean Germplasm Collection：I. M orphologicalT raits［J］. Crop Science，31：1 350-1 353.

UDE GEORGE N，KENWORTHY WILLIAM J，COSTA JOSE M，et al.，2003. Genetic diversity of soybean cultivars from China，Japan，North America，and North American ancestral lines determined by Amplified Fragment Length Polymorphism［J］. Crop Science，43（5）：1 858-1 867.

第八章　湖南新田野生大豆遗传多样性分析

第一节　引　言

野生大豆是栽培大豆的祖先，在向栽培大豆进化过程中丢失了部分基因，这使野生大豆的遗传多样性在向栽培大豆进化过程中有所降低（赵洪锟等，2001；Chen and Nelson，2004；Seitova et al.，2004），所以野生大豆中可能有更多的可供大豆育种利用的基因（李福山等，1986；林红，1997；来永才等，2004；史宏，刘学义，2003；孙永吉等，1991；来永才等，2005；陆静梅等，1998）。

1979 年始，国家组织相关人员对全国野生大豆进行了考察，在全国 821 个县（市）搜集野生大豆6 000多份，对这些野生大豆的形态和农艺性状进行了鉴定，并已编目入种质保存库（Lu，2004）。农业部从 2001 年开始建立野生大豆原位保护区，至今已建成 35 个原位保护区。伴随现代工业和城镇建设的快速发展，野生大豆资源受到了很大的破坏，致使分布面积逐渐减小，因此有必要加大对野生大豆原生种质保存的力度。

我国是世界上野生大豆分布最多的国家，除青海、新疆及海南外，其他省（区）均有分布，北起黑龙江塔河的依西肯 53°N，南至广西的象州 24°N 和广东的英德 24°10′N，东起黑龙江的抚远 134°20′E，西至西藏自治区（以下简称西藏）察隅的上察隅区 97°E（全国野生大豆考查组，1983）。地处北纬 25°的南岭是我国重要的自然地理分界线，南岭的南北坡降水和温度差异明显。湖南新田位于南岭北缘，该地区野生大豆分布广泛、类型丰富，对该地区野生大豆的保护显得尤为重要。

遗传多样性是生物多样性的重要组成部分，研究生物遗传多样性可以了解种群的适应性、物种起源、基因资源分布等，从而为保护重要的遗传资源提供依据。研究遗传多样性的方法有多种，主要包括形态学方法、细胞学方法、生理和生化研究方法和基于 DNA 水平的分子标记方法。分子标记方法是利用分子标记，依据不同的检测手段（主要包括 RFLP、RAPD、AFLP、SSR、STS、SRAP 等）来检测遗传多样性。SSR 标记因具有数量丰富、覆盖整个基因组、揭示的多态性高、遵守孟德尔方遗传规律、共显性等优点而被广泛应用。

本研究采用 SSR 标记对分布在湖南新田大冠岭周围野生大豆自然居群遗传多样性、空间结构进行分析，以揭示该地区野生大豆居群间关系及其演变关系，旨在为中国南方野生大豆资源的有效利用和资源保护提供理论指导。

第二节 41 个 SSR 位点多样性分析

检测结果显示，41 个位点共检测到 398 个等位变异，等位变异数目为 3~18 个，平均值为 9.7 条带，Satt497 等位变异最少，Sat_177 等位变异最多。大于等于 10 条的有 20 个位点，小于 10 的有 21 个位点。有效等位变异（*Ne*）为 1.1~10.4，平均为 4.8。位点的 Shannon 指数（*I*）为 0.22~2.51，平均值为 1.71；*He* 为 0.09~0.90，平均值为 0.75（表 8-1）。

表 8-1 41 个位点在新田 16 个野生大豆居群中的主要遗传多样性参数

位点	等位变异数（*Ne*）	有效等位变异数（*Ne*）	Shannon 指数（*I*）	实测杂合度（*Ho*）	期望杂合度（*He*）
Sat_135	5	2.815	1.208	0.000	0.645
Satt045	10	4.635	1.786	0.004	0.784
Satt269	4	2.101	0.806	0.039	0.524
Satt570	11	5.381	1.879	0.004	0.814
Satt394	9	3.294	1.522	0.004	0.696
Satt192	7	4.114	1.498	0.009	0.757
Satt239	8	2.693	1.336	0.000	0.629
Satt349	8	4.316	1.661	0.000	0.768
Satt150	10	4.232	1.748	0.004	0.764
Satt249	6	3.263	1.403	0.021	0.694
Satt497	3	1.100	0.223	0.000	0.091
Satt538	14	7.547	2.242	0.000	0.868
Satt152	8	3.328	1.513	0.004	0.700
Satt073	4	3.042	1.164	0.004	0.671
Satt461	7	3.506	1.488	0.000	0.715
Sat_085	14	5.450	2.031	0.004	0.817
Satt277	9	1.829	1.010	0.000	0.453
Satt241	9	4.682	1.737	0.004	0.786
Sat_272	10	5.710	1.937	0.000	0.825
Sat_177	18	3.824	1.868	0.000	0.738
Satt129	14	7.092	2.151	0.004	0.859
Satt382	9	3.013	1.552	0.004	0.668

（续表）

位点	等位变异数（*Ne*）	有效等位变异数（*Ne*）	Shannon 指数（*I*）	实测杂合度（*Ho*）	期望杂合度（*He*）
Satt279	10	2.817	1.488	0.004	0.645
Satt556	9	4.910	1.752	0.009	0.796
Sat_099	9	4.495	1.778	0.009	0.778
Satt301	11	4.736	1.785	0.004	0.789
Satt339	10	4.908	1.854	0.004	0.796
Satt596	9	5.126	1.824	0.000	0.805
Satt173	18	9.885	2.512	0.009	0.899
Satt281	15	7.705	2.242	0.004	0.870
Satt236	11	7.795	2.181	0.000	0.872
Satt197	11	5.921	1.974	0.009	0.831
Sct_186	5	4.447	1.539	0.000	0.775
Satt558	7	4.668	1.645	0.000	0.786
Sat_112	16	6.204	2.123	0.000	0.839
Sct_189	12	5.756	1.938	0.000	0.826
Satt539	14	7.035	2.212	0.004	0.858
Satt308	10	5.176	1.912	0.004	0.807
Satt341	12	10.426	2.416	0.000	0.904
Satt203	7	6.088	1.877	0.000	0.836
Satt656	5	2.607	1.150	0.000	0.616
Mean	9.70	4.80	1.70	0.00	0.74

第三节　大冠岭附近野生大豆居群遗传多样性分析

41 对引物在总群体中都表现为多态性，居群平均位点多态性百分率为 72.52%（表 8-2）。多态位点百分率大于 90%的居群有 7 个，分别是 KLD、LX、LXHS、SY、SZ、SZLB、XXL，其中 XXL 最高，多态位点百分数为 100%。新田 16 个野生大豆居群杂合度（*He*）为 0~0.60。结果表明，新田大冠岭附近野生大豆居群 XXL、SZ、SZLB 的遗传多样性高，而远离大冠岭的几个居群 XTP、SXD、MJ、CH、XT1、XT6 的遗传多样性低，由此可见，大冠岭是新田野生大豆的一个多样性中心（表 8-2）。

表 8-2　新田 16 个野生大豆居群遗传多样性参数

居群	多态位点百分数（%）	等位基因数（*Na*）	有效等位基因数（*Ne*）	Shannon 指数（*I*）	实测杂合度（*Ho*）	期望杂合度（*He*）
CH	19.51	1.220	1.183	0.133	0.049	0.091
GK	87.80	2.390	2.161	0.752	0.000	0.474
KLD	90.24	4.000	2.604	0.991	0.000	0.511
LX	90.24	2.659	1.608	0.578	0.004	0.321
LXHS	90.24	2.561	2.148	0.764	0.020	0.460
MJ	21.95	1.244	1.170	0.139	0.000	0.093
QL	65.85	2.171	1.797	0.529	0.000	0.324
SWW	85.37	2.390	1.941	0.676	0.011	0.417
SXD	24.39	1.268	1.202	0.157	0.000	0.105
SY	97.56	3.268	2.130	0.887	0.003	0.493
SZ	95.12	4.683	2.639	1.026	0.002	0.539
SZLB	97.56	3.561	2.587	0.994	0.002	0.554
XT1	0.00	1.000	1.000	0.000	0.000	0.000
XT6	4.55	1.045	1.045	0.032	0.045	0.023
XTP	43.90	1.463	1.393	0.292	0.000	0.203
XXL	100.00	5.122	3.148	1.217	0.008	0.603
Mean	72.52	2.675	1.975	0.651	0.007	0.373

注：CH：长富，GK：观口，KLD：快乐洞；LX：龙秀，LXHS：龙秀后山，MJ：茂家，QL：青龙，SWW：石屋湾，SXD：三下洞，SY：社沅，SZ：桑子，SZLB：桑于路边，XT1：新田 1km，XT6：新田 6km，XTP：新潭铺，XXL：向西岭。

第四节　大冠岭附近野生大豆群体的遗传分化及各居群间的基因流

群体的分子方差（AMOVA）显示，群体 58%的变异存在于居群间，42%的遗传变异存在于居群内，这表明新田野生大豆居群的遗传多样性有 58%来自居群之间，有 42%来自居群内，野生大豆居群间存在着遗传分化。

不同居群间的基因流大小存在差别，为 0.063~1.975。基因流大于 1 的成对居群有 12 对，小于 0.1 的有 11 对。居群和其他大部分居群间的基因流均较大，大部分（10 对）属于最大 30 对成对基因流中，XT1 和其他居群的基因流均较小，大部分（11 对）属于最小 30 对成对基因流中，这说明和 XXL 大部分居群间的基因交流频繁，XT1 处和其他大部居群的基因交流较少（表 8-3）。

表 8-3　新田 16 个居群中最大 30 对和最小 30 对成对基因流和分化系数

居群 1	居群 2	分化系数（*Fst*）	基因流（*Nm*）	居群 1	居群 2	分化系数（*Fst*）	基因流（*Nm*）
CH	XT1	0. 838	0. 048	GK	SWW	0. 271	0. 672
MJ	XT1	0. 837	0. 049	SWW	SZ	0. 270	0. 675
MJ	SXD	0. 799	0. 063	XTP	XXL	0. 266	0. 691
XT1	XT6	0. 797	0. 064	SWW	SY	0. 264	0. 699
CH	MJ	0. 787	0. 068	LXHS	QL	0. 261	0. 709
CH	XT6	0. 783	0. 069	KLD	LXHS	0. 260	0. 712
MJ	XT6	0. 784	0. 069	KLD	SY	0. 237	0. 807
SXD	XT1	0. 774	0. 073	LX	XXL	0. 230	0. 836
CH	SXD	0. 772	0. 074	SY	SZ	0. 228	0. 845
SXD	XT6	0. 767	0. 076	GK	KLD	0. 227	0. 850
XT1	XTP	0. 725	0. 095	LXHS	SWW	0. 227	0. 851
CH	XTP	0. 713	0. 101	QL	XXL	0. 224	0. 865
MJ	XTP	0. 693	0. 111	GK	SY	0. 223	0. 873
SXD	XTP	0. 655	0. 132	GK	LXHS	0. 220	0. 886
QL	XT1	0. 648	0. 136	LXHS	SZ	0. 213	0. 921
XT6	XTP	0. 642	0. 139	SWW	SZLB	0. 212	0. 927
LX	XT1	0. 621	0. 153	KLD	SZ	0. 209	0. 945
MJ	QL	0. 600	0. 167	GK	SZ	0. 202	0. 985
LX	XT6	0. 577	0. 183	SY	SZLB	0. 198	1. 015
SWW	XT1	0. 570	0. 189	LXHS	SZLB	0. 196	1. 026
QL	XT6	0. 555	0. 201	KLD	SZLB	0. 194	1. 041
CH	QL	0. 541	0. 212	GK	SZLB	0. 192	1. 054
CH	LX	0. 526	0. 225	KLD	XXL	0. 181	1. 131
LX	MJ	0. 525	0. 226	SWW	XXL	0. 178	1. 152
LXHS	XT1	0. 521	0. 230	SY	XXL	0. 162	1. 295
GK	XT1	0. 507	0. 243	LXHS	XXL	0. 150	1. 414
LX	SXD	0. 507	0. 243	GK	XXL	0. 148	1. 439
CH	SWW	0. 504	0. 246	SZLB	XXL	0. 126	1. 740
CH	LXHS	0. 500	0. 250	SZ	XXL	0. 120	1. 840
MJ	SWW	0. 498	0. 252	SZ	SZLB	0. 112	1. 975

注：表左侧为最小 30 对成对基因流和分化系数，右侧为最大 30 对成对基因流和分化系数。

第五节　大冠岭附近野生大豆居群遗传距离和聚类分析

依据 Nei 氏遗传距离，采用 UPGMA 方法对 16 个居群进行聚类分析。遗传距离为 1. 53 处可把 16 个居群分为了两大类，居群为一类，其他居群为一类，遗传距离约为

1.0 处可分成七类：①MJ；②XT6；③XTP；④SXD；⑤GK、SZ、SZLB、XXL、KLD、SY、LXHS、QL、SWW；⑥CH；⑦XT1（图 8-1）。将野生大豆的分布图与聚类结果结合不难发现，野生大豆的遗传结构与地理分布有一定的相关性，大冠岭野生大豆居群在遗传距离约 1.0 处聚为了一类，而远离大冠岭野生大豆居群被聚为不同的类。

遗传距离结果显示，XT1 和其他各居群的遗传距离均较远，SXD 和 MJ 间的遗传距离最大，为 1.951，SZ 和 SZLB 间的遗传距离最小，为 0.342，各居群的平均遗传距离为 1.052（表 8-4）。大冠岭地区野生大豆居群之间遗传距离相对较小，而远离大冠岭地区野生大豆居群间遗传距离相对较大，说明随着野生大豆居群与大冠岭地理距离的增加，居群间遗传距离有增大的趋势。

XT1 居群与其他野生大豆居群的遗传距离较远，表明 XT1 是一个较特殊的居群，需要做深入研究。

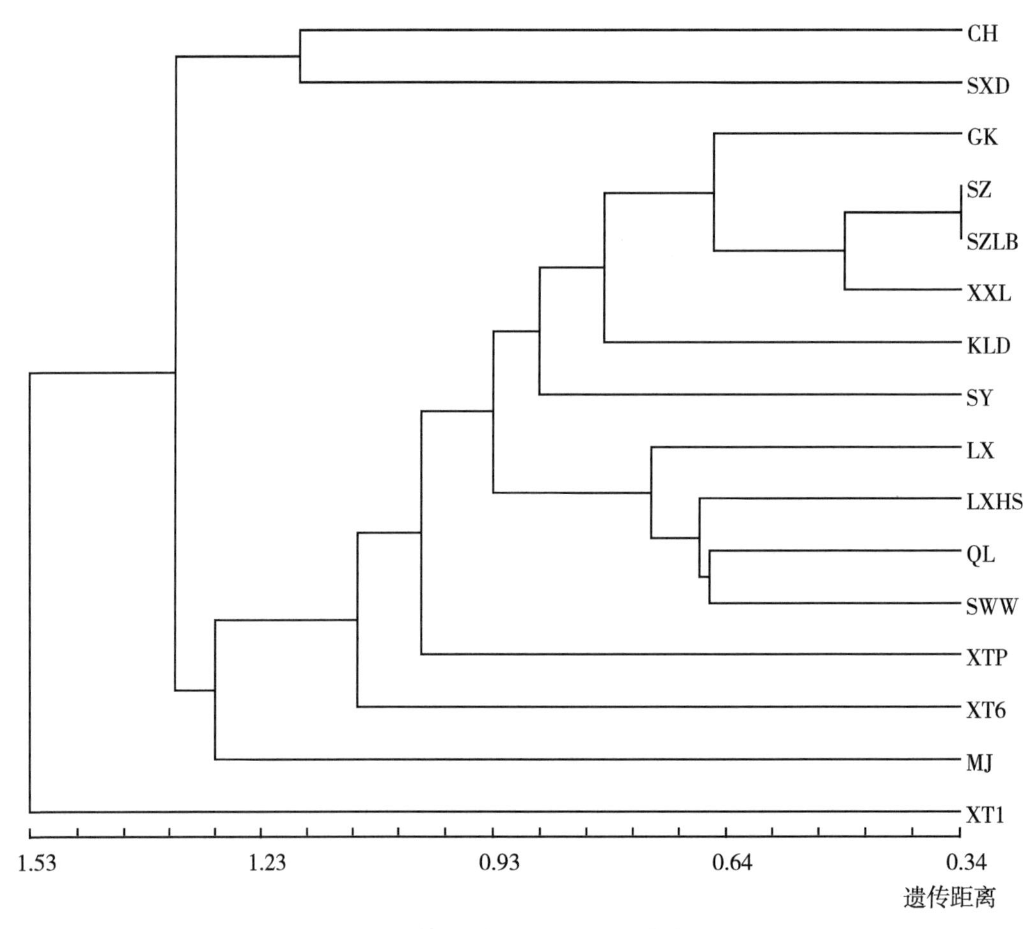

图 8-1　新田 16 个野生大豆居群聚类结果

表 8-4　新田 16 个野生大豆居间群遗传一致度及遗传距离

	CH	GK	KLD	LX	LXHS	MJ	QL	SWW	SXD	SY	SZ	SZLB	XT1	XT6	XTP	XXL
CH	***	0. 27	0. 18	0. 303	0. 231	0. 28	0. 341	0. 29	0. 307	0. 262	0. 255	0. 294	0. 161	0. 213	0. 182	0. 276
GK	1. 308	***	0. 422	0. 388	0. 49	0. 266	0. 408	0. 403	0. 273	0. 443	0. 486	0. 502	0. 231	0. 317	0. 343	0. 576
KLD	1. 714	0. 864	***	0. 288	0. 339	0. 283	0. 387	0. 337	0. 304	0. 359	0. 461	0. 483	0. 271	0. 249	0. 249	0. 445
LX	1. 195	0. 946	1. 245	***	0. 466	0. 292	0. 506	0. 47	0. 337	0. 36	0. 259	0. 338	0. 161	0. 22	0. 337	0. 457
LXHS	1. 464	0. 713	1. 08	0. 764	***	0. 292	0. 507	0. 514	0. 306	0. 305	0. 472	0. 492	0. 217	0. 366	0. 382	0. 579
MJ	1. 274	1. 324	1. 262	1. 232	1. 232	***	0. 28	0. 291	0. 142	0. 289	0. 263	0. 299	0. 144	0. 191	0. 247	0. 341
QL	1. 077	0. 896	0. 95	0. 682	0. 678	1. 273	***	0. 517	0. 434	0. 363	0. 305	0. 396	0. 174	0. 313	0. 338	0. 509
SWW	1. 239	0. 909	1. 088	0. 756	0. 666	1. 233	0. 659	***	0. 315	0. 38	0. 361	0. 484	0. 179	0. 318	0. 429	0. 539
SXD	1. 18	1. 3	1. 192	1. 088	1. 184	1. 951	0. 834	1. 154	***	0. 249	0. 227	0. 3	0. 263	0. 147	0. 259	0. 331
SY	1. 34	0. 815	1. 024	1. 023	1. 188	1. 243	1. 013	0. 966	1. 391	***	0. 364	0. 434	0. 285	0. 367	0. 391	0. 497
SZ	1. 368	0. 721	0. 774	1. 352	0. 751	1. 337	1. 188	1. 018	1. 483	1. 009	***	0. 71	0. 253	0. 416	0. 308	0. 634
SZLB	1. 225	0. 69	0. 729	1. 085	0. 71	1. 207	0. 927	0. 726	1. 206	0. 835	0. 342	***	0. 257	0. 415	0. 387	0. 594
XT1	1. 826	1. 464	1. 307	1. 825	1. 528	1. 935	1. 751	1. 722	1. 337	1. 256	1. 375	1. 36	***	0. 283	0. 192	0. 274
XT6	1. 547	1. 149	1. 391	1. 515	1. 005	1. 656	1. 162	1. 146	1. 915	1. 003	0. 878	0. 88	1. 261	***	0. 306	0. 425
XTP	1. 703	1. 07	1. 389	1. 089	0. 963	1. 4	1. 083	0. 846	1. 352	0. 938	1. 178	0. 949	1. 652	1. 183	***	0. 48
XXL	1. 289	0. 552	0. 81	0. 784	0. 546	1. 076	0. 675	0. 619	1. 104	0. 7	0. 456	0. 521	1. 295	0. 855	0. 735	***

注：*** 上方为遗传一致度，*** 下方为遗传距离。

第六节　居群遗传距离和地理距离相关分析

遗传距离矩阵和地理距离矩阵的 Mental 检验显示，两者之间决定系数为 0.295（$P<0.01$），说明遗传距离和地理距离存在一定的相关性（图 8-2）。

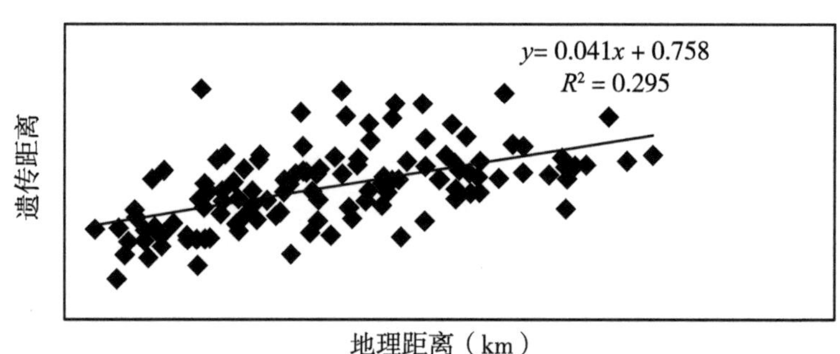

图 8-2　新田 16 个野生大豆居群地理距离和遗传距离关系

第七节　空间自相关分析

湖南新田野生大豆群体的空间自相关分析显示，随着地理距离的增加，遗传距离和地理距离的相关性呈下降趋势，在置信区间 95%情况下，与横坐标的截距为 1 400m 以内 *r* 为正值，在 1 700m 以外 *r* 为负值。说明在 1 400m 以内，野生大豆的遗传距离和地理距离正相关，即地理距离越近，遗传距离也越近。而在 1 700m 以外，遗传距离和地理距离没有相关性，*r* 为负值表示遗传距离与地理距离不相关（图 8-3）。

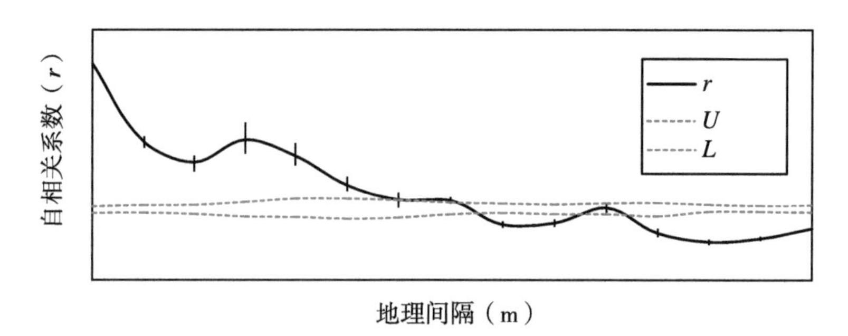

图 8-3　基于 41 对引物的野生大豆的空间自相关分析结果

（横坐标的距离间隔为 200m，实线表示不同距离段内的相关系数，虚线表示 95%置信区间的上限和下限；*U* 表示上限，*L* 表示下限，*r* 为相关系数）

第八节　海拔和居群遗传多样性的关系

新田县野生大豆各采样点海拔差异较大，分析海拔高度与遗传多样性之间的关系发现，随着海拔的升高，居群的等位变异数、期望杂合度和 Shannon 指数有逐渐升高的趋势，野生大豆居群 XT1 海拔最低（218m），具有最低的遗传多样性，等位变异数、Shannon 指数和期望杂合分别为 1、0、0，XXL 野生大豆居群海拔最高（628m），等位变异数、Shannon 指数和期望杂合度达到最大值，分别为 5.12、1.22 和 0.55（表 8-5）。这可能是因为海拔高，野生大豆居群受破坏少，所以遗传多样性较丰富。XXL 野生大豆遗传多样性最丰富，这个地区可能是新田县野生大豆的一个多样性中心。推测以前 XXL 地区野生大豆分布非常丰富，遗传多样性也非常高，此地海拔最高，种子容易在重力的作用下由高处向低处传播，所以 XXL 周围均有野生大豆分布，XXL 和其他野生大豆居群均有较大的基因流，而远离大冠岭居群间地势较为缓和，居群间基因交流受到限制，所以远离大冠岭野生大豆居群间基因流较小。

表 8-5　16 个野生大豆居群遗传多样性参数与海拔的关系

居群	海拔（m）	等位变异数（*Na*）	Shannon 指数（*I*）	期望杂合度（*He*）
XT1	218	1.000	0.000	0.000
XT6	224	1.045	0.032	0.023
CH	193	1.220	0.133	0.091
MJ	224	1.244	0.139	0.093
SXD	220	1.268	0.157	0.105
XTP	283	1.463	0.292	0.203
LX	352	2.659	0.578	0.321
QL	343	2.171	0.529	0.324
SWW	345	2.390	0.676	0.417
LXHS	406	2.561	0.764	0.460
GK	361	2.390	0.752	0.474
SY	399	3.268	0.887	0.493
KLD	332	4.000	0.991	0.511
SZ	532	4.683	1.026	0.539
SZLB	541	3.561	0.994	0.554
XXL	628	5.122	1.217	0.603

参考文献

来永才，林红，方万程，等，2005. 黑龙江野生大豆优异资源筛选、评价及利用的研究［J］. 中国农学通报（21）：379-382.

来永才，林红，方万程，等，2004. 野生大豆资源在大豆种质拓宽领域中的应用

［J］. 沈阳农业大学学报，35（3）：184-188.
林红，1997. 黑龙江省野生大豆优异资源鉴定与筛选［J］. 中国种业（2）：42-43.
李福山，常汝镇，舒世珍，等，1986. 栽培、野生、半野生大豆蛋白质含量及氨基酸组成的初步分析［J］. 大豆科学（5）：65-72.
陆静梅，刘友良，胡波，等，1998. 中国野生大豆盐腺的发现［J］. 科学通报，43（19）：2 074- 2 078.
全国野生大豆考查组，1983. 中国野生大豆资源考查报告［J］. 中国农业科学（6）：69-75.
史宏，刘学义，2003. 野生大豆抗旱性鉴定及研究［J］. 大豆科学，22（4）：264-268.
孙永吉，刘玉芝，胡吉成，等，1991. 野生大豆抗花叶病毒病研究［J］. 大豆科学，10（3）：212-216.
赵洪锟，王玉民，李启云，等，2001. 中国不同纬度野生大豆和栽培大豆 SSR 分析［J］. 大豆科学，20（3）：172-176.
Chen Y W, Nelson R L, 2004. Genetic variation and relationships among cultivated, wild, and semiwild soybean［J］. Crop Science, 44: 316-325.
Lu B R, 2004. Conserving biodiversity of soybean gene pool in the biotechnology era［J］. Plant Species Biology, 19（2）：115-125.
Seitova A M, Ignatov A N, Suprunova T P, et al., 2004. Genetic variation of wild soybean *Clycine soja* Sieb. et Zucc［J］. in the Far East Region of the Russian Federation. Russian Journal of Genetics, 40（2）：165-171.

第九章　大豆疫霉根腐病抗病性资源筛选

第一节　引　言

大豆疫霉根腐病是一种严重的土传病害，可以在大豆生长的各个时期发病，但在苗期更为明显，在连作和土壤湿度大的地区为害尤为严重。感病品种的损失通常为25% ~ 50%，个别高感品种损失可达100%（马淑梅，2005）。大豆疫霉根腐病于1948年在印第安纳州首次被发现，之后蔓延至美国大部分大豆产区，现已成为仅次于大豆胞囊线虫病的美国第二大病害（Wrather，2001）。如今，世界的主要大豆产区都有大豆疫霉根腐病为害的报道（Schmitthenner，1999）。我国直到1989年才由沈崇尧首次在东北发现大豆疫霉根腐病并报道（沈崇尧，1991）。虽然发现至今只有20年的时间，但其蔓延速度很快，现已在黑龙江、吉林、北京、内蒙古自治区（以下简称内蒙古）、山东、安徽、福建、河南、江苏、浙江、新疆、湖北、广东等地分离到了大豆疫霉菌（孙石，2008；任海龙，2011）。防治大豆疫霉根腐病有很多措施，目前最有效的方法是抗病育种（Schmitthenner，1985）。但由于大豆疫霉菌自身变异性高，而且种植抗病品种也会造成选择压力，所以大豆疫霉菌种群变异很快（靳立梅，2007；Kaitany，2001），大豆抗病品种的抗性一般只持续8 ~ 15年就会被克服（Schmitthenner，1985），给抗病育种带来了极大的挑战。因此，必须不断地发掘新的抗病基因，以确保抗病育种工作持续、有效地开展（范爱颖，2009）。

筛选种质资源培育高效抗病的大豆品种，并根据不同地区的病原菌毒力特征来合理使用抗病品种，对于防治大豆疫霉根腐病至关重要。我国是世界大豆的起源中心，拥有丰富的大豆种质资源，国内外研究学者已对我国大豆种质进行了大量的疫霉根腐病抗性鉴定（钟超，2015；程艳波，2015a，2015b；陈四维，2016；任林荣，2016；杨晓贺，2016；Huang，2016；李晓那，2017；杨瑾，2020）。

本研究以Willams为感病对照，以PRX146-36为抗病对照，以大豆疫霉菌菌株Pm14为致病菌株，采用下胚轴接种法对华南地区的419份栽培大豆资源和273份野生大豆资源进行大豆疫霉根腐病的抗病性筛选，以探讨华南地区育种材料的抗病能力，发掘新的抗病资源，为大豆抗病育种奠定基础。

第二节　栽培大豆的抗病性鉴定结果

接种后，Willams 表现为感病，PRX146-36 表现为抗病，结果稳定。统计结果表明（表 9-1）：419 份栽培大豆资源中有 60 份植株死亡率在 30%以下，表现为抗病反应，占鉴定资源总数的 14.32%；有 58 份植株死亡率为 30%～70%，呈中间反应类型，占 13.84%；201 份植株死亡率在 70%以上，表现为感病类型，占 71.84%。其中又对来自中国、非洲、巴西的材料做了比较，结果表明非洲的抗病性表现最好，中国的次之。

表 9-1　华南地区栽培大豆资源对大豆疫霉菌 Pm14 的响应

省份	数量	对疫霉菌的响应		
		R	M	S
中国	382	55	55	272
非洲	14	3	2	9
巴西	23	2	1	20
合计	419	60	58	301

注：R：抗病，M：中间类型，S：感病。

第三节　野生大豆的抗病性鉴定结果

与栽培大豆采取相同的鉴定方法，对 273 份野生大豆资源进行抗病性鉴定。统计结果表明（表 9-2），273 份野生大豆资源中有 9 份表现为抗病反应，占鉴定总数的 3.30%，其中 W381 和 GW51 抗病率都为 100%；有 45 份呈中间反应类型，占 16.48%；219 份表现为感病类型，占 80.22%。

表 9-2　不同来源野生大豆资源对大豆疫霉菌 Pm14 的响应

省份	数量	对疫霉菌的响应		
		R	M	S
江西	153	5	27	121
湖南	62	2	6	54
广西	58	2	12	44
合计	273	9	45	219

注：R：抗病，M：中间类型，S：感病。

被鉴定的野生大豆资源来源于我国南方的江西、湖南和广西，研究发现有 9 份抗大豆疫霉根腐病，其中来源于广西的抗性比例最高（图 9-1）。在鉴定的 58 份广西资源中有 2 份表现为抗病反应，占 3.45%；江西的 153 份中有 5 份表现为抗病反应，占

3.27%；湖南的62份中有2份表现为抗病反应，占3.23%（附录A）。

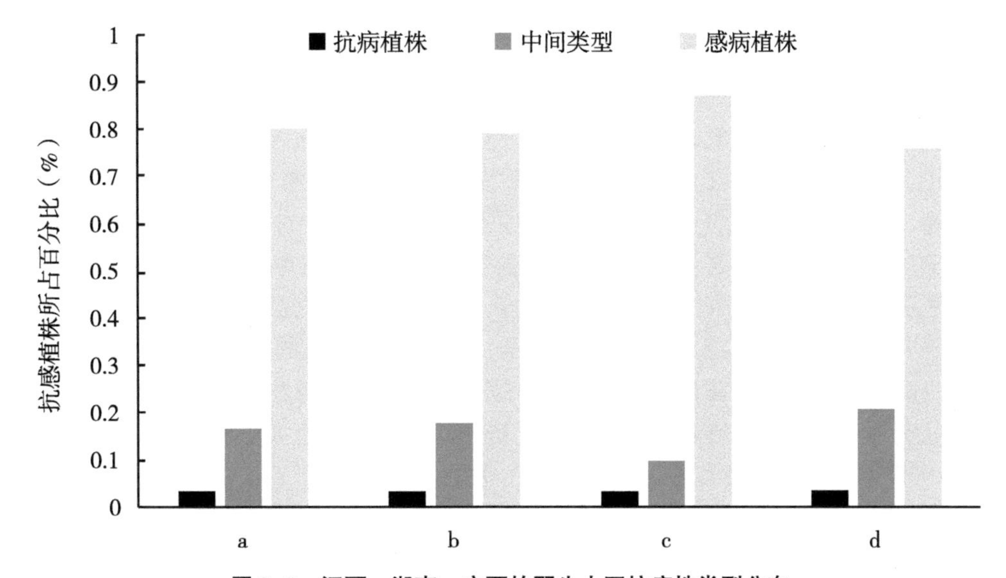

图9-1　江西、湖南、广西的野生大豆抗病性类型分布

（a. 全体野生大豆，b. 江西野生大豆，c. 湖南野生大豆，d. 广西野生大豆）

第四节　华南地区大豆种质资源的抗病性评价

本研究抗病性评价用的生理小种为Pm14，毒力型为：1a、1b、1c、1d、1k、2、3a、3c、4、5、6和7等12种，比广东分离到的生理小种PGD1的毒力更强，PGD1毒力型为：1b、2、3a、4、5、6和7。因此用Pm14对华南地区的育种资源进行筛选，可以找到抗病性更强的材料，也便于推导抗病基因。

一、栽培大豆的抗性评价

近二十年来，科研工作者在大豆疫霉根腐病抗病资源筛选方面进行了大量研究，从单一生理小种的鉴定，逐步发展成多个生理小种的综合评价，研究表明长江流域的抗病种质比率最高，其次为黄淮海流域，而东北地区抗病种质较少（王晓鸣，2001；马淑梅，2001）。黄淮海地区的大豆品种多抗性最丰富（朱振东，2006；唐庆华，2010；Huang，2016；李晓那，2017；杨瑾，2020）。生产上的品种抗病性比例更高（李长松，2010）。但是由于各地的优势小种不同，所得的结果都不能直接进行比较，要结合实际情况进行分析。

通过对419份国外引进资源，华南地区大豆育成品种及育种材料进行抗大豆疫霉根腐病筛选，发现非洲资源虽然只有14份，但有3份是抗病的；23份巴西材料中抗病的却只有2份，因此在抗大豆疫霉根腐病育种中非洲的材料值得多加关注（任海龙，2012；附表6）。

二、江西、湖南、广西3省（区）野生大豆的抗性评价

关于抗大豆疫霉根腐病野生大豆资源的筛选已有相关报道，霍云龙等（2005）用毒力型为1a、1d、2、3b、5和7的大豆疫霉菌株对来源于我国21个省（市、区）的野生大豆资源进行鉴定，结果在辽宁、河北、河南、山西、山东、安徽、四川、贵州、陕西、浙江、江苏、湖北和江西在内的13个省发现有抗大豆疫霉根腐病的野生大豆资源；靳立梅等（2007）用黑龙江大豆疫霉菌1号优势生理小种，对主要来源于黑龙江、吉林、辽宁、内蒙古及其他共计19个省份的野生大豆进行了抗感性鉴定，也发现有抗大豆疫霉根腐病的野生大豆资源，但对南方地区的野生大豆研究甚少。

本研究所选用的大豆疫霉菌株毒力较强，苗期野生大豆的茎秆较细，且江西、湖南、广西尚未发现大豆疫霉根腐病流行，依据病原菌与寄主植物协同进化理论，这些地区的大豆资源不会受到疫霉菌的影响而变异进化，因此，野生大豆资源表现为较低的抗病性。2005年霍云龙等用大豆疫霉菌对野生大豆鉴定也得到了类似结果（霍云龙等，2005）。本研究结果还显示，中间类型比抗病类型高13.18%，说明江西、湖南、广西存在新的抗病基因的潜力（任海龙，2010）。2007年靳立梅等也用大豆疫霉菌对野生大豆资源进行了鉴定，所得的结果中，江西19份材料，抗病的占21.1%，中间类型占47.4%，所得结果野生大豆的抗病性比例更高（靳立梅等，2007）。钟超（2015）认为用菌层接种方法可以获得更多的野生大豆抗病资源。但前人的研究所用的江西、湖南和广西的野生大豆的资源都比较少，本研究所用的273份野生大豆资源分别来自江西、湖南和广西等的不同地方，数量多，取材范围广泛。下胚轴接种鉴定结果表明3.30%的资源表现为抗病，16.48%表现为中间反应类型，并首次发现湖南和广西的野生大豆存在抗大豆疫霉根腐病资源（任海龙，2010）。

参考文献

陈四维，张婷婷，肖丽，等，2016. 四川大豆疫霉毒力鉴定及资源抗性分析［J］. 中国油料作物学报（4）：539-542.

程艳波，马启彬，牟英辉，等，2015. 华南大豆种质对疫霉根腐病的抗性分析［J］. 中国农业科学（12）：2 296- 2 305.

程艳波，马启彬，牟英辉，等，2015. 华南地区推广应用大豆品种对疫霉根腐病的抗性评价［J］. 华南农业大学学报（4）：69-75.

范爱颖，2009. 大豆品种豫豆25抗疫霉根腐病基因的分子标记与作图［D］. 北京：中国农业科学院.

霍云龙，朱振东，李向华，等，2005. 抗大豆疫霉根腐病野生大豆资源的初步筛选［J］. 植物遗传资源学报（2）：182-185.

靳立梅，徐鹏飞，吴俊江，等，2007. 野生大豆种质资源对大豆疫霉根腐病抗性评价［J］. 大豆科学（3）：300-304.

李晓那，孙石，钟超，等，2017. 黄淮海地区大豆主栽品种对8个大豆疫霉菌株的

抗性评价［J］. 作物学报（12）：1 774-1 783.
李长松，路兴波，刘同金，等，2001. 大豆疫霉根腐病菌生理小种的鉴定及品种抗病性筛选［J］. 中国油料作物学报（2）：60-62.
马淑梅，丁俊杰，郑天琪，等，2005. 黑龙江省大豆疫霉根腐病生理小种鉴定结果［J］. 大豆科学（4）：260-262.
马淑梅，李宝英，丁俊杰，2001. 大豆疫霉根腐病抗病资源筛选及抗性遗传研究［J］. 大豆科学（3）：197-199.
任海龙，马启彬，杨存义，等，2012. 华南地区大豆育种材料抗疫霉根腐病鉴定［J］. 大豆科学（3）：453-456.
任海龙，宋恩亮，马启彬，等，2010. 南方三省（区）抗大豆疫霉根腐病野生大豆资源的筛选［J］. 大豆科学（6）：1 012- 1 015.
任海龙，2011. 华南地区大豆疫霉根腐病鉴定及抗病性遗传分析［D］. 广州：华南农业大学.
任林荣，2016. 黄淮地区大豆品种对大豆疫霉根腐病的抗性研究［D］. 南京：南京农业大学.
沈崇尧，苏彦纯，1991. 中国大豆疫霉病菌的发现及初步研究［J］. 植物病理学报（4）：60.
孙石，2008. 大豆疫霉根腐病抗性的遗传分析及基因定位的初步研究［D］. 南京：南京农业大学.
唐庆华，崔林开，李德龙，等，2010. 黄淮地区大豆种质资源对疫霉根腐病的抗病性评价［J］. 中国农业科学（11）：2 246-2 252.
王晓鸣，朱振东，王化波，等，2001. 中国大豆疫霉根腐病和大豆种质抗病性研究［J］. 植物病理学报（4）：324-329.
杨瑾，汪孝璘，叶文武，等，2020. 黄淮海地区大豆种质资源对疫霉根腐病的抗性鉴定［J］. 大豆科学（1）：12-22.
杨晓贺，顾鑫，于铭，等，2016. 三江平原主栽大豆品种对大豆疫霉根腐病的抗性分析［J］. 大豆科学（2）：291-294.
钟超，李银萍，孙素丽，等，2015. 野生大豆资源对大豆疫病抗病性和耐病性鉴定［J］. 植物遗传资源学报（4）：684-690.
朱振东，霍云龙，王晓鸣，等，2006. 大豆疫霉根腐病抗源筛选［J］. 植物遗传资源学报（1）：24-30.
HUANG J，GUO N，LI Y H，et al.，2016. Phenotypic evaluation and genetic dissection of resistance to *Phytophthora sojae* in the Chinese soybean minicore collection［J］. BMC Genet，17（1）：85.
KAITANY R C，HART L P，SAFIR G R，2001. Virulence composition of *Phytophthora sojae* in Michigan［J］. Plant Disease，85（10）：1 103- 1 106.
SCHMITTHENNER A F，1999. Phytophthora root rot［M］Compendium of soybean diseases，fourth edition. American Phytopathological Society.

SCHMITTHENNER A F，1985. Problems and progress in control Phytophthora root rot of soybean［J］. Plant Disease，69（4）：362-368.

WRATHER J A，STIENSTRA W C，KOENNING S R，2001. Soybean disease loss estimates for the United States from 1996 to 1998［J］. Canadian Journal of Plant Pathology，23（2）：122-131.

第十章　华南大豆抗疫霉根腐病资源筛选

第一节　引　言

大豆疫霉根腐病是由大豆疫霉菌（*Phytophthora sojae*）引起的、严重影响大豆生产的病害之一，在美国、巴西、阿根廷、中国等大豆主要生产国均有发生，对大豆生产造成很大的危害。利用抗病品种是防治大豆疫霉根腐病最经济、有效的方法。但由于大豆疫霉菌具有高度的变异，大豆品种的抗性容易被克服，给抗病育种带来了极大的挑战。因此筛选新的抗源和发掘新的抗病基因对大豆抗疫霉根腐病育种非常重要。本研究旨在系统地评价华南地区主要推广应用的大豆品种抗大豆疫霉根腐病水平，筛选华南大豆资源抗大豆疫霉根腐病的优异抗源和多抗资源，发掘新的抗病基因，明确大豆疫霉根腐病的抗性遗传，同时进行抗病基因精细定位。

本研究利用 7 个具有不同毒力的大豆疫霉菌株，对华南地区推广应用的 67 个大豆品种（系）及骨干亲本采用下胚轴创伤菌丝体接种法鉴定，对大豆疫霉菌 PGD1、Pm14、Pm28、PNJ1、PNJ3、PNJ4 和 P6497 的侵染率分别为 86. 6%、80. 6%、85. 1%、61. 2%、77. 6%、74. 6%和 80. 6%。大豆疫霉菌 PGD1 是在广东发现并分离出的新的大豆疫霉菌小种。抗大豆疫霉菌 PGD1 的品种有华夏 6 号、华夏 10 号、桂春 6 号、桂春 10 号、桂夏 1 号和浙春 3 号，占 9. 0%。同时对 7 个大豆疫霉菌接种表现感病的品种有 27 个，占 40. 3%；毒力频率为 0 的品种仅有桂夏 1 号，该品种对大豆疫霉菌 PGD1、Pm14、PNJ1、PNJ4 和 P6497 表现抗病，对大豆疫霉菌 Pm28 和 PNJ3 表现为中间型，所以华南地区目前生产上应用的大豆品种抗大豆疫霉根腐病品种较少。

为了筛选抗大豆疫霉菌 PGD1 的优异抗源，采用下胚轴伤口接种法接种鉴定主要来自广东、广西、福建、海南、湖南、江西和四川等地的 631 份大豆资源。101 份表现抗病，占鉴定资源的 16. 0%；73 份表现为中间型，占 11. 6%；457 份表现为感病，占 72. 4%，结果表明华南地区抗大豆疫霉菌 PGD1 资源丰富。同时，83 份抗大豆疫霉菌 PGD1 的资源接种其他 6 个不同毒力菌株 Pm14、Pm28、PNJ1、PNJ3、PNJ4 和 P6497 的侵染率分别为 28. 9%、34. 9%、9. 6%、66. 3%、57. 8%和 10. 8%。83 份大豆种质资源中，4 份资源同时抗 7 个大豆疫霉菌生理小种，分别为 ZDD21538、ZDD21604、明夏豆 1 号、ZDD14286，占鉴定资源的 4. 8%。毒力频率为 0 的资源有 15 个，占鉴定资源的 18. 1%；毒力频率为 14. 3%的资源有 13 个，占鉴定资源的 15. 7%；毒力频率为 28. 6%的资源总数为 23 个，占鉴定资源的 27. 7%，结果表明华南地区具有丰富的多抗大豆疫霉菌抗源。

150个大豆品种接种7个不同毒力大豆疫霉菌，120个品种分别抗1~7个生理小种，共产生35种抗病反应型。有4种反应型分别与单个抗病基因的反应型一致；有8种反应型与2个已知基因组合的反应型相同；有3种反应型与3个已知基因组合的反应型相同；其他20种反应型为新的类型。通过基因推导，有1个品种可能含有*Rps1a*、有5个品种可能含有*Rps1b*、有8个品种可能含有*Rps1c*、有4个品种可能含有*Rps3a*，一些资源可能携带*Rps1a*、*Rps1b*、*Rps1c*、*Rps1d*、*Rps1k*、*Rps3a*、*Rps3b*、*Rps4*、*Rps5*、*Rps6*和*Rps7*等抗病基因，20种反应型57个抗病资源可能含有国际上尚未命名的新的抗病基因。

第二节　华南地区推广应用的大豆品种及骨干亲本对7个疫霉菌菌株的反应

用7个大豆疫霉菌株接种14个大豆疫霉根腐病鉴别寄主，由于受大豆疫霉菌株限制，共产生11种反应型，其中*Rps1a*与*Rps1k*抗病基因反应型一致，抗病基因*Rps2*、*Rps3c*与无毒*rps*基因Williams反应型一致，这对抗病基因推导受到一定的限制（表10-1）。

表10-1　7个大豆疫霉菌株的毒力型

品种	Rps[a]	菌株						
		PGD1	Pm14	Pm28	PNJ1	PNJ3	PNJ4	P6497
Harlon	1*a*	S	S	S	R	S	S	R
Harosoy13XX	1*b*	S	S	S	R	S	S	S
Williams79	1*c*	R	S	S	R	S	S	R
PI103091	1*d*	R	S	S	S	S	S	R
Williams82	1*k*	S	S	S	R	S	S	R
L76-1988	2	S	S	S	S	S	S	S
Chapman	3*a*	S	S	R	R	R	R	R
PRX146-36	3*b*	R	R	S	S	S	S	R
PRX145-48	3*c*	S	S	S	S	S	S	S
L85-2352	4	S	S	R	S	R	S	R
L85-3059	5	S	S	S	R	S	R	R
Harosoy62XX	6	S	S	S	S	R	S	R
Harosoy	7	S	S	S	S	S	R	S
Williams		S	S	S	S	S	S	S
毒力公式[b]		1a,1b,1k 2,3a,3c, 4,5,6,7	1a,1b,1c, 1d,1k,2,3a, 3c,4,5,6,7	1a,1b,1c, 1d,1k,2,3b, 3c,5,6,7	1d,2,3b, 3c,4,6,7	1a,1b,1c, 1d,1k,2,3b, 3c,5,7	1a,1b,1c, 1d,1k,2,3b, 3c,4,6	1b,2, 3c,7
菌株来源		广东	美国	美国	江苏	江苏	江苏	

注：a. Rps，抗大豆疫霉根腐病基因；b. 毒力基因；c. R抗病，S感病。

用7个不同毒力的大豆疫霉菌株接种鉴定67个华南地区推广应用的大豆新品种（系）及其亲本，抗性鉴定结果见表10-2。

表 10-2　华南地区推广应用大豆品种（系）及其亲本对 7 个大豆疫霉菌株的反应

序号	品种名称	来源	亲本组合	菌株							毒力频率（%）
				PGD1	Pm14	Pm28	PNJ1	PNJ3	PNJ4	P6497	
1	华春 1 号	广东	桂早 1 号×巴西 11 号	S	S	S	R	S	R	S	71.4
2	华春 2 号	广东	桂早 1 号×巴西 9 号	S	S	S	S	S	S	S	100.0
3	华春 3 号	广东	桂早 1 号×巴西 8 号	S	S	S	I（R）	R	R	S	57.1
4	华春 5 号	广东	桂早 1 号×巴西 3 号	S	R	S	S	S	S	S	85.7
5	华春 6 号	广东	桂早 1 号×巴西 8 号	S	S	S	I（R）	R	R	S	57.1
6	华夏 1 号	广东	桂早 1 号×巴西 8 号	S	S	S	S	S	S	S	100.0
7	华夏 2 号	广东	桂早 1 号×巴西 3 号	S	R	S	I（R）	S	S	S	71.4
8	华夏 3 号	广东	桂早 1 号×巴西 13 号	S	S	S	S	S	S	S	100.0
9	华夏 5 号	广东	桂早 1 号×巴西 13 号	S	S	S	R	R	R	S	57.1
10	华夏 6 号	广东	桂早 1 号×巴西 14 号	R	S	I（R）	I（R）	S	R	I（R）	28.6
11	华夏 9 号	广东	桂早 1 号×巴西 14 号	S	S	S	R	S	S	S	85.7
12	华春 12 号	广东	桂早 1 号×巴西 9 号	S	S	S	S	S	S	S	100.0
13	华春 8 号	广东	华春 3 号×福豆 234	S	I（R）	S	R	S	S	S	71.4
14	华春 4 号	广东	华春 3 号×福豆 310	S	S	S	S	S	S	S	100.0
15	粤春 2011-3	广东	华春 3 号×福豆 234	S	S	S	S	S	S	S	100.0
16	粤春 2011-5	广东	广东 2 号×桂早 1 号	S	S	S	I（R）	S	S	S	85.7
17	华夏 10 号	广东	华夏 1 号×华春 1 号	R	S	S	R	I（R）	I（R）	R	28.6
18	粤夏 2011-5	广东	赣豆 5 号×油 04-88	S	S	S	S	S	S	S	100.0
19	华夏 18 号	广东	南农 96B-4×赣豆 5 号	S	S	S	S	S	S	S	100.0

（续表）

序号	品种名称	来源	亲本组合	菌株							毒力频率（%）
				PGD1	Pm14	Pm28	PNJ1	PNJ3	PNJ4	P6497	
20	华夏 7 号	广东	5 号×油 04-88	S	S	S	S	S	S	S	100.0
21	华夏 8 号	广东	通丰 G5×油 04-88	I（R）	S	S	R	S	S	S	71.4
22	巴西 3 号	巴西	巴西引进	S	R	S	S	S	S	S	85.7
23	巴西 8 号	巴西	巴西引进	S	R	S	S	S	S	S	85.7
24	巴西 9 号	巴西	巴西引进	S	S	S	S	S	S	S	100.0
25	巴西 11 号	巴西	巴西引进	S	S	S	S	S	S	S	100.0
26	巴西 13 号	巴西	巴西引进	S	S	S	S	S	S	S	100.0
27	巴西 14 号	巴西	巴西引进	S	S	S	S	S	S	S	100.0
28	桂早 1 号	广西	矮脚早×北京豆	S	S	S	R	S	R	S	71.4
29	桂夏豆 2 号	广西	桂早 1 号×巴西 13 号	S	S	S	I（R）	S	S	S	85.7
30	桂早 2 号	广西	广西农家品种“拉城黄豆”中系选	S	I（R）	S	S	S	S	S	85.7
31	桂春豆 1 号	广西	桂春 1 号×桂早二号	S	I（R）	S	S	S	S	S	85.7
32	桂春豆 103	广西	桂春 1 号×桂早二号	S	I（R）	S	S	I（R）	S	S	71.4
33	桂春 1 号	广西	靖西早黄豆×吉三选三	S	S	S	S	S	S	S	100.0
34	桂春 2 号	广西	拉城黄豆×“3051”	S	R	I（R）	S	I（R）	I（R）	S	42.9
35	桂春 5 号	广西	（矮脚早×桂豆 3 号）×宜山六月黄豆	S	R	S	S	S	S	S	85.7
36	桂春 6 号	广西	七月黄豆×桂豆 2 号	R	S	S	R	R	I（R）	R	28.6
37	桂春 8 号	广西	柳 8813×桂豆 3 号	S	S	S	S	S	S	S	100.0

（续表）

序号	品种名称	来源	亲本组合	菌株							毒力频率（%）
				PGD1	Pm14	Pm28	PNJ1	PNJ3	PNJ4	P6497	
38	桂春 9 号	广西	（矮脚早×宜山六月黄）×桂豆 3 号	S	S	S	S	S	S	S	100.0
39	桂春 10 号	广西	宜山六月黄×桂豆 3 号	R	S	S	R	R	R	R	28.6
40	桂春 11 号	广西	黔 8854×米克/BR-56	S	S	I（R）	S	S	S	S	85.7
41	桂春 12 号	广西	桂 338（矮脚早×宜山六月黄）×桂豆 3 号	S	S	I（R）	S	S	S	S	85.7
42	桂夏 1 号	广西	（平果豆×青仁乌）F_4×（青仁乌×阿姆索）F_5	R	R	I（R）	R	I（R）	R	R	0.0
43	桂夏 2 号	广西	扶绥黄豆×（平果豆×青仁乌）	S	S	I（R）	S	S	S	S	85.7
44	桂夏 3 号	广西	靖西青皮豆×武鸣黑豆	S	S	S	S	S	S	S	100.0
45	桂夏 4 号	广西	（平果豆×扶绥黄豆）×米克/BR-56	S	S	S	S	S	S	S	100.0
46	泉豆 6 号	福建	莆豆 8008×宁镇 1 号	I（R）	I（R）	S	R	S	S	R	42.9
47	莆豆 8008	福建	融豆 21 号×日本 73-16	S	S	S	S	S	S	S	100.0
48	泉豆 7 号	福建	穗稻黄×福清绿心豆	S	S	S	S	S	S	S	100.0
49	福豆 234	福建	莆豆 8008×黄沙豆	S	S	S	S	S	S	S	100.0
50	福豆 310	福建	莆豆 8008×88B1-58-3	S	S	S	S	S	S	S	100.0
51	毛豆 2808	福建	毛豆 292 系选，台湾引进	S	S	R	R	R	R	R	28.6
52	闽豆 1 号	福建	毛豆 292×早生枝豆	S	S	S	S	S	S	S	100.0
53	毛豆 3 号	福建	毛豆 75-3，台湾引进	S	S	S	S	S	S	S	100.0

（续表）

序号	品种名称	来源	亲本组合	菌株							毒力频率（%）
				PGD1	Pm14	Pm28	PNJ1	PNJ3	PNJ4	P6497	
54	闽豆 5 号	福建	浙 2818×毛豆 3 号	S	S	S	S	S	S	S	100. 0
55	上海青	福建	福建地方资源	S	S	S	S	S	S	S	100. 0
56	七星 1 号	辽宁	台 75 变异株系选	S	S	S	S	I（R）	I（R）	S	71. 4
57	赣豆 4 号	江西	六月白×融豆 21	S	S	S	I（R）	S	S	S	85. 7
58	赣豆 5 号	江西	矮脚青×赣豆一号	I（R）	R	S	I（R）	S	I（R）	I（R）	28. 6
59	赣豆 7 号	江西	大黄株×赣豆 3 号	S	S	S	S	S	S	S	100. 0
60	贡选 1 号	四川	荣县地方大冬豆品种中选择优良变异单株	S	S	S	S	S	S	S	100. 0
61	南豆 12	四川	^{60}Coγ 射线辐射 B 抗 57 种子	S	S	S	S	S	S	S	100. 0
62	南农 701	江苏	南农 87-23×楚秀	S	S	I（R）	R	R	R	I（R）	28. 6
63	南农 31	江苏	南农 18-6×徐豆 4 号	S	S	R	R	I（R）	R	I（R）	28. 6
64	南农 J003	江苏	淮 89-15×南农 99-6	S	S	R	R	R	R	R	28. 6
65	绿宝珠	江苏	太仓大青豆×西民青	S	S	S	I（R）	S	S	S	85. 7
66	浙春 3 号	浙江	浙春 1 号×宁镇 1 号	R	S	S	R	I（R）	S	R	42. 9
67	中黄 24	北京	吉林 21×（汾豆 31×中豆 19）F_1	S	S	S	R	S	S	R	71. 4
	侵染率（%）			86. 6	80. 6	85. 1	61. 2	77. 6	74. 6	80. 6	

注：R：抗病，I：中间型，S：感病。

67 个大豆品种对 7 个不同毒力菌株 PGD1、Pm14、Pm28、PNJ1、PNJ3、PNJ4 及 P6497 的侵染率不同，侵染率分别为 86.6%、80.6%、85.1%、61.2%、77.6%、74.6%和 80.6%，其中接种华南农业大学在宁西教学科研基地大豆试验田分离的大豆疫霉菌 PGD1 的侵染率最高，其次是接种来源于美国的大豆疫霉菌 Pm28 和 Pm14，接种来源于南京农业大学在南京分离的大豆疫霉菌 PNJ1 和 PNJ4 的侵染率较低。67 个品种（系）抗大豆疫霉菌 PGD1 品种有 6 个，分别是华夏 6 号、华夏 10 号、桂春 6 号、桂春 10 号、桂夏 1 号和浙春 3 号，占鉴定品种的 9.0%；中间型品种有 3 个，占鉴定品种的 4.5%；其中华夏 6 号（桂早 1 号×巴西 14 号）和华夏 10 号（华夏 1 号×华春 1 号）的各自亲本在同时接种鉴定试验中表现为感病，说明华夏 6 号和华夏 10 号表现抗大豆疫霉菌 PGD1 可能是基因重组所致。抗大豆疫霉菌 Pm14 的品种有 8 个，分别为华春 5 号、华夏 2 号、巴西 3 号、巴西 8 号、桂春 2 号、桂春 5 号、桂夏 1 号和赣豆 5 号，占鉴定品种的 11.9%；中间型品种 5 个，占鉴定品种的 7.5%。抗大豆疫霉菌 Pm28 的品种有 3 个，分别为毛豆 2808、南农 31 和南农 J003，占鉴定品种的 4.5%；中间型品种有 7 个，占鉴定品种的 10.4%。抗大豆疫霉菌 PNJ1 的品种有 17 个，分别为华春 1 号、华夏 5 号、华夏 9 号、华春 8 号、华夏 10 号、华夏 8 号、桂早 1 号、桂春 6 号、桂春 10 号、桂夏 1 号、泉豆 6 号、毛豆 2808、南农 701、南农 31、南农 J003、浙春 3 号和中黄 24，占鉴定品种的 25.4%；中间型品种有 9 个，占鉴定品种的 13.4%；其中华春 1 号、华夏 5 号、华夏 9 号、华春 8 号和华夏 10 号含有共同的血缘桂早 1 号，这些品种的抗病性可能是由桂早 1 号遗传而来。抗大豆疫霉菌 PNJ3 的品种有 8 个，分别为华春 3 号、华春 6 号、华夏 5 号、桂春 6 号、桂春 10 号、毛豆 2808、南农 701 和南农 J003，占鉴定品种的 11.9%；中间型品种有 7 个，占鉴定品种的 10.4%；其中华春 3 号、华春 6 号和华夏 5 号的亲本都感大豆疫霉菌 PNJ3，这 3 个品种对大豆疫霉菌 PNJ3 表现抗性也可能是基因重组所致。抗大豆疫霉菌 PNJ4 的品种有 12 个，分别为华春 1 号、华春 3 号、华春 6 号、华夏 5 号、华夏 6 号、桂早 1 号、桂春 10 号、桂夏 1 号、毛豆 2808、南农 701、南农 31 和南农 J003，占鉴定品种的 17.9%；中间型品种有 5 个，占鉴定品种的 7.5%。抗大豆疫霉菌 P6497 的品种有 9 个，分别为华夏 10 号、桂春 6 号、桂春 10 号、桂夏 1 号、泉豆 6 号、毛豆 2808、南农 J003、浙春 3 号和中黄 24，占鉴定品种的 13.4%；中间型品种有 4 个，占鉴定品种的 6.0%，其中华夏 10 号的亲本华春 1 号和华夏 1 号感大豆疫霉菌 P6497，华夏 10 号抗大豆疫霉菌 P6497 可能是基因重组所致。综上所述，华南地区推广应用的大豆品种（系）及其亲本对 7 个大豆疫霉菌的抗性品种较少。

对于同一大豆品种，不同菌株对其毒力频率也存在差异，毒力频率最高的为 100%，即感 7 个大豆疫霉菌株的品种有 27 个，占鉴定品种的 40.3%，分别为华春 2 号、华夏 1 号、华夏 3 号、华春 12 号、华春 4 号、粤春 2011-3、粤夏 2011-5、华夏 18 号、华夏 7 号、巴西 9 号、巴西 11 号、巴西 13 号、巴西 14 号、桂春 1 号、桂春 8 号、桂春 9 号、桂夏 3 号、桂夏 4 号、莆豆 8008、泉豆 7 号、福豆 234、福豆 310、闽豆 1 号、毛豆 3 号、闽豆 5 号、上海青、赣豆 7 号、贡选 1 号和南豆 12；毒力频率最低的为 0，仅有桂夏 1 号，该品种对大豆疫霉菌 PGD1、Pm14、PNJ1、PNJ4 和 P6497 表现抗病，对大豆疫霉菌 Pm28 和 PNJ3 表现为中间型，桂夏 1 号可作为抗病育种的重要抗原。

由表 10-2 还可知，广东选育的大豆品种或品系多抗品种较少，这些品种具有共同的母本桂早 1 号，父本多为从巴西引进的高产耐酸铝品种，由于选用的亲本对 7 个大豆疫霉菌的毒力频率较低，这可能是广东所选育的品种多抗性品种较少的主要原因。

第三节　华南地区大豆资源抗大豆疫霉菌株 PGD1 筛选

由于前期研究用 7 个不同毒力大豆疫霉菌株接种鉴定 67 个华南地区生产上推广应用的大豆新品种和骨干亲本，结果表明华南地区生产上应用的大豆品种和骨干亲本抗大豆疫霉根腐病的品种较少，所以需要筛选更多的抗大豆疫霉根腐病资源用于抗病育种。以华春 2 号和华夏 3 号为感病对照，以清豆 1 号和华夏 10 号为抗病对照，以华南地区分离的大豆疫霉菌株 PGD1 为致病菌株，采用下胚轴接种法对 631 份国内外大豆资源或品系进行抗病性鉴定（国内资源主要来自广东、广西、福建、海南、湖南、江西和四川）。接种后 5 天，华春 2 号和华夏 3 号表现为感病，清豆 1 号和华夏 10 号表现为抗病，结果稳定。统计结果表明（表 10-3）：631 份大豆资源中有 101 份资源植株死亡率在 30%以下，表现为抗病反应，占鉴定资源总数的 16.0%；有 73 份资源植株死亡率为 30%~70%，表现为中间型，占 11.6%；457 份资源植株死亡率在 70%以上，表现为感病，占 72.4%。鉴定试验中广东资源 24 份，有 5 份表现抗病，占 20.8%；广西资源 115 份，有 27 份表现抗病，占 23.5%；福建资源 24 份，有 10 份表现抗病，占 41.7%；湖南资源 128 份，有 22 份表现抗病，占 17.2%；江西资源 35 份，有 8 份表现抗病，占 22.9%；四川资源 73 份，有 7 份表现抗病，占 9.6%；海南资源 12 份，无抗病资源；结果表明华南地区大豆资源中蕴藏着较为丰富的抗疫大豆疫霉菌 PGD1 资源。

由表 10-3 还可看出，从巴西和非洲引进的 44 份热带大豆品种中，有 4 份表现抗病，分别为巴西 16 号、巴西 25 号、TGX1448-2F、SOYA；从黑龙江、北京、河北、河南、安徽、山东、山西、陕西、湖北、江苏和浙江收集的 104 个大豆资源、品种（系）中 13 个表现抗病，占 12.5%，分别是沛县小油豆（江苏）、油 01-65（湖北）、油 02-33（湖北）、中豆 30（湖北）、中豆 32（湖北）、中豆 33（湖北）、曙光黄豆（湖北）、扇子白黄豆（湖北）、科新 4 号（北京）、中黄 29（北京）、鲁豆 4 号（山东）、郑 9525（河南）和皖豆 28（安徽），该结果也反映了湖北资源或品种中存在较多的抗病材料；这些长江流域和黄淮海来源的大豆品种中，有的品种在生产上大面积推广应用，具有高产优质特性，也可以作为华南地区大豆育种的重要亲本，通过地理远缘大豆品种杂交、回交转育，选育适合华南地区种植的高产优质抗病新品种。

表 10-3　华南地区大豆资源对大豆疫霉菌 PGD1 抗性分布

来源	抗病 R		中间型 I		感病 S	
	资源	品种（系）	资源	品种（系）	资源	品种（系）
广东	5	0	3	3	16	26
巴西	0	2	0	0	0	10

（续表）

来源	抗病 R		中间型 I		感病 S	
	资源	品种（系）	资源	品种（系）	资源	品种（系）
非洲	0	2	0	3	0	21
广西	27	0	14	0	74	2
福建	10	0	3	0	11	0
湖南	22	0	20	0	86	6
江西	8	0	6	0	21	0
海南	0	0	1	0	11	0
四川	7	3	9	4	57	19
云南	0	0	0	0	2	0
贵州	1	0	0	0	1	0
江苏	1	0	1	0	10	9
湖北	2	5	3	1	4	3
浙江	0	0	0	0	1	1
北京	0	2	0	0	0	24
河北	0	0	0	0	0	6
河南	0	1	0	0	0	5
山东	0	1	0	0	0	7
山西	0	0	0	0	0	7
安徽	0	1	0	0	0	3
陕西	0	0	0	0	0	4
黑龙江	0	0	0	1	0	1
日本	0	0	0	0	0	2
不详	1	0	1	0	7	0
合计	84	17	61	12	301	156

注：R：抗病，I：中间型，S：感病。

第四节　华南地区多抗大豆疫霉根腐病资源筛选

由于大豆疫霉具有高度的遗传变异性，抗病品种的选择压力使抗性品种的利用时间受到限制，一般一个抗病基因的有效年限为8~15年（Schmittenner et al.，1994），因此筛选和选育多抗不同大豆疫霉菌生理小种的品种非常必要。用其他6个不同毒力的大豆疫霉菌接种鉴定抗大豆疫霉菌PGD1的83个大豆资源来筛选多抗大豆种质资源，抗性鉴定结果详见表10-4。

表 10-4　华南地区多抗大豆疫霉根腐病种质资源筛选

序号	品种名称	国家资源库编号	来源	菌株							毒力频率（%）
				PGD1	Pm14	Pm28	PNJ1	PNJ3	PNJ4	P6497	
1	桥头黄豆	ZDD22233	广东	R	R	S	R	S	R	R	28.6
2	懒人豆-5	ZDD22244	广东	R	I（R）	S	R	S	S	R	42.9
3	化州大黄豆	ZDD16866	广东	R	R	S	R	R	R	R	14.3
4	龙川牛毛黄	—	广东	R	R	R	R	S	S	R	28.6
5	坡黄	—	广东	R	S	S	R	S	S	R	57.1
6	武鸣白壳黄豆	ZDD17112	广西	R	R	S	R	S	S	R	42.9
7	马山仁蜂黄豆	ZDD17233	广西	R	S	I（R）	S	S	S	S	71.4
8	泰圩褐豆 2	ZDD22365	广西	R	R	S	R	I（R）	I（R）	R	14.3
9	凤山八月豆	ZDD17044	广西	R	R	S	R	S	S	R	42.9
10	宁明海渊本地黄	ZDD17143	广西	R	R	R	I（R）	S	S	R	28.6
11	十月黄	ZDD17068	广西	R	S	S	R	S	S	R	57.1
12	77-27	ZDD17022	广西	R	R	R	R	S	I（R）	R	14.3
13	马山周六本地黄	ZDD17106	广西	R	S	S	R	S	S	R	57.1
14	灵川黄豆	ZDD17021	广西	R	R	R	S	S	S	I（R）	42.9
15	黎塘八月黄	ZDD22318	广西	R	S	S	R	S	S	R	57.1
16	拉绥昌平黑豆	—	广西	R	R	R	R	S	S	R	28.6
17	马山周六本地豆	—	广西	R	S	S	R	S	S	R	57.1

（续表）

序号	品种名称	国家资源库编号	来源	菌株							毒力频率（%）
				PGD1	Pm14	Pm28	PNJ1	PNJ3	PNJ4	P6497	
18	八月黄	—	广西	R	R	I（R）	R	R	R	R	0.0
19	田东青豆	—	广西	R	S	R	R	S	S	R	42.9
20	木黄豆	—	广西	R	R	I（R）	I（R）	I（R）	S	R	14.3
21	秋豆 1 号	—	广西	R	R	I（R）	R	S	S	R	28.6
22	桂豆 3 号	—	广西	R	S	S	R	I（R）	R	R	28.6
23	平果豆	—	广西	R	R	I（R）	R	S	S	I（R）	28.6
24	兴尾黄豆	—	广西	R	R	R	R	R	I（R）	R	0.0
25	马山古寨小黑豆	—	广西	R	R	R	R	S	I（R）	R	14.3
26	地苏黄豆	—	广西	R	R	I（R）	R	S	S	R	28.6
27	都安弄色小黄豆	—	广西	R	R	I（R）	R	S	I（R）	R	14.3
28	五竹青皮豆	—	广西	R	S	S	S	S	S	S	85.7
29	象豆 253	—	广西	R	S	I（R）	R	S	S	R	42.9
30	瓦窑黄豆	—	广西	R	R	I（R）	R	S	S	R	28.6
31	GW16	—	广西	R	R	R	I（R）	I（R）	R	R	0.0
32	将乐乌豆	ZDD06439	福建	R	R	I（R）	R	S	R	I（R）	14.3
33	白花黄皮	ZDD21528	福建	R	R	R	R	I（R）	I（R）	R	0.0
34	蚁蚣包-2	ZDD21757	福建	R	R	S	R	R	I（R）	R	14.3

(续表)

序号	品种名称	国家资源库编号	来源	菌株							毒力频率(%)
				PGD1	Pm14	Pm28	PNJ1	PNJ3	PNJ4	P6497	
35	大青豆-2	ZDD21742	福建	R	R	I (R)	R	S	R	S	28.6
36	珍珠豆-2	ZDD21578	福建	R	R	R	R	I (R)	I (R)	R	0.0
37	黄皮田埂豆-1	ZDD21538	福建	R	R	R	R	R	R	R	0.0
38	黄皮田埂豆-1	ZDD21604	福建	R	R	R	R	R	R	R	0.0
39	明夏豆1号	—	福建	R	R	R	R	R	R	R	0.0
40	清豆1号	—	福建	R	R	R	R	R	I (R)	R	0.0
41	郭公坪黄豆	ZDD22068	湖南	R	R	S	R	S	S	R	42.9
42	禾亭药豆	ZDD14770	湖南	R	R	S	R	I (R)	I (R)	R	14.3
43	乌壳黄	ZDD06527	湖南	R	R	S	R	S	S	R	42.9
44	黑耶黑壳豆	ZDD14730	湖南	R	R	S	I (R)	S	S	I (R)	42.9
45	花垣褐皮豆	ZDD14743	湖南	R	R	I (R)	R	S	S	R	28.6
46	城步南山青豆	ZDD14712	湖南	R	R	I (R)	R	S	S	R	28.6
47	平江八月黄<乙>	ZDD14675	湖南	R	R	I (R)	R	R	I (R)	R	0.0
48	新桥绿皮豆2	ZDD22084	湖南	R	I (R)	R	S	S	S	S	57.1
49	沙市八月黄	ZDD14671	湖南	R	R	S	R	R	R	I (R)	14.3
50	黔阳黄豆	ZDD14648	湖南	R	S	R	S	S	S	S	71.4
51	汨罗褐豆	ZDD22126	湖南	R	R	R	R	S	R	R	14.3

（续表）

序号	品种名称	国家资源库编号	来源	菌株							毒力频率（%）
				PGD1	Pm14	Pm28	PNJ1	PNJ3	PNJ4	P6497	
52	会同黑豆	ZDD14736	湖南	R	S	S	R	I（R）	I（R）	R	28.6
53	长沙泥豆	ZDD14782	湖南	R	R	R	R	I（R）	R	R	0.0
54	汨罗黑豆 1	ZDD22102	湖南	R	R	I（R）	R	S	S	I（R）	28.6
55	绥宁八月黄<甲>	ZDD14662	湖南	R	R	R	R	S	S	R	28.6
56	石门茶黄豆	ZDD14740	湖南	R	S	S	R	R	R	R	28.6
57	溆浦绿豆选	ZDD22069	湖南	R	R	R	R	S	S	R	28.6
58	大黄豆	ZDD06529	湖南	R	R	R	R	S	S	R	28.6
59	君山大青豆	ZDD14739	湖南	R	R	I（R）	I（R）	S	S	S	42.9
60	八月大黄豆<乙>	ZDD14685	湖南	R	R	R	R	S	S	R	28.6
61	石门黑黄豆	ZDD14723	湖南	R	I（R）	R	R	I（R）	I（R）	R	0.0
62	茶豆	ZDD14476	江西	R	I（R）	S	R	S	S	R	42.9
63	大黄珠	ZDD14409	江西	R	S	S	R	R	I（R）	I（R）	28.6
64	上饶黑山豆	ZDD06483	江西	R	S	R	R	S	S	R	42.9
65	晚豆	ZDD14469	江西	R	S	R	R	S	S	R	42.9
66	青皮豆	ZDD14438	江西	R	I（R）	R	R	R	R	R	0.0
67	晚黄大豆	ZDD14286	江西	R	R	R	R	R	R	R	0.0
68	田豆	ZDD14320	江西	R	S	S	R	S	S	R	57.1

（续表）

序号	品种名称	国家资源库编号	来源	菌株							毒力频率（%）
				PGD1	Pm14	Pm28	PNJ1	PNJ3	PNJ4	P6497	
69	赣豆 3 号	—	江西	R	S	S	R	S	S	R	57.1
70	洛史-1	ZDD13802	四川	R	R	S	R	S	S	R	42.9
71	大黑豆	ZDD12413	四川	R	S	S	R	S	S	R	57.1
72	酱色豆	ZDD13748	四川	R	I（R）	S	I（R）	R	S	S	42.9
73	白毛豆	ZDD20736	四川	R	R	R	R	S	S	R	28.6
74	绿黄豆	ZDD13634	四川	R	S	R	R	S	S	R	42.9
75	绿豆子	—	四川	R	I（R）	R	R	S	S	R	28.6
76	杂豆-6	—	贵州	R	S	R	S	S	I（R）	S	57.1
77	油 01-65	—	湖北	R	R	R	R	I（R）	R	R	0.0
78	油 02-33	—	湖北	R	R	R	R	I（R）	S	R	14.3
79	中豆 32	—	湖北	R	S	R	R	S	S	R	42.9
80	中豆 33	—	湖北	R	R	R	S	I（R）	R	R	14.3
81	曙光黄豆	—	湖北	R	S	R	S	S	I（R）	S	57.1
82	扇子白黄豆	—	湖北	R	R	I（R）	R	S	S	R	28.6
83	沛县小油豆	—	江苏	R	S	S	R	S	I（R）	R	42.9
	侵染率（%）	—	—	0.0	28.9	34.9	9.6	66.3	57.8	10.8	

注：NNRL[a]：Number of National Resources Library，国家资源库编号。R：抗病，I：中间型，S：感病。

83 个大豆种质资源对 6 个不同毒力菌株 Pm14、Pm28、PNJ1、PNJ3、PNJ4 和 P6497 的侵染率不同，分别为 28.9%、34.9%、9.6%、66.3%、57.8%和 10.8%，其中接种大豆疫霉菌 PNJ3 的侵染率最高，其次为大豆疫霉菌 PNJ4，而对大豆疫霉菌 PNJ1 和 P6497 的侵染率较低。83 个大豆资源抗大豆疫霉菌 Pm14 的资源有 52 个，占鉴定资源的 62.7%；中间型资源有 7 个，占鉴定资源的 8.4%。抗大豆疫霉菌 Pm28 的资源有 37 个，占鉴定资源的 44.6%；中间型资源有 17 个，占鉴定资源的 20.5%。抗大豆疫霉菌 PNJ1 的资源有 69 个，占鉴定资源的 83.1%；中间型资源有 6 个，占鉴定资源的 7.2%。抗大豆疫霉菌 PNJ3 的资源有 15 个，占鉴定资源的 18.1%；中间型资源有 13 个，占鉴定资源的 15.7%。抗大豆疫霉菌 PNJ4 的资源有 18 个，占鉴定资源的 21.7%；中间型资源有 17 个，占鉴定资源的 20.5%。抗大豆疫霉菌 P6497 的资源有 67 个，占鉴定资源的 80.7%；中间型资源有 7 个，占鉴定资源的 8.4%。

对于同一大豆资源，不同菌株对其毒力频率也存在差异，最高的为 85.7%，即对其他 6 个大豆疫霉菌都表现感病，该资源是广西地方种质资源“五竹青皮豆”。83 个大豆种质资源中，抗 7 个大豆疫霉菌生理小种的资源有 4 个，分别为 ZDD21538、ZDD21604、明夏豆 1 号、ZDD14286，占鉴定资源的 4.8%。毒力频率为 0（即对 7 个大豆疫霉菌接种鉴定无感病）的资源有 15 个，占鉴定资源的 18.1%，分别为 ZDD21528、ZDD21578、ZDD21538、ZDD21604、ZDD14675、ZDD14782、ZDD14723、ZDD14438、ZDD14286、八月黄、兴尾黄豆、油 01-65 和 GW16，其中 GW16 为野生大豆资源。毒力频率为 14.3%（即对 7 个大豆疫霉菌接种鉴定，其中一个菌株鉴定为感病）的资源有 13 个，占鉴定资源的 15.7%，分别为 ZDD16866、ZDD22365、ZDD17022、ZDD06439、ZDD21757、ZDD14770、ZDD14671、ZDD22126、木黄豆、马山古寨小黑豆、都安弄色小黄豆、油 02-33 和中豆 33。大豆资源接种 7 个大豆疫霉菌后毒力频率为 0、14.3%和 28.6%的总个数为 51 个，占鉴定资源的 61.4%，所以华南地区存在丰富的多抗大豆疫霉菌种质资源。

第五节　华南大豆品种抗疫霉根腐病基因推导

利用华南地区推广应用的大豆品种（系）及部分亲本 67 个和抗大豆疫霉菌 PGD1 种质资源 83 个，接种 7 个不同大豆疫霉菌的抗性反应，其中 30 个品种表现感病，120 个品种分别抗 1~7 个生理小种，比较鉴定品种的反应型与鉴别寄主的抗谱，依据基因推导原理共产生 35 个抗病反应型（表 10-5）。

表 10-5　150 份大豆资源抗病基因推导

反应模式	资源	抗性基因
RRRRRRR	ZDD21528、ZDD21578、ZDD21538、ZDD21604、ZDD14675、ZDD14782、ZDD14723、ZDD14438、ZDD14286、八月黄、兴尾黄豆、油 01-65、桂夏 1 号、明夏豆 1 号、清豆 1 号	3a+3b

（续表）

反应模式	资源	抗性基因
RRRRRSR	木黄豆、油 02-89	3b+4+1a 3b+4+1b 3b+4+1c 3b+4+1k
RRRRSRR	ZDD17022、ZDD06439、ZDD22126、马山古寨小黑豆、都安弄色小黄豆	未知
RRRRSRS	ZDD21742	未知
RRRRSSR	ZDD17143、ZDD14743、ZDD14712、ZDD22102、ZDD14662、ZDD22069、ZDD06529、ZDD14685、ZDD20736、龙川牛毛黄、拉绥昌平黑豆、秋豆 1 号、平果豆、地苏黄豆、绿豆子、扇子白黄豆、瓦窑黄豆	未知
RRRRSSS	ZDD14739	未知
RRRSRRR	中豆 33	3b+4+7
RRRSSSR	ZDD17021	未知
RRRSSSS	ZDD22084	未知
RRSRRRR	ZDD16866、ZDD22365、ZDD21757、ZDD14770、ZDD14671	3b+5+6
RRSRRSS	ZDD13748	未知
RRSRSRR	ZDD22233、赣豆 5 号	3b+5
RRSRSSR	ZDD22244、ZDD17112、ZDD17044、ZDD22068、ZDD06527、ZDD14730、ZDD14476、ZDD13802、泉豆 6 号	3b+1a 3b+1b 3b+1c 3b+1k
RSRRSRR	华夏 6 号	未知
RSRRSSR	ZDD06483、ZDD14469、ZDD13634、田东青豆、象豆 253、中豆 32	未知
RSRSSRS	杂豆-6、曙光黄豆	未知
RSRSSSS	ZDD14648、ZDD17233	未知
RSSRRRR	ZDD14736、ZDD14740、ZDD14409、桂豆 3 号、桂春 6 号、桂春 10 号、华夏 10 号	1c+3a 1d+3a
RSSRRSR	浙春 3 号	1c+6
RSSRSRR	沛县小油豆	1c+5 1c+7
RSSRSSR	ZDD17068、ZDD17106、ZDD22318、ZDD14320、ZDD12413、坡黄、马山周六本地豆、赣豆 3 号	1c1a+1c1a+1d 1a+1k1d+1k 1c+1d1c+1k
RSSRSSS	华夏 8 号	未知
RSSSSSS	五竹青皮豆	未知
SRRSRRS	桂春 2 号	未知

（续表）

反应模式	资源	抗性基因
SRSRSSS	华夏2号、粤夏2011-1	未知
SRSSRSS	桂春豆103	未知
SRSSSSS	华春5号、巴西3号、巴西8号、桂早2号、桂春豆1号、桂春5号	未知
SSRRRRR	毛豆2808、南农701、南农31、南农J003	3a
SSRSSSS	桂春11号、桂春12号、桂夏2号	未知
SSSRRRS	华春3号、华春6号、华夏5号	未知
SSSRSRS	华春1号、桂早1号	1b+7
SSSRSSR	中黄24	1a
SSSRSSS	华夏9号、桂夏豆2号、粤春2011-5、赣豆4号、绿宝珠	1b
SSSSRRS	七星1号	未知
SSSSSSS	华春2号、华夏1号、华夏3号、华春2号、华春4号、粤春2011-3、粤春2011-5、粤夏2011-5、华夏18号、华夏7号、巴西9号、巴西11号、巴西13号、巴西14号、桂春1号、桂春8号、桂春9号、桂夏3号、桂夏4号、莆豆8008、泉豆7号、福豆234、福豆310、闽豆1号、闽豆5号、毛豆3号、上海青、赣豆7号、贡选1号、南豆12	无或2或3c

有4种反应型分别与单个抗病基因的反应型一致，中黄24的反应型SSSRSSR与含有*Rps1a*抗病基因的Harlon的反应型相同；华夏9号、桂夏豆2号、粤春2011-5、赣豆4号和绿宝珠的反应型SSSRSSS与含*Rps1b*抗病基因的Harosoy13XX的反应型相同；ZDD17068、ZDD17106、ZDD22318、ZDD14320、ZDD12413、坡黄、马山周六本地豆和赣豆3号的反应型RSSRSSR与含*Rps1c*抗病基因的Williams79反应模式相同；毛豆2808、南农701、南农31、南农J003的反应型SSRRRRR与含*Rps3a*抗病基因的L83-570反应模式相同。

有8种反应型与2个已知基因组合的反应型相同，反应型为RRRRRRR的材料有ZDD21528、ZDD21578、ZDD21538、ZDD21604、ZDD14675、ZDD14782、ZDD14723、ZDD14438、ZDD14286、八月黄、兴尾黄豆、油01-65、桂夏1号、明夏豆1号和清豆1号，反应型可能与*Rps3a*+*Rps3b*抗病基因组合一致；反应型为RRSRSRR的大豆材料ZDD22233、赣豆5号可能与*Rps3b*+*Rps5*的抗病基因组合一致；反应型为RRSRSSR的大豆材料ZDD22244、ZDD17112、ZDD17044、ZDD22068、ZDD06527、ZDD14730、ZDD14476、ZDD13802和泉豆6号可能与*Rps3b*+*Rps1a*或*Rps3b*+*Rps1b*或*Rps3b*+*Rps1c*或*Rps3b*+*Rps1k*的抗病基因组合一致；反应型为RRSRSRR的大豆材料ZDD22233和赣豆5号可能与*Rps3b*+*Rps5*的抗病基因组合一致；反应型为RSSRRRR的大豆材料ZDD14736、

ZDD14740、ZDD14409、桂豆 3 号、桂春 6 号、桂春 10 号和华夏 10 号可能与 *Rps1c*+*Rps3a* 或 *Rps1d*+*Rps3a* 的抗病基因组合一致；反应型为 RSSRRSR 的大豆材料浙春 3 号可能与 *Rps1c*+*Rps6* 的抗病基因组合一致；反应型为 RSSRSRR 的大豆材料沛县小油豆可能与 *Rps1c*+*Rps5* 或 *Rps1c*+*Rps7* 的抗病基因组合一致；反应型为 RSSRSSR 的大豆材料 ZDD17068、ZDD17106、ZDD22318、ZDD14320、ZDD12413、坡黄、马山周六本地豆和赣豆 3 号可能与 *Rps1a*+*Rps1c* 或 *Rps1a*+*Rps1d* 或 *Rps1a*+*Rps1k* 或 *Rps1d*+*Rps1k* 或 *Rps1c*+*Rps1d* 或 *Rps1c*+*Rps1k* 的抗病基因组合一致；反应型为 SSSRSRS 的大豆材料华春 1 号、桂早 1 号可能与 *Rps1b*+*Rps7* 的抗病基因组合一致。

有 3 种反应型与 3 个已知基因组合的反应型相同，反应型为 RRRRRSR 的大豆材料木黄豆、油 02-89 可能与 *Rps3b*+*Rps4*+*Rps1a* 或 *Rps3b*+*Rps4*+*Rps1b* 或 *Rps3b*+*Rps4*+*Rps1c* 或 *Rps3b*+*Rps4*+*Rps1k* 的抗病基因组合一致；反应型为 RRRSRRR 的大豆材料中豆 33 可能与 *Rps3b*+*Rps4*+*Rps7* 的抗病基因组合一致；反应型为 RRSRRRR 的大豆材料 ZDD16866、ZDD22365、ZDD21757、ZDD14770 和 ZDD14671 可能与 *Rps3b*+*Rps5*+*Rps6* 的抗病基因组合一致。

由于受到大豆疫霉菌菌株的限制，30 个感病材料的反应型与 *Rps2* 或 *Rps3c* 反应模式和不含 *Rps* 基因的 Williams（*rps*）反应型一致，所以他们可能含有抗病基因 *Rps2* 或 *Rps3c* 或不含抗病基因。

其他 20 种反应型不同于已知单个抗病基因的反应型，也不同于 2 个或 2 个以上已知抗病基因组合的反应型，推测可能含有未知的抗病基因。

通过基因推导，华南地区大豆资源可能含有 *Rps1a*、*Rps1b*、*Rps1c*、*Rps1d*、*Rps1k*、*Rps3a*、*Rps3b*、*Rps3c*、*Rps4*、*Rps5*、*Rps6* 和 *Rps7* 等抗病基因，所以华南地区大豆资源抗大豆疫霉根腐病基因丰富。

第六节　小　结

采用下胚轴创伤接种法，华南地区推广应用的 67 个大豆品种（系）及骨干亲本对大豆疫霉菌 PGD1、Pm14、Pm28、PNJ1、PNJ3、PNJ4 和 P6497 的侵染率分别为 86.6%、80.6%、85.1%、61.2%、77.6%、74.6%和 80.6%。大豆疫霉菌 PGD1 是在广东发现并分离出的新的大豆疫霉菌株，抗大豆疫霉菌 PGD1 的品种有华夏 6 号、华夏 10 号、桂春 6 号、桂春 10 号、桂夏 1 号和浙春 3 号，占 9.0%。对 7 个大豆疫霉菌接种表现感病的品种有 27 个，占 40.3%；毒力频率为 0 的品种仅有桂夏 1 号，该品种对大豆疫霉菌 PGD1、Pm14、PNJ1、PNJ4 和 P6497 表现抗病，对大豆疫霉菌 Pm28 和 PNJ3 表现为中间型，所以华南地区生产上应用的抗大豆疫霉根腐病品种较少。

为了筛选抗大豆疫霉菌 PGD1 优异抗源，用大豆疫霉菌 PGD1 接种鉴定主要来自华南地区的大豆种质资源 631 份，101 份表现为抗病，占鉴定资源的 16.0%；73 份表现为中间型，占 11.6%；457 份表现为感病，占 72.4%。抗大豆疫霉菌 PGD1 的 83 份资源对 6 个不同毒力菌株 Pm14、Pm28、PNJ1、PNJ3、PNJ4 和 P6497 的侵染率分别为 28.9%、34.9%、9.6%、66.3%、57.8%和 10.8%。在 83 份大豆种质资源中，抗 7 个大豆疫霉菌生理小种的资源有 4 个，分别为 ZDD21538、ZDD21604、明夏豆 1 号和 ZDD14286，占鉴定资源的 4.8%。毒力频率为 0 的资源有 15 个，占鉴定资源的 18.1%；毒力频率为 14.3%的资源有 13 个，占鉴定资源的 15.7%；毒力频率为 28.6%的资源总数为 23 个，占鉴定资源的 27.7%。所以华南地区大豆资源中蕴藏着较为丰富的抗疫大豆疫霉菌 PGD1 资源和多抗大豆疫霉菌抗源。

120 个品种分别抗 1~7 个生理小种，共产生 35 个抗病反应型，有 4 种反应型与单个抗病基因的反应型一致，有 8 种反应型与 2 个已知基因组合的反应型相同，有 3 种反应型与 3 个已知基因组合的反应型相同，其他 20 种反应型不同于已知单个抗病基因的反应型，也不同于 2 个或 2 个以上已知抗病基因组合的反应型，推测可能含有未知的新的抗病基因，所以华南地区大豆资源蕴藏着丰富的抗大豆疫霉根腐病基因。

参考文献

Huang J, Guo N, Li Y H, et al., 2016. Phenotypic evaluation and genetic dissection of resistance to*Phytophthora sojae* in the Chinese soybean minicore collection [J]. BMC Genet, 17: 85.

Kaitany R C, Hart L P, Safir G R, 2001. Virulence composition of*Phytophthora sojae* in Michigan [J]. Plant Disease, 85: 1 103-1 106.

Schmitthenner A F, 1985. Problems and progress in control Phytophthora root rot of soybean [J]. Plant Disease, 69 (4): 362-368.

Wrather J A, Stienstra W C, Koenning S R, 2001. Soybean disease loss estimates for the United States from 1996 to 1998 [J]. Canadian Journal of Plant Pathology, 23 (2): 122-131.

陈四维，张婷婷，肖丽，等，2016. 四川大豆疫霉毒力鉴定及资源抗性分析 [J]. 中国油料作物学报，38 (4): 539-542.

程艳波，马启彬，牟英辉，等，2015. 华南大豆种质对疫霉根腐病的抗性分析 [J]. 中国农业科学，48 (12): 2 296-2 305.

程艳波，马启彬，牟英辉，等，2015. 华南地区推广应用大豆品种对疫霉根腐病的抗性评价 [J]. 华南农业大学学报，36 (4): 69-75.

范爱颖，2009. 大豆品种豫豆 25 抗疫霉根腐病基因的分子标记与作图 [D]. 北京：中国农业科学院.

霍云龙，朱振东，李向华，等，2005. 抗大豆疫霉根腐病野生大豆资源的初步筛选 [J]. 植物遗传资源学报 (2): 182-185.

靳立梅，徐鹏飞，吴俊江，等，2007. 野生大豆种质资源对大豆疫霉根腐病抗性评价 [J]. 大豆科学 (3): 300-304.

李晓那，孙石，钟超，等，2017. 黄淮海地区大豆主栽品种对 8 个大豆疫霉菌株的抗性评价 [J]. 作物学报，43 (12): 1 774-1 783.

李长松，路兴波，刘同金，等，2001. 大豆疫霉根腐病菌生理小种的鉴定及品种抗病性筛选［J］. 中国油料作物学报（2）：60-62.
马淑梅，丁俊杰，郑天琪，等，2005. 黑龙江省大豆疫霉根腐病生理小种鉴定结果［J］. 大豆科学（4）：260-262.
马淑梅，李宝英，丁俊杰，2001. 大豆疫霉根腐病抗病资源筛选及抗性遗传研究［J］. 大豆科学（3）：197-199.
任海龙，马启彬，杨存义，等，2012. 华南地区大豆育种材料抗疫霉根腐病鉴定［J］. 大豆科学，31（3）：453-456.
任海龙，宋恩亮，马启彬，等，2010. 南方三省（区）抗大豆疫霉根腐病野生大豆资源的筛选［J］. 大豆科学，29（6）：1 012-1 015.
任海龙，2011. 华南地区大豆疫霉根腐病鉴定及抗病性遗传分析［D］. 广州：华南农业大学.
任林荣，2016. 黄淮地区大豆品种对大豆疫霉根腐病的抗性研究［D］. 南京：南京农业大学.
沈崇尧，苏彦纯，1991. 中国大豆疫霉病菌的发现及初步研究［J］. 植物病理学报（4）：60.
孙石，2008. 大豆疫霉根腐病抗性的遗传分析及基因定位的初步研究［D］. 南京：南京农业大学.
唐庆华，崔林开，李德龙，等，2010. 黄淮地区大豆种质资源对疫霉根腐病的抗病性评价［J］. 中国农业科学，43（11）：2 246-2 252.
王晓鸣，朱振东，王化波，等，2001. 中国大豆疫霉根腐病和大豆种质抗病性研究［J］. 植物病理学报（4）：324-329.
杨瑾，汪孝璊，叶文武，等，2020. 黄淮海地区大豆种质资源对疫霉根腐病的抗性鉴定［J］. 大豆科学，39（1）：12-22.
杨晓贺，顾鑫，于铭，等，2016. 三江平原主栽大豆品种对大豆疫霉根腐病的抗性分析［J］. 大豆科学，35（2）：291-294.
钟超，李银萍，孙素丽，等，2015. 野生大豆资源对大豆疫病抗病性和耐病性鉴定［J］. 植物遗传资源学报，16（4）：684-690.
朱振东，霍云龙，王晓鸣，等，2006. 大豆疫霉根腐病抗源筛选［J］. 植物遗传资源学报（1）：24-30.

第十一章　大豆白粉病菌鉴定及其抗性遗传研究

第一节　引　言

大豆白粉病（soybean powdery mildew）是由大豆白粉病菌（*Microsphaera diffusa* Cooke & Peck）侵染引起的一种区域性和季节性较强的真菌性病害，在凉爽、湿度大、早晚温差较大的环境条件下较易发病（Leath et al.，1982）。白粉病为多循环病害，病害潜育期短，一个生长季可多代繁殖，且繁育率高，产生的孢子可借助空气大范围传播，可多次重复侵染寄主作物，一旦遇到合适的气候和环境条件，极易发生大范围流行（王跃强，2012）。大豆白粉病普遍发生于美国东南和中西部、巴西、澳大利亚、日本以及印度的东北部等大豆种植地区，能导致感白粉病的大豆减产 30%～40%（Baiswar et al.，2016；Dunleavy，1976；Goncalves et al.，2002；Grau，2006；Leath et al.，1982；Mclaughlin，1977；McTaggart et al.，2012；Takamatsu et al.，2002）。大豆白粉病于 1931 年最先在美国发现，20 世纪 70 年代在美国东南部及中西部严重爆发；日本在 1982 年报道白粉病发生，17 年后在九州岛大面积暴发；巴西于 1996—1997 年在大豆的生长季节，大面积出现白粉病；1998 年起，韩国、越南、我国台湾等地都相继出现大豆白粉病（吴昭慧等，2006）。

据调查，大豆白粉病主要发生在我国华南地区的冬、春季节以及西南高海拔地区的春、秋季节。大豆白粉病可以导致大豆严重减产，品质变劣。该病主要为害叶片，初期在叶片正面覆盖有白色粉末状的小病斑，后期不断扩大，逐渐由白色转为灰褐色，最后叶片组织变黄，光合效能严重降低，进而影响植株生长发育以及品质和产量（段丽霞，1982；柳建等，2015）。

国内关于大豆白粉病的研究报道很少，国外对大豆白粉病抗性遗传及种质材料鉴定进行了一些研究（Jun et al.，2012；Wang et al.，2013），但关于抗病性分子机制方面的研究极少。近年来，大豆白粉病在我国华南和西南大豆种植区发生的区域呈快速扩展以及发病快的趋势，大大增加了防治难度和成本，从而影响了大豆的产量和品质。因此，对大豆白粉病的病原菌、抗性资源筛选及其抗病性机制进行深入研究对于培育抗病品种具有重要的意义。

第二节　大豆白粉病菌的鉴定

一、大豆白粉病菌无性型形态

大豆白粉病出现在叶片、茎秆以及豆荚上，症状以叶片的正面显著，此病多从下部叶先出现，逐渐侵染上部叶。菌丝体在叶面上形成白色、绒絮状、近圆形或不规则的病斑，随着病情扩展，病斑扩大同时渐成灰白色，最后病斑彼此连接布满整张叶片（图 11-1）。

图 11-1　大豆对白粉病的抗性表现

（a. 位于叶片正面的大豆白粉病菌菌落；b. 位于茎部的大豆白粉病菌菌落；c. 田间条件下，大豆对白粉病的抗感表现，其中感白粉病的材料叶片呈灰白色，抗病材料叶色正常）

大豆白粉病菌菌丝外生，菌丝多为平直，少部分弯曲，菌丝分枝成直角或角度很小，有隔膜；在菌丝上有对生或单生的附着胞，多裂片；分生孢子梗多数是直立，单一着生，多数分生孢子梗由 2~3 个细胞组成，分生孢子梗足细胞直立或稍微弯曲；孢子梗上部分会伸长特化形成分生孢子，分生孢子球形或椭圆形、单生，单胞、无色透明；分生孢子萌发时在其肩长出芽管（图 11-2）。采自乐昌和广州的大豆白粉

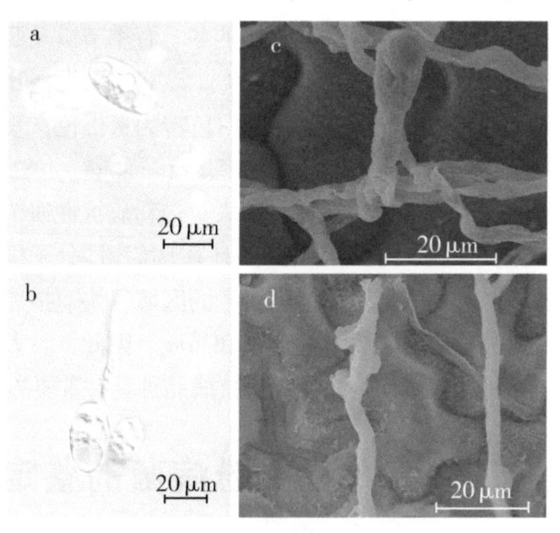

图 11-2　大豆白粉病菌无性型形态特征

（a 和 b 为光学显微镜下的图片；c 和 d 为扫描电镜下的图片；a. 分生孢子；b. 发芽管从分生孢子的末端长出；c. 分生孢子梗；d. 菌丝及其附着胞）

病菌都观察到上述的形态特征，只是分生孢子有较小差异（表 11-1）。以上形态特征与 Takamatsu 等（2002）报道的大豆白粉病菌的无性型一致，属于半知菌亚门 Oidium 亚属 *Pseudoidium*。

表 11-1　大豆白粉病菌分生孢子及分生孢子梗大小

采集地点	采集时间（年/月）	分生孢子大小（μm）	分生孢子梗大小（μm）
乐昌	2008/11	30. 0~51. 0×16. 0~25. 0（39. 5×22）	
广州	2008/3	28. 5~41. 5×16. 0~22. 0（39. 5×18. 9）	
广州	2008/12	30. 5~42. 0×16. 5~22. 0（37×19）	41. 0~87. 0×7. 5~12. 5（66×9. 8）

二、大豆白粉病菌分子鉴定结果

（一）大豆白粉病菌测序结果

鉴于采自韶关乐昌和广州的大豆白粉病菌的无性型的主要形态特征差异很少，所以先将采自广州的大豆白粉病菌的 rDNA ITS 区进行测序。

采自广州的大豆白粉病菌序列包括部分 18S rDNA 基因 3′末端的部分序列，ITS1、5. 8S rDNA 基因和 ITS2 的全部序列以及 28S rDNA 基因 5′末端部分序列，整个序列全长 628bp（图 11-3，附录）。

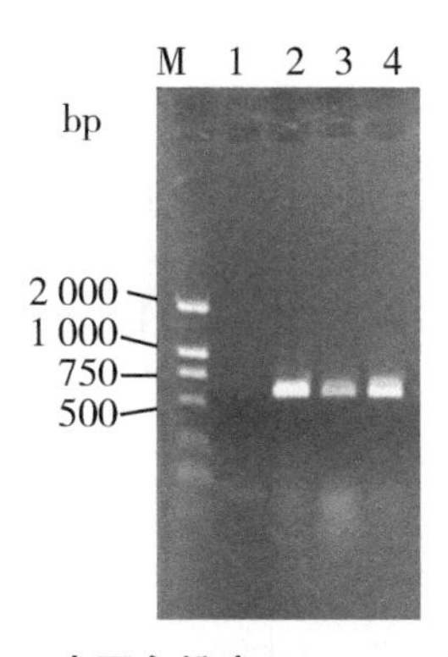

图 11-3　大豆白粉病 ITS-PCR 扩增图谱

（M 为 DL2000 Marker；2 和 3 代表来自广州的大豆白粉病菌；
4 为来自乐昌的大豆白粉病菌；1 为空白对照）

（二）Blast 序列比对结果

采自广州的大豆白粉病菌与 GenBank 数据库中 *Oidium* sp. 中的登录号分别为 AB078812. 1、AB078811. 1、AB078813. 1 等 12 个菌株以及与属于 *Erysiphe diffusa* 的所有 12 个菌株的相似度高达 100%。Blast 查询结果分类报告中列出的 100 个 *E* 值为 0 的主要同源序列中，有 84 个属于白粉菌属（*Erysiphe*），其中 12 株是 *Erysiphe diffusa*，同时 16 个属于 *Oidium*。

（三）基于 ITS 区间序列的白粉菌菌株的系统发育树的构建及分析

从发育树可以看出采自广州的大豆白粉病菌（GZ01）与来自日本、韩国、美国以及巴西在 GeneBank 数据库中注册的大豆白粉病菌代表菌株处在一个分枝中（自举检验值为 100%），这表明发生在上述各国的大豆白粉病致病菌亲缘关系很近，可能为同一个种（图 11-4）。此外，包含有 *Oidium* sp. 以及 *Erysiphe diffusa* 的大豆白粉病菌与豌豆白粉菌 *Erysiphe pisi* 的遗传距离较近，能聚在一个分支上（自举检验值为 94%）。来自日本能形成子实体被命名为 *Erysiphe glycines* var. *glycines* 的大豆白粉病菌与采自广州的白粉病菌遗传距离较远。综上所述，通过分子鉴定结合形态鉴定，推定发生在广州的大豆白粉病的致病菌为 *Erysiphe diffusa*。

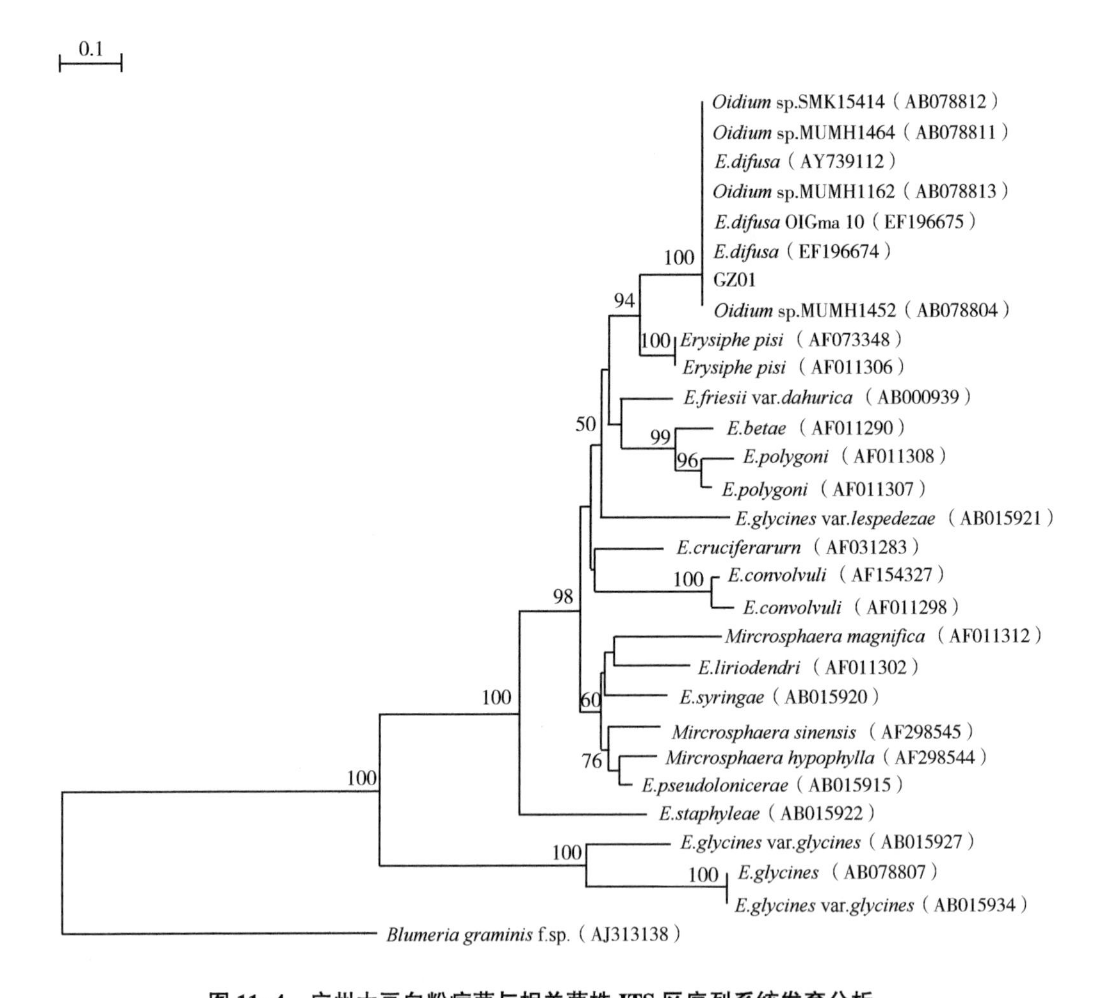

图 11-4 广州大豆白粉病菌与相关菌株 ITS 区序列系统发育分析

（GZ01 代表广州大豆白粉病菌；括弧内的编号为该菌株在 GenBank 数据库中的登录号；在节点上的数字为自举检验值）

第三节　南方大豆种质资源白粉病抗性评价

对来源于南方 7 个省份 285 份栽培大豆进行田间抗大豆白粉病鉴定，统计结果表明，285 份栽培大豆资源中有 161 份叶片表面无白色粉末状病斑，病级为 0，表现为抗病反应，占鉴定资源总数的 56.5%；有 33 份植株病斑面积低于叶面积的 2/3，病级为 1 级或 2 级，呈中间反应类型，占 11.6%；91 份植株病斑面积超过叶面积2/3，病级在 3 级以上，表现为感病，占 31.9%（表 11-2；李穆等，2016）。进一步对来自云南、贵州、四川、巴西和美国等的大豆种质资源进行抗病品种鉴定，累计发现抗病品种 229 个、感病品种 125 个（附表 8）。

表 11-2　不同来源大豆资源对大豆白粉病的响应

省份	数量	对白粉病的响应		
		R	M	S
海南	4	2	1	1
广东	8	6	0	2
湖南	121	61	16	44
广西	42	33	2	7
福建	20	10	4	6
四川	62	40	6	16
江西	28	9	4	15
合计	285	161	33	91

注：R：抗病，M：中间类型，S：感病。

第四节　抗性栽培大豆资源的分布

被鉴定的栽培大豆资源来源于我国南方 7 个省（区），分别是海南、广东、湖南、广西、福建、四川和江西。研究结果表明，来源于广西的栽培大豆资源抗性最丰富，在鉴定的 42 份广西资源中有 33 份表现为抗病反应，占 78.6%；其次为广东和四川，抗性比例分别为 75.0%和 64.5%；湖南、海南、福建抗性资源占该地区被鉴定资源的一半，抗性比例均为 50.0%左右；江西的 28 份鉴定资源中仅有 9 份表现为抗病反应，抗性比例最低，为 32.1%（图 11-5）。

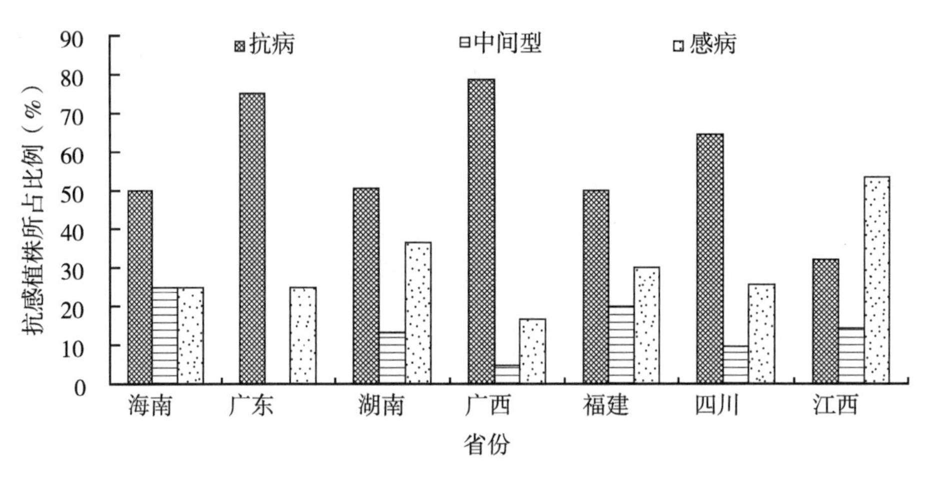

图 11-5　栽培大豆白粉病抗病性类型分布

第五节　大豆抗性遗传分析

从表 11-3 可知，15 株 F_1（桂早一号×B3）、1 株 F_1（桂早一号×B13）和 8 株 F_1（华夏 4 号×福豆 234）均表现为抗白粉病，F_2（桂早一号×B3）和 F_2（华夏 4 号×福豆 234）群体中对白粉病的抗感植株比都符合 3∶1 的理论比值。在 130 个 $F_{2:3}$（桂早一号×B3）株系内，单株间出现抗感分离的株系有 70 个，株系内单株全部表现为抗病的有 29 个，株系内单株全部表现为感病的有 31 个，抗病株系、杂合株系和感病株系三者之间的比例符合 1∶2∶1 的分离比率。$F_{8:11}$（桂早一号×B13）群体抗感株系的分离比例符合 1∶1 分离模式［$X^2_{(1:1)}$= 1.46，P=0.23］。上述结果表明 B3、B13 和福豆 234 对大豆白粉病的抗性遗传符合孟德尔显性单基因的遗传规律。

表 11-3　大豆对白粉病的抗性分离模式

材料	世代	株数	观察值			期望值和 X^2 值		
			R	Rs	S	(R∶Rs∶S)	X^2	P
桂早一号×B3	F_1	15	15	—	—	—	—	—
	F_2	491	363	—	128	3∶1	0.05	0.83
	$F_{2:3}$	130	29	70	31	1∶2∶1	0.12	0.94
华夏 4 号×福豆 234	F_1	8	8	—	—	—	—	—
	F_2	205	162	—	43	3∶1	0.28	0.58
桂早一号×B13	F_1	1	1	—	—	—	—	—
	$F_{8:11}$	248	114	—	134	1∶1	1.46	0.23

注：R：抗大豆白粉病单株（株系）；S：感大豆白粉病单株（株系）；Rs：杂合株系。

第六节　大豆抗病位点的定位

一、B3 抗白粉病位点（*Rmd-B3*）的定位

Satt547、GMES0069、Satt431、GMES6959 和 Sat_393 共 5 个标记在双亲及抗感池中扩增片段有多态性，后用这 5 个标记对 113 个感病个体进行遗传连锁分析。结果发现这 5 个标记与目标性状存在连锁关系（图 11-6），利用 Mapmarker 3.0 分析软件对其进行连锁分析，发现 B3 的抗白粉病位点位于标记 GMES6959 和 Sat_393 之间，遗传距离分别为 7.1cM 和 4.6cM（图 11-7）。

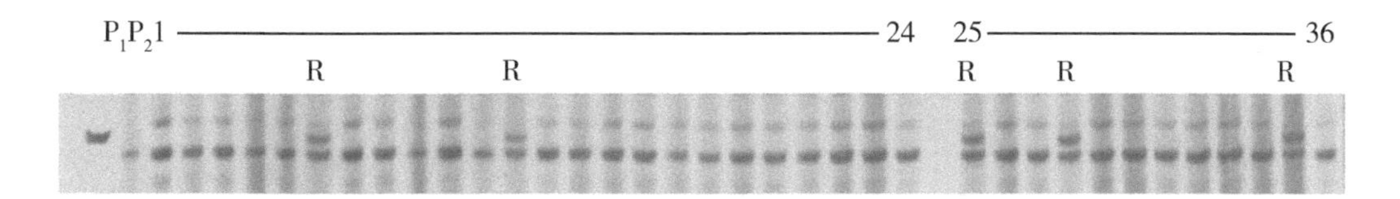

图 11-6　标记 GMES6959 在桂早一号×B3 的 F_2 代部分感病群体中的连锁分析

（P_1 代表抗病亲本（B3）；P_2 代表感病亲本（桂早 1 号）；

1~36 代表感病单株；R 代表发生重组的个体）

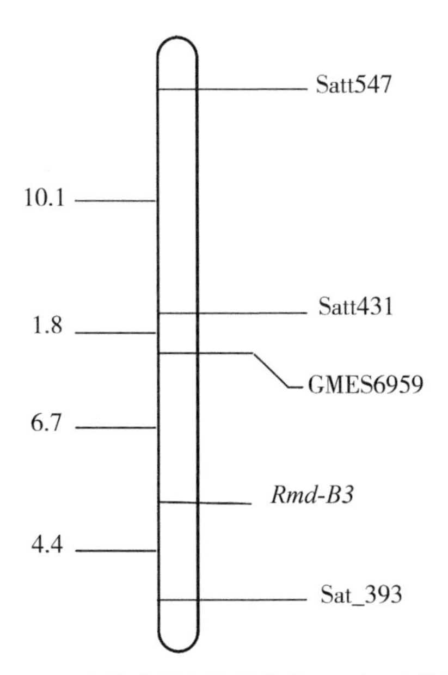

图 11-7　B3 抗大豆白粉病位点 *Rmd-B3* 的定位

（Jiang et al.，2019）

二、大豆 B13 白粉病抗性位点 *Rmd-B*13 定位

利用 F_8（桂早 1 号 × B13）高密度遗传图谱，用 WinQTLCart2. 5 在全基因组范围内对 248 个重组自交系群体对白粉病的抗感情况进行检测分析，通过复合区间作图法（图 11-8）仅在第 16 号染色体末端检测出一个 LOD 值大于 2. 5，为 87. 56 的位点，表型变异解释率为 78. 37%。同时，结合该区段 12 个重组单株的基因型信息（图 11-9），将 B13 抗大豆白粉病位点定位在了第 16 号染色体的 bin203，物理位置为 37 102 014~37 290 074bp，约为 188kb。在大豆数据库 soybase（http：//www. soybase. org）的 Glyma. Wm82. a2. v1 搜索该区间信息，预测该区间含有 28 个候选基因（表 11-4），并将上述基因在 TAIR10（http：//www. arabidopsis. org）进行功能预测，其中 17 个候选基因含有抗病蛋白 TIR-NBS-LRR 结构域（图 11-10），这些具有编码抗病蛋白结构域的候选基因可能与 B13 抗白粉病有关。

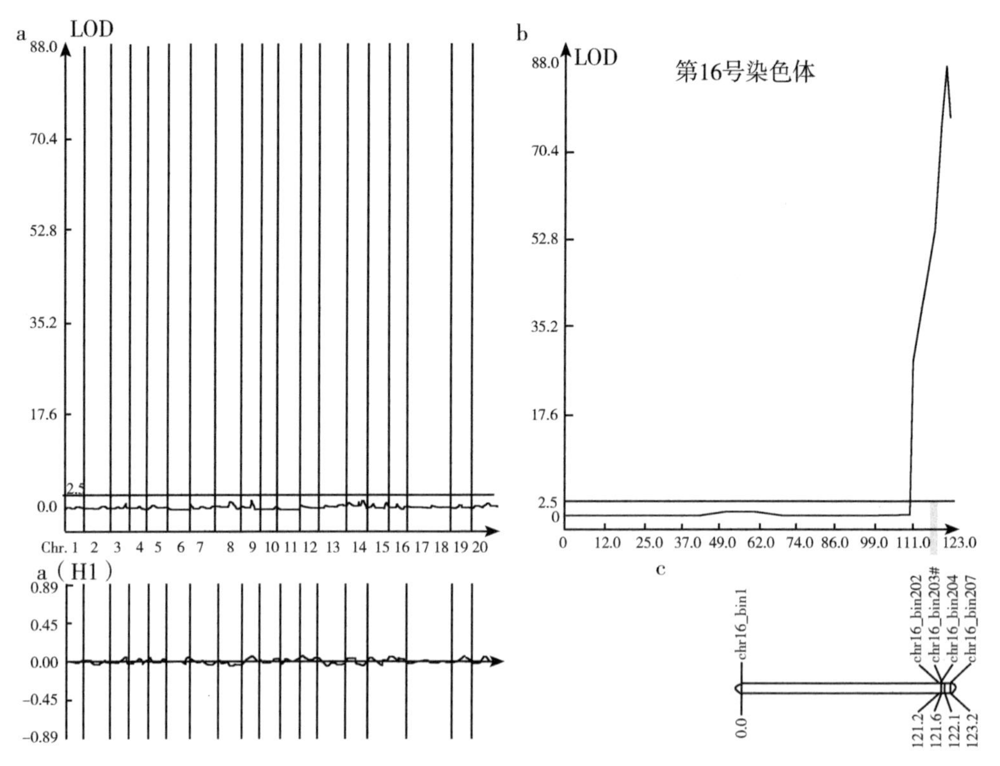

图 11-8 *Rmd-B*13 的在染色体上的定位信息

（a，b. *Rmd-B*13 LOD 值；c. *Rmd-B*13 定位在第 16 号染色体）

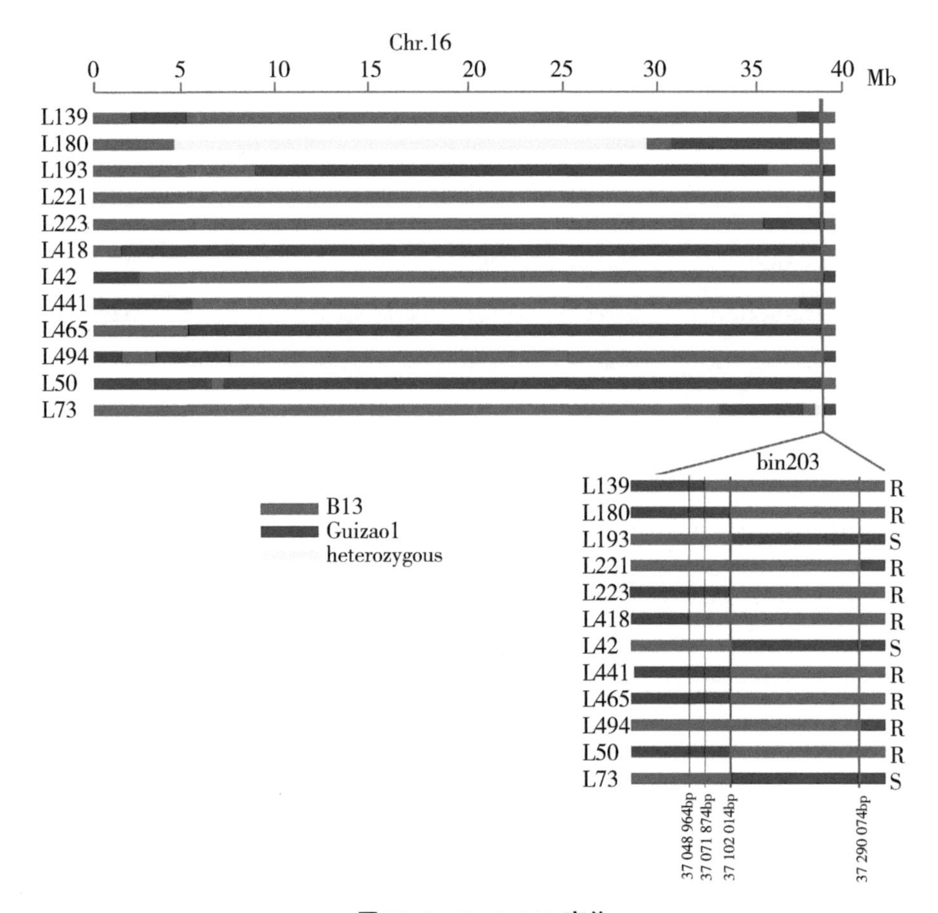

图 11-9　*Rmd-B*13 定位

（Jiang et al.，2019）

（红色片段为 B13 的基因型，蓝色片段为桂早 1 号的基因型，黄色为杂合基因型；株系 50、139、180、221、223、418、441、465 和 494 抗白粉病，株系 42、73 和 193 感白粉病）

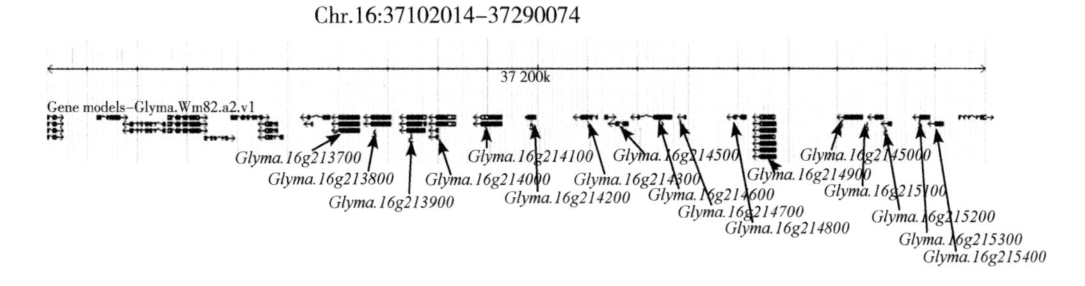

图 11-10　*Rmd-B*13 定位区间的候选基因

（Jiang et al.，2019）

表 11-4　*Rmd-B*13 定位区域候选基因功能注释

	基因	注释	同源基因
1	*Glyma*. 16*g*212800	Biological process	AT1G15030. 1
2	*Glyma*. 16*g*212900	Amino acid transport	AT1G65730. 1
3	*Glyma*. 16*g*213000	Root hair initiation protein root hairless 1 (RHL1)	AT1G48380. 1
4	*Glyma*. 16*g*213100	Paralog of ARC6	AT3G19180. 1
5	*Glyma*. 16*g*213200	Succinyl-CoA ligase, alpha subunit	AT5G23250. 1
6	*Glyma*. 16*g*213300	Staurosporin and temperature sensitive 3-like b	AT1G34130. 1
7	*Glyma*. 16*g*213400	Peptidoglycan-binding LysM domain-containing protein	AT5G23130. 1
8	*Glyma*. 16*g*213500	RING/U-box superfamily protein	AT3G19950. 1
9	*Glyma*. 16*g*213600	No items to show	
10	*Glyma*. 16*g*213700	Disease resistance protein (TIR-NBS-LRR class) family	AT5G36930. 1
11	*Glyma*. 16*g*213800	Disease resistance protein (TIR-NBS-LRR class) family	AT5G36930. 2
12	*Glyma*. 16*g*213900	Disease resistance protein (TIR-NBS-LRR class) family	AT5G36930. 2
13	*Glyma*. 16*g*214000	Disease resistance protein (TIR-NBS-LRR class), putative	AT5G17680. 1
14	*Glyma*. 16*g*214100	Disease resistance protein (TIR-NBS-LRR class) family	AT5G36930. 1
15	*Glyma*. 16*g*214200	Disease resistance protein (TIR-NBS-LRR class), putative	AT5G17680. 1
16	*Glyma*. 16*g*214300	Disease resistance protein (TIR-NBS-LRR class), putative	AT5G17680. 1
17	*Glyma*. 16*g*214400	Exocyst subunit exo70 family protein B1	AT5G58430. 1
18	*Glyma*. 16*g*214500	Disease resistance protein (TIR-NBS-LRR class) family	AT5G36930. 2
19	*Glyma*. 16*g*214600	Disease resistance protein (TIR-NBS-LRR class) family	AT5G51630. 3
20	*Glyma*. 16*g*214700	Disease resistance protein (TIR-NBS-LRR class) family	AT1G72890. 1
21	*Glyma*. 16*g*214800	Disease resistance protein (TIR-NBS-LRR class) family	AT5G36930. 1
22	*Glyma*. 16*g*214900	Disease resistance protein (TIR-NBS-LRR class), putative	AT5G17680. 1

（续表）

	基因	注释	同源基因
23	*Glyma*. 16*g*215000	Disease resistance protein（TIR-NBS-LRR class），putative	AT5G17680. 1
24	*Glyma*. 16*g*215100	Disease resistance protein（TIR-NBS-LRR class）family	AT1G72890. 1
25	*Glyma*. 16*g*215200	Disease resistance protein（TIR-NBS-LRR class）family	AT1G72890. 1
26	*Glyma*. 16*g*215300	Disease resistance protein（TIR-NBS-LRR class），putative	AT5G17680. 1
27	*Glyma*. 16*g*215400	Disease resistance protein（TIR-NBS-LRR class）family	AT1G72890. 1
28	*Glyma*. 16*g*215500	Translation initiation factor eIF3 subunit	AT5G37475. 1

参考文献

段丽霞，1982. 贵州大豆白粉病调查研究初报［J］. 贵州农学院学报（1）：114-116.

李穆，刘念析，岳岩磊，等，2016. 抗大豆白粉病南方栽培大豆种质资源的初步筛选［J］. 大豆科学，35（2）：209-212，221.

柳建，姜文涛，安保宁，等，2015. 大豆白粉病病原菌鉴定［J］. 植物病理学报，45（5）：548-551.

王跃强，2012. 大豆低聚糖与白粉病的遗传分析及相关基因分子标记［D］. 哈尔滨：东北农业大学.

吴昭慧，连大进，郑奇炜，等，2006. 毛豆品种（系）对白粉病菌 *Erysiphe diffusa* 之感受性调查［J］. 植物保护学会会刊，48（4）：341-348.

BAISWAR P，CHANDRA S，NGACHAN S，2016. Molecular evidence confirms presence of anamorph of Erysiphe diffusa on soybean（*Glycine max*）in northeast India［J］. Australasian Plant Disease Notes，11（1）：25.

DUNLEAVY J M，1976. A survey of powdery mildew of soybean in central Iowa［J］. Plant Dis Rep，60：675-677.

GONÇALVES E C P，MAURO A O D，2002. Genetics of resistance to powdery mildew（*Microsphaera diffusa*）in Brazilian soybean populations［J］. Genetics & Molecular Biology，25（3）：339-342.

JIANGB，LI M，CHENG Y，et al.，2019. Genetic mapping of powdery mildew resistance genes in soybean by high-throughput genome-wide sequencing［J］. Theoretical and Applied Genetics，125（6）：1 159- 1 168.

JUN T, MIAN M A R, KANG S, et al., 2012. Genetic mapping of the powdery mildew resistance gene in soybean PI 567301B [J]. Theoretical and Applied Genetics, 125 (6): 1 159- 1 168.

LEATH S, CARROLL R B, 1982. Powdery mildew on soybean in Delaware [J]. Plant Disease, 66 (1): 70-71.

MCLAUGHLIN M R, 1977. Microsphaera diffusa, the perfect stage of the soybean powdery mildew pathogen [J]. Phytopathology, 67: 726-729.

MCTAGGART A R, RYLEY M J, SHIVAS R G, 2012. First report of the powdery mildew *Erysiphe diffusa* on soybean in Australia [J]. Australasian Plant Disease Notes, 7 (1): 127-129.

TAKAMATSU S, SHIN H D, PAKSIRI U, et al., 2002. Two Erysiphe species associated with recent outbreak of soybean powdery mildew: Results of molecular phylogenetic analysis based on nuclear rDNA sequences [J]. Mycoscience, 43 (4): 333-341.

WANG Y, SHI A, ZHANG B, et al., 2013. Mapping powdery mildew resistance gene in V97-3000 soybean [J]. Plant Breeding, 132 (6): 625-629.

附　　录

附图 1　磷效率表型性状鉴定

（a. 田间种植鉴定；b. 盆栽鉴定）

附图 2　野生大豆基因型不同磷条件下差异

（a. 基因型为 JW108，左边植株为高磷条件下，右边植株为低磷条件下；b. 基因型为 W356，左边植株为低磷条件下，右边植株为高磷条件下；c. 基因型为 BW76，左边植株为低磷条件下，右边植株为高磷条件下）

附表 1　在铜胁迫下大豆种质资源主根伸长率及伸长量

材料	对照根伸长量（cm）	铜胁迫下根的伸长量（cm）	根相对伸长率（%）
诏安秋大豆	2.2	0.9	40.27
宁化红花青	2.3	1.5	64.52
长汀高脚红花青	3.2	1.3	40.63
沙县乌豆	2.7	1.7	62.35
将乐乌豆	2.0	1.5	74.50
漳平青仁乌	1.9	1.2	64.43
上饶八月白	2.2	1.5	68.18
横峰蚂蚁窝	2.4	1.3	54.17
横峰浙江豆	2.2	1.1	50.23
上饶矮子窝	3.3	1.6	48.66
上饶黑山豆	2.1	1.4	66.67
乌壳黄	2.3	1.1	47.72
黄毛豆	3.3	1.8	54.66
大黄豆	2.3	1.5	65.52
黄豆 2 号	2.8	1.6	56.57
柳城十月黄	2.9	1.4	48.36
柏枝豆	2.4	1.9	78.35
山黄	2.2	1.0	44.60
大乌豆	3.2	1.8	55.81
恭城青皮豆	2.4	1.3	53.61
乌眼窝	2.5	1.6	63.49
八月黄	2.6	1.5	65.32
十月黄	2.2	1.3	59.09
迟黄豆	2.5	1.3	52.74
曾家绿黄豆	2.3	1.5	66.00
大黑豆	2.8	2.4	84.96
大黑豆	2.4	1.4	57.41
小绛色豆	3.2	1.2	37.74
剑阁八月黄	2.5	1.3	52.00
通江黄豆	2.1	1.2	56.02
通江赶谷黄	2.5	1.2	48.93

（续表）

材料	对照根伸长量（cm）	铜胁迫下根的伸长量（cm）	根相对伸长率（%）
崇庆九月黄	3.1	1.7	54.40
邛崃白毛子	2.8	1.8	63.49
汉源红花迟豆子	2.8	1.6	57.87
南川小黄豆	2.0	0.9	44.23
彭县绿豆	2.9	1.8	62.72
汉源前进青皮豆	2.7	1.6	59.59
眉山绿皮豆	2.5	1.4	55.78
邛崃西江黑豆	2.3	1.3	56.78
汉源巴利小黑豆	2.7	1.1	41.19
城南早豆-2	3.0	1.6	53.16
白大豆	3.6	2.4	67.04
六月黄-2	2.8	1.5	53.88
大黄豆-1	3.0	1.3	43.84
冬豆	3.1	2.0	65.57
桩桩豆	3.0	1.4	46.15
六月黄	3.5	1.6	45.99
观阁小冬豆	2.9	1.1	37.32
大豆	3.0	1.2	39.67
双花黄角豆	2.5	1.9	74.94
黄豆-1	3.1	1.1	35.54
黄豆-2	2.4	1.1	46.61
白水豆	3.1	1.0	31.90
早黄豆	2.0	1.3	65.49
赶谷黄-2	2.5	1.3	52.31
早黄豆-1	1.9	1.5	77.52
白毛子	2.2	1.2	54.55
新进白豆	2.7	1.4	52.83
六月黄	2.7	1.1	40.67
早黄豆-2	1.7	0.8	45.83
绿皮豆-2	2.3	1.2	51.24

（续表）

材料	对照根伸长量（cm）	铜胁迫下根的伸长量（cm）	根相对伸长率（%）
绿黄豆	3.0	1.4	47.42
青皮豆	2.1	1.4	67.61
大白毛豆-1	2.9	1.9	64.72
半年豆-2	1.9	1.0	53.37
黑豆子	1.5	1.3	84.69
小黑豆	2.4	1.2	50.82
黑药豆	2.2	1.2	54.55
酱色豆	2.3	1.2	51.61
猪肝豆	2.6	1.2	46.02
大香豆	2.9	1.6	54.51
棕色早豆子	2.3	1.2	51.82
洛史-1	2.6	1.1	42.39
皂角豆	3.4	1.6	47.57
扁子酱色豆	2.4	1.5	63.28
花大豆	2.3	1.1	48.05
二暑早	3.5	2.0	56.98
晚黄大豆	2.6	1.2	46.06
六月豆	2.9	1.5	52.20
黄皮田豆	2.9	1.4	47.86
苏茅钻	2.4	1.1	46.32
田豆	2.7	1.4	52.43
八月黄	2.7	1.7	62.00
婺源青皮豆	3.2	2.1	66.25
箍脑豆	2.7	1.2	45.06
田埂豆	1.7	1.5	88.24
红皮大豆	2.1	1.5	72.99
蚂蚁包	2.5	1.2	48.82
猫眼豆	2.9	1.3	45.53
晚黄豆	1.9	1.3	68.42
大黄珠	2.9	2.0	69.10

（续表）

材料	对照根伸长量（cm）	铜胁迫下根的伸长量（cm）	根相对伸长率（%）
青皮豆	2.3	1.0	44.01
上饶青皮豆	2.9	1.7	58.52
晚豆	2.5	1.2	47.52
铁籽豆	2.5	1.4	56.80
茶豆	2.7	1.1	41.51
华容重阳豆<乙>	3.0	1.8	60.50
通选一号	2.3	1.3	56.03
石门大白粒	3.6	1.5	41.41
石门夏黄豆	3.1	1.2	38.59
永顺二颗早	2.0	1.4	68.85
永顺黄大粒	2.5	1.5	60.13
新晃黄豆	2.9	1.0	33.96
黔阳黄豆	2.5	1.3	51.49
沅陵矮子早<甲>	2.3	1.6	69.36
沅陵早黄豆	3.0	1.4	46.67
辰溪大黄豆	3.0	1.4	46.20
吉首黄豆	2.1	1.0	46.84
吉首白皮豆	2.5	1.3	51.18
城步九月豆	2.9	1.5	52.45
金南黄豆	2.3	1.1	46.91
绥宁八月黄<甲>	2.0	1.3	66.67
绥宁八月黄<丙>	2.5	1.2	48.29
圳上黄豆	2.8	1.2	42.63
沙市八月黄	2.6	1.4	52.93
攸县八月黄	2.1	1.5	72.82
平江大鹏豆<乙>	1.9	1.0	52.34
平江八月黄<乙>	1.9	1.2	64.00
官庄黄豆<甲>	1.8	1.1	60.27
常宁五爪豆	2.2	1.3	59.09
茬前黄豆	2.3	1.4	60.48

（续表）

材料	对照根伸长量（cm）	铜胁迫下根的伸长量（cm）	根相对伸长率（%）
大同黄豆	2.3	1.6	68.90
零陵茅草豆	3.4	2.2	65.19
八月大黄豆<甲>	3.0	1.0	33.00
八月大黄豆<乙>	2.7	1.4	52.43
十月小黄豆	2.5	1.2	48.54
岳阳八月爆	3.3	1.4	42.36
常德中和青豆	4.2	2.0	47.68
益阳堤青豆	2.6	1.4	54.82
花垣八月豆	2.1	1.4	66.67
花垣绿皮豆	1.8	1.4	77.78
永顺青颗豆	2.8	1.5	53.70
内溪青豆<甲>	3.1	1.7	55.37
内溪青豆<乙>	2.0	1.5	73.89
内溪双平豆	2.8	1.7	60.18
新晃青皮豆	2.7	1.6	59.26
凤凰青皮豆<乙>	1.9	1.6	85.33
凤凰迟青皮豆	1.9	1.3	70.27
沅陵青皮豆<甲>	2.3	1.1	48.27
沅陵青皮豆<乙>	3.3	1.6	48.34
溆浦绿豆	3.5	1.7	48.02
城步南山青豆	2.3	1.2	51.13
铜宫十月黄	3.0	1.4	47.14
十月青豆	3.1	2.2	70.13
八月青豆	2.7	1.7	63.26
常德春黑豆	2.4	1.6	68.09
石门黑黄豆	2.3	1.3	57.04
东山黑豆	3.0	1.6	53.33
花垣小黑豆	2.7	1.2	45.28
花垣黑皮豆	2.7	1.3	47.87
永顺黑茶豆<甲>	2.3	1.3	55.91

（续表）

材料	对照根伸长量（cm）	铜胁迫下根的伸长量（cm）	根相对伸长率（%）
永顺黑茶豆<乙>	2.5	1.4	55.35
龙山黑皮豆	2.4	1.4	58.95
黑耶黑壳豆	2.1	1.2	57.87
新晃黑豆	2.6	1.4	53.85
黔阳黑皮豆	2.0	1.5	73.89
官茬黑豆	2.6	1.9	72.77
会同黑豆	3.5	1.5	43.48
石门茶黄豆	3.4	2.1	61.40
桃江红豆	3.0	2.0	66.33
保靖茶黄豆	3.5	2.3	65.06
花垣褐皮豆	1.8	1.1	61.80
永顺茶黄豆	4.1	2.3	56.58
龙山茶黄豆	3.4	1.3	38.69
吉首酱皮豆	2.6	1.3	49.52
湘西茶黄豆	2.6	1.3	50.98
黄双八月黄<丁>	2.3	1.4	60.87
平江大鹏豆<甲>	2.0	1.0	50.38
官庄黄豆<乙>	2.3	1.4	60.74
城步九月褐豆	2.6	1.4	53.96
湘 328	2.8	1.6	57.25
衡南高脚黄	2.3	1.9	82.25
禾亭药豆	2.6	1.2	47.06
衡山秋黑豆	1.7	0.9	53.25
长沙泥豆	2.7	1.3	48.37
矮生泥豆	2.6	1.4	54.79
化州大黄豆	2.4	1.5	63.42
春黑豆	3.1	1.3	41.94
定安小黑豆	2.6	1.3	49.43
葵黑豆	2.2	1.5	66.90
全州小黄豆	3.1	1.1	35.91

（续表）

材料	对照根伸长量（cm）	铜胁迫下根的伸长量（cm）	根相对伸长率（%）
石塘茶豆	2.6	1.3	50.43
半斤豆	2.1	1.6	74.77
二早豆	2.7	1.2	44.61
灵川黄豆	2.5	1.5	60.00
77-27	2.6	1.5	57.03
黄皮八月豆	2.5	1.5	60.00
环江八月黄	2.0	1.3	64.80
凤山八月豆	2.6	1.0	37.81
十月黄	2.5	1.2	47.71
忻城棒豆	2.1	1.5	70.92
小颗黄豆	3.2	1.4	44.16
隆林隆或黄豆	2.7	1.5	56.39
马山周六本地黄	2.1	1.2	57.72
罗圩平果黄豆	3.3	1.8	54.55
响水黄豆（黄荚）	3.0	2.0	66.33
宁明海渊本地黄	3.2	1.8	55.99
合浦外地豆	2.1	1.3	61.32
十月青	3.7	2.2	59.62
绿皮豆	2.5	1.3	51.06
狗叫黄豆	2.6	1.4	54.59
羊头十月青	2.6	1.4	54.58
上树黄豆	2.5	0.8	32.00
寺村黑豆	1.6	1.0	61.54
马山仁蜂黄豆	2.3	1.4	61.81
响水黑豆	2.7	1.2	43.72
科甲黑豆	2.6	1.4	53.44
白毛豆	3.5	1.5	42.98
小白豆	3.0	0.9	30.10
大绿黄豆	2.6	1.0	38.17
白花黄皮	2.3	2.0	85.47

（续表）

材料	对照根伸长量（cm）	铜胁迫下根的伸长量（cm）	根相对伸长率（%）
黄豆-2	3.3	1.6	49.16
黄皮田埂豆-1	2.3	1.1	48.62
蚁蚣包	2.5	1.2	47.20
小黄豆	1.6	1.2	77.17
古黄豆-4	2.1	1.0	46.76
珍珠豆-2	2.4	1.4	59.57
小黄豆-2	2.3	1.1	47.26
黄皮田埂豆-1	2.6	1.7	64.22
下冬豆	2.4	1.5	61.64
竹舟青皮豆-1	2.7	1.2	43.81
菜皮豆	3.4	1.6	47.55
大青豆-2	2.8	1.2	42.86
蚁蚣包-2	2.8	1.6	57.04
丰城麻豆	3.6	1.7	47.82
大青豆	2.5	1.5	59.62
汨罗八月黄	2.5	1.2	47.15
人潮溪黄豆 3	2.4	1.8	76.60
王村黄豆 3	2.2	1.5	68.35
郭公坪黄豆	2.3	1.6	68.38
溆浦绿豆选	2.3	1.4	60.43
桂花豆	2.0	1.5	75.60
麻竹豆	2.2	1.0	45.56
小沙江黄豆	3.5	1.8	51.87
横阳大黄豆 2	2.5	1.4	56.63
石头乡黄豆	2.8	1.4	49.21
桥市八月黄	2.6	1.5	58.71
汨罗青豆 3	2.4	1.6	67.09
新桥绿皮豆 2	1.4	0.9	62.87
人潮溪绿皮豆	2.6	1.2	46.80
野竹青皮豆 3	2.1	0.9	42.63

（续表）

材料	对照根伸长量（cm）	铜胁迫下根的伸长量（cm）	根相对伸长率（%）
野竹青皮豆 4	3. 2	1. 5	46. 51
辰溪青皮豆 1	2. 8	1. 4	49. 47
横阳青皮豆	2. 9	1. 7	59. 09
南县八月黑豆	2. 0	1. 0	51. 02
黄沙镇黑豆	2. 0	1. 1	54. 19
汨罗黑豆 1	2. 3	1. 2	51. 47
汨罗黑豆 2	1. 9	1. 1	58. 51
新桥黑豆	2. 2	1. 5	68. 18
黄家铺黑豆 3	2. 6	1. 4	53. 16
野竹黑豆	2. 9	1. 4	48. 70
马劲坳黑豆	1. 7	0. 8	48. 25
辰溪黑豆 1	2. 7	1. 6	59. 53
建财乡黑豆	2. 5	1. 1	43. 31
紫花冬黄豆	2. 0	1. 6	81. 91
白花冬黄豆	2. 0	1. 0	50. 98
野竹褐豆	2. 2	1. 4	63. 06
峦山紫豆	2. 5	1. 5	60. 32
桥头黄豆	2. 7	1. 6	59. 81
大粒青皮豆-1	2. 3	1. 0	42. 89
夏至青豆	2. 4	1. 6	66. 23
四九黑豆-2	2. 2	0. 9	40. 91
懒人豆-5	2. 5	1. 7	68. 69
环江六月黄 1	2. 7	1. 5	56. 17
忻城七月黄 2	3. 0	1. 8	59. 31
黎塘八月黄	2. 0	1. 4	70. 18
泰圩大青豆 1	3. 5	1. 2	34. 48
泰圩褐豆 2	3. 4	1. 8	52. 94
H17	2. 9	1. 9	65. 17
H19	2. 4	1. 2	50. 00
H21	3. 1	1. 5	47. 92

（续表）

材料	对照根伸长量（cm）	铜胁迫下根的伸长量（cm）	根相对伸长率（%）
H42	2.9	1.6	55.56
H51	2.1	1.5	70.26
H53	2.9	1.5	52.17
H54	2.5	1.5	60.54
H64	3.3	1.9	57.93
华夏1号	2.4	1.6	65.60
华夏2号	2.3	1.2	51.72
华夏3号	1.7	1.3	75.00
华夏4号	2.0	1.1	55.00
华夏5号	2.4	1.2	50.70
华夏6号	2.5	1.4	55.67
华夏9号	2.8	1.1	40.00
桂夏豆2号	2.5	1.3	52.00
桂夏1号	2.0	1.0	50.00
桂夏3号	1.9	1.6	82.83
桂夏4号	2.2	1.5	67.87
南豆12	2.0	1.5	74.44
南农701	2.9	1.4	47.86
自贡冬豆	2.3	1.4	60.34
赣豆5号	2.7	1.4	51.28
明夏豆1号	2.8	1.5	54.39
粤夏101	3.8	2.2	58.61
粤夏102	2.5	1.5	60.98
粤夏103	2.3	1.6	68.97
粤夏104	2.2	1.1	50.00
粤夏105	2.6	1.8	70.13
粤夏106	2.5	1.0	39.84
粤夏107	2.3	1.3	56.28
粤夏108	2.1	1.3	61.90
粤夏109	2.2	1.3	59.36

（续表）

材料	对照根伸长量（cm）	铜胁迫下根的伸长量（cm）	根相对伸长率（%）
粤夏 110	3.4	1.9	56.23
粤夏 111	2.5	1.1	43.35
粤夏 112	2.1	1.0	47.17
粤夏 113	2.0	1.4	71.25
粤夏 114	2.9	1.5	51.09
粤夏 115	4.2	1.8	43.32
粤夏 116	2.2	1.4	62.50
粤夏 117	2.3	1.3	56.26
粤夏 118	3.7	2.2	60.13
粤夏 119	2.7	1.2	43.90
粤夏 120	2.5	1.0	40.65
粤夏 121	2.1	1.2	57.14
粤夏 122	2.2	1.3	58.56
粤夏 123	3.3	1.5	45.38
粤夏 124	3.8	2.1	55.26
粤夏 125	3.0	1.5	50.35
粤夏 126	2.3	1.5	64.66
粤夏 127	2.1	1.5	72.78

附表 2　322 份种质资源耐铜性的遗传相似比例

材料	遗传相似比例				
	A	B	C	D	E
华夏 3 号	0.03	0.681	0.019	0.208	0.062
晚黄大豆	0.014	0.233	0.01	0.737	0.006
凤凰迟青皮豆	0.298	0.669	0.009	0.019	0.005
黄豆-2	0.309	0.335	0.008	0.049	0.3
忻城七月黄 2	0.017	0.016	0.678	0.283	0.006
汨罗黑豆 1	0.129	0.247	0.17	0.283	0.172
苏茅钻	0.258	0.017	0.022	0.69	0.014
葵黑豆	0.684	0.135	0.01	0.071	0.1
黄白壳	0.037	0.236	0.598	0.12	0.009

（续表）

材料	遗传相似比例				
	A	B	C	D	E
吉首酱皮豆	0.165	0.482	0.049	0.006	0.298
青皮豆	0.133	0.526	0.121	0.195	0.024
上饶矮子窝	0.694	0.015	0.006	0.271	0.013
通选一号	0.005	0.012	0.005	0.973	0.005
平江八月黄<乙>	0.97	0.005	0.006	0.005	0.015
横峰淅江豆	0.373	0.494	0.022	0.046	0.065
花垣八月豆	0.135	0.589	0.025	0.164	0.087
南县八月黑豆	0.31	0.326	0.01	0.35	0.003
十月黄	0.568	0.031	0.053	0.335	0.014
H64	0.016	0.775	0.01	0.01	0.189
桂夏 4 号	0.008	0.344	0.013	0.615	0.02
黔阳黑皮豆	0.076	0.009	0.005	0.896	0.013
双花黄角豆	0.003	0.006	0.007	0.98	0.004
十月黄	0.05	0.453	0.007	0.435	0.055
华夏 1 号	0.012	0.612	0.009	0.017	0.35
黑耶黑壳豆	0.027	0.011	0.413	0.546	0.003
粤夏 128	0.021	0.043	0.004	0.928	0.004
常宁五爪豆	0.584	0.032	0.031	0.348	0.004
武鸣白壳黄豆	0.006	0.585	0.015	0.019	0.375
粤夏 114	0.012	0.69	0.011	0.279	0.009
茬前黄豆	0.159	0.792	0.021	0.013	0.015
大黄豆	0.008	0.01	0.007	0.964	0.011
凤凰青皮豆<乙>	0.005	0.01	0.009	0.971	0.005
H19	0.328	0.62	0.012	0.027	0.012
溆浦绿豆选	0.005	0.006	0.981	0.003	0.005
漳平青仁乌	0.004	0.004	0.004	0.003	0.984
小绛色豆	0.062	0.478	0.157	0.006	0.297
大粒青皮豆-1	0.063	0.622	0.277	0.008	0.029
洛史-1	0.005	0.006	0.98	0.005	0.004

（续表）

材料	遗传相似比例				
	A	B	C	D	E
大豆	0. 025	0. 068	0. 004	0. 895	0. 007
箍脑豆	0. 011	0. 009	0. 959	0. 016	0. 004
粤夏 122	0. 008	0. 457	0. 022	0. 187	0. 325
邛崃白毛子	0. 023	0. 095	0. 164	0. 709	0. 009
曾家绿黄豆	0. 023	0. 546	0. 228	0. 083	0. 12
常德中和青豆	0. 07	0. 281	0. 139	0. 226	0. 284
十月青豆	0. 032	0. 557	0. 091	0. 085	0. 235
马劲坳黑豆	0. 125	0. 007	0. 01	0. 855	0. 004
十月青	0. 004	0. 413	0. 011	0. 429	0. 144
华夏 5 号	0. 042	0. 047	0. 017	0. 89	0. 004
彭县绿豆	0. 012	0. 008	0. 008	0. 907	0. 066
建财乡黑豆	0. 032	0. 699	0. 019	0. 077	0. 173
田豆	0. 02	0. 945	0. 01	0. 006	0. 019
半斤豆	0. 016	0. 375	0. 557	0. 023	0. 028
沙市八月黄	0. 118	0. 204	0. 197	0. 022	0. 46
明夏豆 1 号	0. 009	0. 586	0. 027	0. 13	0. 249
桃江红豆	0. 022	0. 036	0. 171	0. 481	0. 29
竹舟青皮豆-1	0. 004	0. 003	0. 985	0. 004	0. 004
高安八月黄	0. 11	0. 027	0. 033	0. 827	0. 004
早黄豆-2	0. 112	0. 681	0. 01	0. 184	0. 013
峦山紫豆	0. 003	0. 012	0. 005	0. 974	0. 006
华夏 4 号	0. 022	0. 48	0. 355	0. 139	0. 005
小黑豆	0. 016	0. 415	0. 005	0. 411	0. 153
晚豆	0. 158	0. 29	0. 036	0. 509	0. 007
矮生泥豆	0. 01	0. 974	0. 004	0. 009	0. 004
粤夏 116	0. 025	0. 374	0. 008	0. 418	0. 175
乌眼窝	0. 009	0. 006	0. 968	0. 014	0. 003
四九黑豆-2	0. 145	0. 432	0. 145	0. 26	0. 018
大香豆	0. 036	0. 921	0. 025	0. 013	0. 005

（续表）

材料	遗传相似比例				
	A	B	C	D	E
汨罗青豆 2	0. 007	0. 028	0. 008	0. 941	0. 017
黄皮田埂豆-1	0. 392	0. 483	0. 009	0. 096	0. 02
六月黄	0. 365	0. 382	0. 045	0. 205	0. 004
南川小黄豆	0. 471	0. 501	0. 01	0. 009	0. 009
大青豆-2	0. 218	0. 526	0. 215	0. 026	0. 016
宁化红花青	0. 138	0. 005	0. 005	0. 008	0. 845
沅陵青皮豆<甲>	0. 984	0. 005	0. 003	0. 005	0. 003
皂角豆	0. 467	0. 407	0. 074	0. 025	0. 027
H21	0. 039	0. 109	0. 108	0. 705	0. 04
湘 328	0. 016	0. 088	0. 048	0. 806	0. 042
石门夏黄豆	0. 017	0. 676	0. 018	0. 034	0. 255
乌壳黄	0. 167	0. 264	0. 148	0. 387	0. 034
野竹青皮豆 4	0. 165	0. 008	0. 071	0. 74	0. 016
华容重阳豆乙	0. 124	0. 097	0. 772	0. 004	0. 004
八月大黄豆<甲>	0. 068	0. 054	0. 019	0. 703	0. 157
粤夏 119	0. 013	0. 005	0. 136	0. 785	0. 061
桥市八月黄	0. 962	0. 003	0. 005	0. 002	0. 029
小黄豆	0. 004	0. 006	0. 004	0. 004	0. 982
平江大鹏豆<甲>	0. 011	0. 005	0. 789	0. 008	0. 186
石头乡黄豆	0. 011	0. 318	0. 008	0. 644	0. 019
小黄豆-2	0. 004	0. 006	0. 005	0. 952	0. 033
泰圩褐豆 2	0. 008	0. 728	0. 006	0. 008	0. 25
横峰蚂蚁窝	0. 579	0. 156	0. 111	0. 037	0. 118
王村黄豆 3	0. 306	0. 039	0. 085	0. 458	0. 112
新桥黑豆	0. 002	0. 002	0. 002	0. 002	0. 991
黄毛豆	0. 294	0. 419	0. 135	0. 148	0. 004
石塘茶豆	0. 004	0. 004	0. 984	0. 006	0. 003
隆林隆或黄豆	0. 02	0. 574	0. 391	0. 012	0. 004
粤夏 117	0. 008	0. 802	0. 107	0. 062	0. 021

（续表）

材料	遗传相似比例				
	A	B	C	D	E
吉首黄豆	0.013	0.97	0.009	0.005	0.004
沅陵青皮豆<乙>	0.024	0.67	0.053	0.035	0.219
长汀高脚红花青	0.005	0.046	0.711	0.23	0.007
H16	0.005	0.005	0.951	0.036	0.003
粤夏 118	0.099	0.02	0.016	0.476	0.389
吉首白皮豆	0.049	0.016	0.212	0.371	0.353
黄豆 2 号	0.074	0.007	0.897	0.017	0.006
蚁公苞	0.566	0.24	0.049	0.132	0.012
科甲黑豆	0.624	0.053	0.028	0.266	0.03
白花豆	0.024	0.027	0.015	0.91	0.024
辰溪青皮豆 1	0.384	0.006	0.016	0.536	0.058
半年豆-2	0.01	0.009	0.887	0.088	0.005
官庄黄豆<乙>	0.985	0.005	0.003	0.005	0.002
大青豆	0.076	0.07	0.014	0.836	0.004
赶谷黄-2	0.06	0.632	0.009	0.02	0.279
石门茶黄豆	0.28	0.086	0.026	0.577	0.031
吉首黑皮豆	0.04	0.743	0.02	0.023	0.173
岳阳八月爆	0.044	0.413	0.026	0.501	0.016
粤夏 101	0.091	0.752	0.004	0.009	0.144
汨罗褐豆	0.246	0.672	0.05	0.013	0.02
白大豆	0.004	0.005	0.979	0.006	0.004
粤夏 105	0.637	0.076	0.273	0.007	0.007
早黄豆	0.15	0.801	0.008	0.009	0.032
新都六月黄	0.008	0.03	0.819	0.071	0.072
H17	0.222	0.005	0.062	0.53	0.181
溆浦绿豆	0.281	0.404	0.018	0.198	0.099
平江大鹏豆<乙>	0.02	0.727	0.013	0.233	0.007
二早豆	0.009	0.854	0.086	0.007	0.044
铜宫十月黄	0.539	0.279	0.159	0.014	0.009

（续表）

材料	遗传相似比例				
	A	B	C	D	E
通江黄豆	0. 01	0. 023	0. 008	0. 955	0. 004
古黄豆-4	0. 139	0. 46	0. 095	0. 039	0. 268
零陵茅草豆	0. 01	0. 803	0. 011	0. 132	0. 045
黄双八月黄<丁>	0. 299	0. 207	0. 418	0. 068	0. 009
猪肝豆	0. 972	0. 004	0. 011	0. 008	0. 005
粤夏 111	0. 253	0. 47	0. 006	0. 078	0. 193
酱色豆	0. 977	0. 003	0. 015	0. 002	0. 003
化州大黄豆	0. 005	0. 006	0. 007	0. 979	0. 003
八月黄	0. 01	0. 483	0. 007	0. 064	0. 435
环江八月黄	0. 008	0. 013	0. 402	0. 501	0. 077
粤夏 103	0. 008	0. 003	0. 982	0. 003	0. 004
黄皮田埂豆-1	0. 601	0. 104	0. 142	0. 014	0. 139
粤夏 102	0. 014	0. 062	0. 603	0. 247	0. 074
观阁小冬豆	0. 007	0. 012	0. 008	0. 963	0. 011
十月黄	0. 028	0. 052	0. 897	0. 019	0. 005
上饶青皮豆	0. 264	0. 563	0. 103	0. 062	0. 009
辰溪大黄豆	0. 007	0. 036	0. 916	0. 017	0. 025
新进白豆	0. 414	0. 086	0. 023	0. 465	0. 011
响水黄豆（黄荚）	0. 011	0. 474	0. 032	0. 451	0. 033
石芽黄	0. 005	0. 017	0. 003	0. 967	0. 007
蚁蚣包	0. 126	0. 51	0. 073	0. 009	0. 282
H42	0. 051	0. 05	0. 013	0. 874	0. 012
猫眼豆	0. 076	0. 575	0. 012	0. 312	0. 025
华夏 6 号	0. 023	0. 499	0. 021	0. 279	0. 178
眉山绿皮豆	0. 032	0. 915	0. 006	0. 014	0. 032
大同黄豆	0. 014	0. 935	0. 006	0. 007	0. 037
柏枝豆	0. 168	0. 519	0. 121	0. 114	0. 077
粤夏 109	0. 008	0. 501	0. 088	0. 384	0. 019
桩桩豆	0. 026	0. 025	0. 004	0. 884	0. 06

（续表）

材料	遗传相似比例				
	A	B	C	D	E
粤夏 124	0.008	0.005	0.006	0.977	0.004
花大豆	0.004	0.004	0.977	0.011	0.004
大绿黄豆	0.147	0.032	0.081	0.727	0.013
湘西茶黄豆	0.028	0.247	0.36	0.36	0.005
粤夏 106	0.024	0.524	0.006	0.013	0.433
黄皮八月豆	0.014	0.652	0.011	0.049	0.275
圳上黄豆	0.004	0.004	0.985	0.004	0.004
白花黄皮	0.005	0.099	0.034	0.828	0.033
桂花豆	0.213	0.065	0.03	0.355	0.337
菜皮豆	0.474	0.013	0.017	0.339	0.157
早黄豆-1	0.035	0.281	0.06	0.487	0.137
大白毛豆-1	0.591	0.109	0.006	0.236	0.059
城步九月豆	0.05	0.241	0.011	0.688	0.01
南豆 12	0.018	0.642	0.011	0.057	0.273
君山大青豆	0.18	0.011	0.315	0.137	0.357
H51	0.344	0.442	0.056	0.086	0.073
粤夏 108	0.034	0.764	0.183	0.011	0.008
婺源青皮豆	0.182	0.629	0.006	0.081	0.102
粤夏 115	0.514	0.327	0.126	0.025	0.008
永顺二颗早	0.066	0.277	0.138	0.182	0.337
横阳青皮豆	0.019	0.186	0.23	0.518	0.047
龙山茶黄豆	0.019	0.251	0.459	0.053	0.218
桂夏 1 号	0.041	0.3	0.044	0.362	0.253
人潮溪绿皮豆	0.049	0.656	0.053	0.089	0.152
山黄	0.021	0.966	0.004	0.003	0.006
内溪青豆<甲>	0.008	0.046	0.072	0.864	0.009
恭城青皮豆	0.014	0.369	0.021	0.592	0.004
白毛子	0.613	0.238	0.008	0.119	0.023
粤夏 121	0.088	0.023	0.475	0.406	0.008

（续表）

材料	遗传相似比例				
	A	B	C	D	E
南农 701	0. 042	0. 211	0. 044	0. 653	0. 05
绥宁八月黄<甲>	0. 032	0. 012	0. 922	0. 013	0. 021
白水豆	0. 76	0. 172	0. 014	0. 044	0. 011
六月黄-2	0. 162	0. 418	0. 007	0. 32	0. 093
二暑早	0. 413	0. 354	0. 017	0. 21	0. 006
宁明海渊本地黄	0. 025	0. 479	0. 018	0. 463	0. 015
崇庆九月黄	0. 473	0. 479	0. 039	0. 006	0. 003
桂夏 3 号	0. 017	0. 455	0. 14	0. 195	0. 193
黑豆子	0. 065	0. 01	0. 006	0. 886	0. 033
凤山八月豆	0. 012	0. 027	0. 235	0. 272	0. 454
汉源前进青皮豆	0. 078	0. 044	0. 044	0. 759	0. 075
黎塘八月黄	0. 033	0. 071	0. 139	0. 75	0. 007
大黑豆	0. 005	0. 029	0. 007	0. 924	0. 035
黄田洋豆	0. 005	0. 002	0. 987	0. 003	0. 003
粤夏 107	0. 259	0. 01	0. 677	0. 051	0. 003
横阳大黄豆 2	0. 009	0. 713	0. 014	0. 017	0. 246
白毛豆	0. 012	0. 011	0. 829	0. 043	0. 105
黄家铺黑豆 3	0. 006	0. 723	0. 006	0. 007	0. 258
诏安秋大豆	0. 059	0. 096	0. 07	0. 77	0. 004
野竹青皮豆 3	0. 225	0. 009	0. 742	0. 019	0. 005
上饶八月白	0. 164	0. 259	0. 027	0. 526	0. 024
禾亭药豆	0. 01	0. 026	0. 096	0. 862	0. 007
粤夏 127	0. 033	0. 487	0. 008	0. 446	0. 026
青皮豆	0. 735	0. 021	0. 207	0. 033	0. 004
马山周六本地黄	0. 989	0. 003	0. 003	0. 002	0. 003
龙山黑皮豆	0. 021	0. 024	0. 026	0. 918	0. 012
汨罗黑豆 2	0. 006	0. 37	0. 009	0. 612	0. 003
益阳堤青豆	0. 543	0. 385	0. 024	0. 042	0. 006
黑药豆	0. 295	0. 567	0. 06	0. 014	0. 063

（续表）

材料	遗传相似比例				
	A	B	C	D	E
丰城麻豆	0.052	0.013	0.019	0.679	0.237
上饶黑山豆	0.179	0.014	0.184	0.605	0.019
绥宁八月黄<丙>	0.069	0.562	0.069	0.235	0.064
粤夏 125	0.642	0.305	0.005	0.042	0.005
八月青豆	0.009	0.498	0.01	0.035	0.447
冬豆	0.038	0.555	0.029	0.299	0.078
东山黑豆	0.023	0.382	0.023	0.454	0.117
城步九月褐豆	0.037	0.562	0.011	0.012	0.379
黄豆	0.195	0.198	0.012	0.029	0.565
绿黄豆	0.017	0.762	0.183	0.009	0.029
棕色早豆子	0.032	0.615	0.025	0.117	0.21
内溪双平豆	0.024	0.458	0.271	0.205	0.042
永顺黑茶豆<甲>	0.016	0.009	0.235	0.318	0.421
八月大黄豆<乙>	0.013	0.485	0.007	0.442	0.052
衡南高脚黄	0.019	0.866	0.062	0.031	0.022
扁子酱色豆	0.013	0.497	0.033	0.443	0.013
郭公坪黄豆	0.005	0.716	0.009	0.007	0.262
将乐乌豆	0.015	0.019	0.391	0.561	0.014
小颗黄豆	0.016	0.596	0.022	0.331	0.034
汉源巴利小黑豆	0.03	0.055	0.016	0.578	0.321
罗圩平果黄豆	0.072	0.107	0.285	0.431	0.105
绿皮豆	0.082	0.753	0.052	0.034	0.078
马山仁蜂黄豆	0.028	0.65	0.014	0.014	0.295
金南黄豆	0.123	0.304	0.033	0.521	0.019
大黄豆-1	0.015	0.737	0.016	0.066	0.166
上树黄豆	0.029	0.382	0.015	0.503	0.07
官庄黄豆<甲>	0.009	0.03	0.195	0.752	0.014
珍珠豆-2	0.014	0.839	0.036	0.088	0.023
小沙江黄豆	0.058	0.362	0.057	0.466	0.056

（续表）

材料	遗传相似比例				
	A	B	C	D	E
合浦外地豆	0.024	0.848	0.064	0.006	0.058
新晃青皮豆	0.263	0.473	0.202	0.012	0.05
合哨茶豆	0.052	0.732	0.143	0.011	0.062
绿皮豆-2	0.007	0.595	0.039	0.353	0.006
紫花冬黄豆	0.022	0.011	0.27	0.384	0.313
蚁蚣包-2	0.034	0.039	0.31	0.463	0.154
忻城棒豆	0.027	0.691	0.007	0.133	0.143
六月豆	0.042	0.66	0.262	0.028	0.008
粤夏 112	0.026	0.797	0.126	0.036	0.015
野竹黑豆	0.914	0.068	0.004	0.012	0.002
H53	0.072	0.013	0.022	0.872	0.022
会同黑豆	0.693	0.288	0.006	0.009	0.004
粤夏 123	0.443	0.494	0.005	0.05	0.01
粤夏 113	0.252	0.027	0.537	0.135	0.048
田埂豆	0.007	0.608	0.009	0.371	0.005
石门大白粒	0.007	0.572	0.023	0.384	0.014
粤夏 120	0.134	0.642	0.017	0.2	0.008
八月黄	0.915	0.019	0.004	0.054	0.008
新晃黑豆	0.092	0.5	0.27	0.058	0.08
粤夏 110	0.011	0.263	0.073	0.604	0.05
永顺青颗豆	0.026	0.025	0.939	0.006	0.004
沅陵矮子早<甲>	0.005	0.762	0.003	0.005	0.225
华夏 2 号	0.496	0.314	0.042	0.125	0.023
H54	0.278	0.541	0.025	0.018	0.139
赣豆 5 号	0.018	0.098	0.107	0.732	0.045
花垣褐皮豆	0.502	0.39	0.021	0.005	0.081
下冬豆	0.017	0.528	0.035	0.408	0.011
城步南山青豆	0.389	0.021	0.011	0.573	0.006
汉源红花迟豆子	0.058	0.911	0.013	0.009	0.01

（续表）

材料	遗传相似比例				
	A	B	C	D	E
花垣绿皮豆	0.176	0.441	0.335	0.035	0.012
红皮大豆	0.093	0.06	0.717	0.105	0.026
77-27	0.005	0.915	0.004	0.016	0.061
麻竹豆	0.103	0.643	0.016	0.006	0.231
桥头黄豆	0.255	0.649	0.039	0.023	0.033
黄豆	0.154	0.576	0.009	0.121	0.14
汨罗青豆 3	0.04	0.026	0.902	0.026	0.006
辰溪黑豆 1	0.126	0.37	0.009	0.42	0.074
通江赶谷黄	0.162	0.729	0.01	0.081	0.017
新晃黄豆	0.004	0.703	0.01	0.011	0.271
铁籽豆	0.011	0.016	0.003	0.008	0.962
常德春黑豆	0.006	0.005	0.007	0.807	0.175
花垣黑皮豆	0.005	0.008	0.009	0.951	0.027
粤夏 126	0.17	0.164	0.016	0.442	0.208
响水黑豆	0.452	0.524	0.011	0.008	0.005
十月小黄豆	0.013	0.474	0.014	0.485	0.014
定安小黑豆	0.007	0.003	0.006	0.981	0.003
迟黄豆	0.043	0.401	0.046	0.357	0.152
粤夏 104	0.388	0.354	0.008	0.235	0.015
春黑豆	0.181	0.114	0.008	0.69	0.008
小白豆	0.012	0.332	0.006	0.577	0.074
攸县八月黄	0.98	0.008	0.004	0.003	0.005
八月黄	0.005	0.728	0.016	0.104	0.147
晚黄豆	0.061	0.253	0.024	0.38	0.281
白毛豆	0.013	0.178	0.014	0.7	0.095
黄皮田豆	0.019	0.803	0.057	0.068	0.052
黔阳黄豆	0.013	0.762	0.032	0.03	0.163
羊头十月青	0.003	0.006	0.007	0.964	0.02
衡山秋黑豆	0.387	0.376	0.006	0.147	0.084

（续表）

材料	遗传相似比例				
	A	B	C	D	E
沙县乌豆	0. 037	0. 891	0. 007	0. 009	0. 056
人潮溪黄豆 3	0. 341	0. 144	0. 056	0. 454	0. 005
桂夏豆 2 号	0. 019	0. 534	0. 03	0. 087	0. 33
自贡冬豆	0. 578	0. 229	0. 024	0. 096	0. 072
花垣小黑豆	0. 004	0. 003	0. 002	0. 003	0. 988
狗叫黄豆	0. 049	0. 558	0. 064	0. 019	0. 31
白花冬黄豆	0. 027	0. 013	0. 007	0. 943	0. 01
城南早豆-2	0. 062	0. 162	0. 01	0. 72	0. 045
柳城十月黄	0. 007	0. 013	0. 005	0. 881	0. 095
保靖茶黄豆	0. 508	0. 022	0. 039	0. 405	0. 026
全州小黄豆	0. 007	0. 004	0. 009	0. 976	0. 004
永顺黄大粒	0. 223	0. 441	0. 005	0. 047	0. 285
内溪青豆<乙>	0. 056	0. 527	0. 013	0. 335	0. 069
大黄珠	0. 697	0. 005	0. 098	0. 008	0. 192
泰圩大青豆 1	0. 015	0. 729	0. 048	0. 016	0. 192
环江六月黄 1	0. 029	0. 61	0. 012	0. 033	0. 316
黑壳乌豆	0. 008	0. 007	0. 006	0. 906	0. 073
寺村黑豆	0. 057	0. 898	0. 01	0. 024	0. 011
夏至青豆	0. 624	0. 054	0. 028	0. 103	0. 191
沅陵早黄豆	0. 126	0. 66	0. 013	0. 028	0. 173
懒人豆-5	0. 01	0. 018	0. 016	0. 695	0. 261
石门黑黄豆	0. 039	0. 023	0. 813	0. 071	0. 054
邛崃西江黑豆	0. 269	0. 621	0. 019	0. 063	0. 028

附表 3　栽培大豆试验材料

序号	统一编号	品种名称	产地来源
1	ZDD22129	辰溪紫豆 1	湖南辰溪
2	ZDD22131	辰溪褐豆	湖南辰溪
3	ZDD22054	中湖黄豆 1	湖南大庸
4	ZDD22050	田心黄豆	湖南安化

（续表）

序号	统一编号	品种名称	产地来源
5	ZDD22051	新桥黄豆	湖南大庸
6	ZDD22115	芷江黑豆	湖南芷江
7	ZDD22116	白云洞黑豆	湖南城步
8	ZDD22118	建财乡黑豆	湖南涟源
9	ZDD22119	横阳黑药豆	湖南新化
10	ZDD22120	双龙村大黑豆	湖南新化
11	ZDD22121	株州黑豆	湖南株州
12	ZDD22130	辰溪紫豆 2	湖南辰溪
13	ZDD22075	横阳大黄豆 2	湖南新化
14	ZDD22097	横阳青皮豆	湖南新化
15	ZDD22099	安乐乡黑豆	湖南安乡
16	ZDD22104	新桥黑豆	湖南大庸
17	ZDD22055	中湖黄豆 2	湖南大庸
18	ZDD22074	横阳大黄豆 1	湖南新化
19	ZDD22085	中湖乡绿皮豆 1	湖南大庸
20	ZDD22109	中湖黑豆 2	湖南慈利
21	ZDD22094	辰溪青皮豆 1	湖南辰溪
22	ZDD22053	黄家铺黄豆 2	湖南大庸
23	ZDD22063	王村黄豆 1	湖南永顺
24	ZDD22125	中湖紫皮豆	湖南慈利
25	ZDD22052	黄家铺黄豆 1	湖南大庸
26	ZDD22062	人潮溪黄豆 4	湖南桑植
27	ZDD22065	王村黄豆 3	湖南永顺
28	ZDD22070	板桥黄豆	湖南辰溪
29	ZDD22089	王村青皮豆 2	湖南永顺
30	ZDD22091	野竹青皮豆 2	湖南古丈
31	ZDD22093	野竹青皮豆 4	湖南古丈
32	ZDD22095	辰溪青皮豆 2	湖南辰溪
33	ZDD22096	辰溪青皮豆 3	湖南辰溪
34	ZDD22105	黄家铺黑豆 1	湖南大庸

（续表）

序号	统一编号	品种名称	产地来源
35	ZDD22108	中湖黑豆 1	湖南慈利
36	ZDD22122	桑植紫豆	湖南桑植
37	ZDD22127	野竹褐豆	湖南古丈
38	ZDD22066	野竹乡黄豆 1	湖南古丈
39	ZDD22084	新桥绿皮豆 2	湖南大庸
40	ZDD22106	黄家铺黑豆 2	湖南大庸
41	ZDD22083	新桥绿皮豆 1	湖南大庸
42	ZDD22107	黄家铺黑豆 3	湖南大庸
43	ZDD14666	圳上黄豆	湖南新化
44	ZDD22072	麻竹豆	湖南益阳
45	ZDD22086	中湖乡绿皮豆 2	湖南大庸
46	ZDD22087	人潮溪绿皮豆	湖南桑植
47	ZDD14649	沅陵矮子早<甲>	湖南沅陵
48	ZDD14650	沅陵矮子早<乙>	湖南沅陵
49	ZDD14707	沅陵青皮豆<甲>	湖南沅陵
50	ZDD22059	人潮溪黄豆 1	湖南桑植
51	ZDD22067	野竹乡黄豆 2	湖南古丈
52	ZDD22068	郭公坪黄豆	湖南麻阳
53	ZDD22092	野竹青皮豆 3	湖南古丈
54	ZDD22098	江华白花青豆	湖南江华
55	ZDD22101	黄沙镇黑豆	湖南岳阳
56	ZDD22123	紫花冬黄豆	湖南桑植
57	ZDD22124	白花冬黄豆	湖南桑植
58	ZDD22111	马劲坳黑豆	湖南吉首
59	ZDD14696	永顺青颗早	湖南永顺
60	ZDD14740	石门茶黄豆	湖南石门
61	ZDD22113	辰溪黑豆 1	湖南辰溪
62	ZDD14651	沅陵早黄豆	湖南沅陵
63	ZDD14652	辰溪大黄豆	湖南辰溪
64	ZDD14724	东山黑豆	湖南石门

（续表）

序号	统一编号	品种名称	产地来源
65	ZDD14729	龙山黑皮豆	湖南龙山
66	ZDD22071	桂花豆	湖南益阳
67	ZDD22079	桥市八月黄	湖南江华
68	ZDD22088	王村青皮豆 1	湖南永顺
69	ZDD22110	野竹黑豆	湖南古丈
70	ZDD22114	辰溪黑豆 2	湖南辰溪
71	ZDD22126	汨罗褐豆	湖南汨罗
72	ZDD14711	溆浦绿豆	湖南溆浦
73	ZDD14722	常德春黑豆	湖南常德
74	ZDD14743	花垣褐皮豆	湖南花垣
75	ZDD22112	白岩乡黑豆	湖南吉首
76	ZDD14700	内溪双平豆	湖南龙山
77	ZDD14647	千公坪早黄豆	湖南凤凰
78	ZDD14654	吉首白皮豆	湖南吉首
79	ZDD14655	艾平黄豆	湖南湘西
80	ZDD14662	绥宁八月黄<甲>	湖南绥宁
81	ZDD14669	浏阳七月黄	湖南浏阳
82	ZDD14682	大同黄豆	湖南桂东
83	ZDD14688	岳阳八月爆	湖南岳阳
84	ZDD14689	常德中和青豆	湖南常德
85	ZDD14704	凤凰青皮豆<丙>	湖南凤凰
86	ZDD14708	沅陵青皮豆<乙>	湖南沅陵
87	ZDD14709	琪坪青豆	湖南沅陵
88	ZDD14710	蓑衣豆<甲>	湖南湘西
89	ZDD14723	石门黑黄豆	湖南石门
90	ZDD14726	花垣黑皮豆	湖南花垣
91	ZDD14730	黑耶黑壳豆	湖南龙山
92	ZDD14733	官茬黑豆	湖南沅陵
93	ZDD14741	桃江红豆	湖南桃江
94	ZDD14745	龙山茶黄豆	湖南龙山

（续表）

序号	统一编号	品种名称	产地来源
95	ZDD14747	湘西茶黄豆	湖南湘西
96	ZDD14725	花垣小黑豆	湖南花垣
97	ZDD22064	王村黄豆 2	湖南永顺
98	ZDD22102	汨罗黑豆 1	湖南汨罗
99	ZDD22103	汨罗黑豆 2	湖南汨罗
100	ZDD22128	牛毛黄选	湖南保靖
101	ZDD14668	铜宫八月黄	湖南长沙
102	ZDD14693	保靖牛毛青	湖南保靖
103	ZDD14695	花垣绿皮豆	湖南花垣
104	ZDD14692	保靖青皮豆选	湖南保靖
105	ZDD14744	永顺茶黄豆	湖南永顺
106	ZDD22090	野竹青皮豆 1	湖南古丈
107	ZDD22100	南县八月黑豆	湖南南县
108	ZDD14663	绥宁八月黄<乙>	湖南绥宁
109	ZDD14664	绥宁八月黄<丙>	湖南绥宁
110	ZDD14687	东豆一号	湖南大通湖
111	ZDD14698	内溪青豆<甲>	湖南龙山
112	ZDD14731	新晃黑豆	湖南新晃
113	ZDD14746	吉首酱皮豆	湖南吉首
114	ZDD22049	汨罗八月黄	湖南汨罗
115	ZDD14671	沙市八月黄	湖南浏阳
116	ZDD14728	永顺黑茶豆<乙>	湖南永顺
117	ZDD14645	新晃黄豆	湖南新晃
118	ZDD14648	黔阳黄豆	湖南黔阳
119	ZDD14653	吉首黄豆	湖南吉首
120	ZDD14656	蓑衣豆<乙>	湖南湘西
121	ZDD14667	长沙夏黄豆	湖南长沙
122	ZDD14670	秀山八月黄	湖南浏阳
123	ZDD14672	攸县八月黄	湖南攸县
124	ZDD14677	衡东八月黄	湖南衡东

（续表）

序号	统一编号	品种名称	产地来源
125	ZDD14691	保靖青皮豆	湖南保靖
126	ZDD14694	花垣八月豆	湖南花垣
127	ZDD14699	内溪青豆<乙>	湖南龙山
128	ZDD14701	新晃青皮豆	湖南新晃
129	ZDD14702	凤凰青皮豆<甲>	湖南凤凰
130	ZDD14703	凤凰青皮豆<乙>	湖南凤凰
131	ZDD14706	黔阳青皮豆	湖南黔阳
132	ZDD14713	会同青豆	湖南会同
133	ZDD14727	永顺黑茶豆<甲>	湖南永顺
134	ZDD14732	黔阳黑皮豆	湖南黔阳
135	ZDD14734	吉首黑皮豆	湖南吉首
136	ZDD14736	会同黑豆	湖南会同
137	ZDD14749	黄双八月黄<丁>	湖南绥宁
138	ZDD22081	汨罗青豆 2	湖南汨罗
139	ZDD22082	汨罗青豆 3	湖南汨罗
140	ZDD22117	丹口黑豆	湖南城步
141	ZDD22132	峦山紫豆	湖南攸县
142	ZDD14658	城步八月黄豆	湖南城步
143	ZDD14659	金南黄豆	湖南城步
144	ZDD14676	官庄黄豆<甲>	湖南醴陵
145	ZDD22073	小沙江黄豆	湖南隆回
146	ZDD22077	峦山黄豆	湖南攸县
147	ZDD22080	汨罗青豆 1	湖南汨罗
148	ZDD14646	凤凰早黄豆	湖南凤凰
149	ZDD14673	平江大鹏豆<乙>	湖南平江
150	ZDD14714	铜宫十月黄	湖南长沙
151	ZDD14751	平江大鹏豆<甲>	湖南平江
152	ZDD22069	溆浦绿豆选	湖南溆浦
153	ZDD14657	城步九月豆	湖南城步
154	ZDD14721	岳阳黑豆	湖南岳阳

（续表）

序号	统一编号	品种名称	产地来源
155	ZDD14752	官庄黄豆<乙>	湖南醴陵
156	ZDD14660	南山黄豆	湖南城步
157	ZDD14674	平江八月黄<甲>	湖南平江
158	ZDD14675	平江八月黄<乙>	湖南平江
159	ZDD14680	茬前黄豆	湖南桂东
160	ZDD14681	茬前田豆	湖南桂东
161	ZDD14690	益阳堤青豆	湖南益阳
162	ZDD14739	君山大青豆	湖南岳阳
163	ZDD14742	保靖茶黄豆	湖南保靖
164	ZDD14748	城步八月褐豆	湖南城步
165	ZDD14665	十月小黄豆	湖南江华
166	ZDD14684	八月大黄豆<甲>	湖南江华
167	ZDD14685	八月大黄豆<乙>	湖南江华
168	ZDD14686	十月小黄豆	湖南江华
169	ZDD14697	永顺青颗豆	湖南永顺
170	ZDD14705	凤凰迟青皮豆	湖南凤凰
171	ZDD14716	沙市青豆<乙>	湖南浏阳
172	ZDD14720	八月青豆	湖南江华
173	ZDD14750	沙市河南豆	湖南浏阳
174	ZDD22076	丹口黄豆	湖南城步
175	ZDD14599	华容重阳豆乙	湖南华容
176	ZDD22060	人潮溪黄豆 2	湖南桑植
177	ZDD14753	城步九月褐豆	湖南城步
178	ZDD22058	中湖晚黄豆 3	湖南大庸
179	ZDD22061	人潮溪黄豆 3	湖南桑植
180	ZDD22078	石头乡黄豆	湖南永州
181	ZDD14712	城步南山青豆	湖南城步
182	ZDD22056	中湖晚黄豆 1	湖南大庸
183	ZDD22057	中湖晚黄豆 2	湖南大庸
184	ZDD14718	宁远八月黄	湖南宁远

（续表）

序号	统一编号	品种名称	产地来源
185	ZDD14738	板桥十月黄	湖南常宁
186	ZDD14679	板桥黄豆	湖南常宁
187	ZDD14715	沙市青豆<甲>	湖南浏阳
188	ZDD14717	沙市药青豆	湖南浏阳
189	ZDD14737	沙市茶黑豆	湖南浏阳
190	ZDD14661	黄双黄豆	湖南绥宁
191	ZDD14678	常宁五爪豆	湖南常宁
192	ZDD14683	零陵茅草豆	湖南零陵
193	ZDD14735	黄双黑豆	湖南绥宁
194	ZDD14719	十月青豆	湖南江华
195	ZDD24215	黄豆	广东
196	ZDD24222	早豆	广东
197	ZDD20698	万县 8 号	万县市农业科学研究所
198	ZDD14488	邵东白豆	湖南邵东
199	ZDD14570	安化褐豆	湖南安化
200	ZDD14527	85-Y-2	湖南省作物研究所
201	ZDD15558	绿蓝豆-10	贵州修文
202	ZDD12812	洪雅大黑豆	四川洪雅
203	ZDD15124	绿蓝豆-5	贵州息烽
204	ZDD15525	白猫儿灰	贵州黔西
205	ZDD06527	乌壳黄	湖南衡南
206	ZDD14759	湘 328	湖南省作物研究所
207	ZDD14765	衡南高脚黄	湖南衡南
208	ZDD14766	衡南泥巴豆选	湖南衡南

附表 4　湖南野生大豆试验材料

序号	类别	编号	来源地
1	单株	龙秀后山-20	湖南新田
2	单株	XTzS-14	湖南新田
3	单株	XTzS-17	湖南新田
4	单株	XT2-3	湖南新田

（续表）

序号	类别	编号	来源地
5	单株	XT2-14	湖南新田
6	单株	XT2-16	湖南新田
7	单株	XT2-20	湖南新田
8	单株	XT6	湖南新田
9	单株	XT6-2	湖南新田
10	单株	XT6-5	湖南新田
11	单株	XT6-6	湖南新田
12	单株	XT6-9	湖南新田
13	单株	XT6-11	湖南新田
14	单株	XT6-13	湖南新田
15	单株	XT6-14	湖南新田
16	单株	XT6-15	湖南新田
17	单株	XT6-16-1	湖南新田
18	单株	XT6-16-2	湖南新田
19	单株	XT6-17	湖南新田
20	单株	XT6-18	湖南新田
21	单株	XT6-20	湖南新田
22	单株	XT1-2	湖南新田
23	单株	XT1-3	湖南新田
24	单株	XT6-1	湖南新田
25	单株	XT2-2	湖南新田
26	单株	XT2-4	湖南新田
27	单株	XTzS-4	湖南新田
28	单株	XTzS-13	湖南新田
29	单株	XTzS-19	湖南新田
30	单株	青龙村-4	湖南新田
31	单株	龙秀后山-12	湖南新田
32	单株	龙秀后山-13	湖南新田
33	单株	龙秀后山-14	湖南新田
34	单株	龙秀后山-15	湖南新田

（续表）

序号	类别	编号	来源地
35	单株	龙秀后山-17	湖南新田
36	单株	龙秀后山-18	湖南新田
37	单株	龙秀村池塘边-2	湖南新田
38	单株	龙秀村池塘边-3	湖南新田
39	单株	龙秀村池塘边-10	湖南新田
40	单株	XTzS-1	湖南新田
41	单株	XTzS-2	湖南新田
42	单株	XTzS-5	湖南新田
43	单株	XTzS-10	湖南新田
44	单株	XTzS-12	湖南新田
45	单株	XTzS51	湖南新田
46	单株	XTzS52	湖南新田
47	单株	XTzS53	湖南新田
48	单株	XTzS54	湖南新田
49	单株	XTzS55	湖南新田
50	单株	青龙村-2	湖南新田
51	单株	青龙村-5	湖南新田
52	单株	青龙村-6	湖南新田
53	单株	XTzS-22	湖南新田
54	单株	XTzS-27	湖南新田
55	单株	XTzS-28	湖南新田
56	单株	XTzS-29	湖南新田
57	单株	Y1	湘潭县农业局
58	单株	Y2	湘潭县农业局
59	单株	Y3	湘潭县农业局
60	群体	Y4 地点	湘潭杨家桥新湘村
61	群体	Y5 地点	临湘五里乡
62	群体	Y6 地点	临湘长安镇
63	群体	Y7 地点	临湘城南乡
64	群体	Y8 地点	临湘原种场

（续表）

序号	类别	编号	来源地
65	群体	三井汉冲村	湖南新田
66	群体	三井三下洞村	湖南新田
67	群体	新潭铺	湖南新田
68	群体	毛里	湖南新田
69	群体	大平塘乡长富村	湖南新田
70	群体	帽礼乡帽泉村	湖南新田
71	个体	ZYD04662	湖南华容
72	个体	ZYD04663	湖南华容
73	个体	ZYD04665	湖南华容
74	个体	ZYD04666	湖南华容
75	个体	ZYD04667	湖南华容
76	个体	ZYD04668	湖南华容
77	个体	ZYD04669	湖南岳阳
78	个体	ZYD04670	湖南岳阳
79	个体	ZYD04672	湖南岳阳
80	个体	ZYD04673	湖南常德
81	个体	ZYD04674	湖南常德
82	个体	ZYD04675	湖南常德
83	个体	ZYD04678	湖南溪口
84	个体	ZYD04679	湖南龙山
85	个体	ZYD04680	湖南龙山
86	个体	ZYD04681	湖南龙山
87	个体	ZYD04682	湖南湘阴
88	个体	ZYD04683	湖南桃源
89	个体	ZYD04684	湖南桃源
90	个体	ZYD04685	湖南沅陵
91	个体	ZYD04686	湖南长沙
92	个体	ZYD04687	湖南凤皇
93	个体	ZYD04688	湖南凤皇
94	个体	ZYD04689	湖南凤皇

（续表）

序号	类别	编号	来源地
95	个体	ZYD04690	湖南浏阳
96	个体	ZYD04691	湖南浏阳
97	个体	ZYD04692	湖南黔阳
98	个体	ZYD04693	湖南黔阳
99	个体	ZYD04694	湖南黔阳
100	个体	ZYD04695	湖南衡山
101	个体	ZYD04696	湖南衡阳
102	个体	ZYD04697	湖南城步
103	个体	ZYD04699	湖南绥宁
104	个体	ZYD04700	湖南绥宁
105	个体	ZYD04701	湖南零陵
106	个体	ZYD04702	湖南零陵
107	个体	ZYD04704	湖南零陵
108	个体	ZYD04705	湖南郴州
109	个体	ZYD04707	湖南郴州
110	个体	ZYD04708	湖南郴州
111	个体	ZYD04709	湖南江永
112	个体	ZYD04710	湖南江永
113	个体	ZYD04712	湖南江永
114	个体	ZYD04713	湖南道县
115	个体	ZYD04714	湖南道县
116	个体	ZYD04715	湖南道县
117	个体	ZYD04716	湖南道县

附表 5　除湖南外其他地区野生大豆试验材料

序号	统一编号	来源地	地区
1	ZYD05589	开原	辽宁
2	ZYD01977	营口	辽宁
3	ZYD02061	盖县	辽宁
4	ZYD02739	承德	河北
5	ZYD02755	肃宁	河北

（续表）

序号	统一编号	来源地	地区
6	ZYD03120	阳城	山西
7	ZYD03262	山东利津	山东
8	ZYD03298	合水	甘肃
9	ZYD04803	浦城	福建
10	ZYD04811	浦城	福建
11	ZYD04845	崇安	福建
12	ZYD04847	崇安	福建
13	ZYD04848	光泽	福建
14	ZYD04850	光泽	福建
15	ZYD04855	光泽	福建
16	ZYD04856	松溪	福建
17	ZYD04859	松溪	福建
18	ZYD04860	政和	福建
19	ZYD04866	政和	福建
20	ZYD04867	建阳	福建
21	ZYD04879	建阳	福建
22	ZYD04898	建阳	福建
23	ZYD04910	邵武	福建
24	ZYD04916	邵武	福建
25	ZYD04921	周宁	福建
26	ZYD04923	建瓯	福建
27	ZYD04959	泰宁	福建
28	ZYD04969	泰宁	福建
29	ZYD04981	霞浦	福建
30	ZYD04995	霞浦	福建
31	ZYD04996	屏南	福建
32	ZYD04997	建宁	福建
33	ZYD05002	建宁	福建
34	ZYD05004	建宁	福建
35	ZYD05005	顺昌	福建

（续表）

序号	统一编号	来源地	地区
36	ZYD05010	将乐	福建
37	ZYD05017	将乐	福建
38	ZYD05035	将乐	福建
39	ZYD05055	龙岩	福建
40	ZYD05057	龙岩	福建
41	ZYD05070	古田	福建
42	ZYD05071	沙县	福建
43	ZYD05075	沙县	福建
44	ZYD05076	明溪	福建
45	ZYD05077	明溪	福建
46	ZYD05078	宁化	福建
47	ZYD05082	宁化	福建
48	ZYD05085	宁化	福建
49	ZYD05086	尤溪	福建
50	ZYD05087	清流	福建
51	ZYD05095	清流	福建
52	ZYD05100	清流	福建
53	ZYD05101	永安	福建
54	ZYD05109	永安	福建
55	ZYD05110	永安	福建
56	ZYD05113	长汀	福建
57	ZYD05116	连城	福建
58	ZYD05122	连城	福建
59	ZYD05132	连城	福建
60	ZYD05155	龙岩	福建
61	ZYD05158	上杭	福建
62	ZYD05160	霞浦	福建
63	ZYD05161	建瓯	福建
64	ZYD05170	泰宁	福建
65	ZYD05194	全州	广西

（续表）

序号	统一编号	来源地	地区
66	ZYD05196	全州	广西
67	ZYD05207	全州	广西
68	ZYD05219	三江	广西
69	ZYD05220	三江	广西
70	ZYD05222	兴安	广西
71	ZYD05230	兴安	广西
72	ZYD05236	兴安	广西
73	ZYD05237	灌阳	广西
74	ZYD05242	灌阳	广西
75	ZYD05246	灌阳	广西
76	ZYD05247	灵川	广西
77	ZYD05250	灵川	广西
78	ZYD05251	恭城	广西
79	ZYD05256	荔浦	广西
80	ZYD05258	贺县	广西
81	ZYD05265	灵川	广西
82	ZYD05266	永福	广西
83	ZYD05267	永福	广西
84	ZYD05269	融安	广西
85	ZYD05270	融安	广西
86	ZYD05271	融安	广西
87	ZYD05272	富川	广西
88	ZYD05274	南丹	广西
89	ZYD05279	昭平	广西
90	ZYD05280	象州	广西
91	ZYD05281	象州	广西

附表 6　419 份栽培大豆材料和 274 份野生大豆材料对大豆疫霉菌 Pm14 的反应

序号	栽培大豆材料	R/M/S	序号	栽培大豆材料	R/M/S
1	8	R	41	明夏豆 1 号	R
2	33	R	42	南方春大豆	R
3	50106	R	43	南农 07?	R
4	177 不出苗	R	44	七星 1 号	R
5	189 号 包公豆	R	45	启东西风青	R
6	3 保 1-4	R	46	泰兴黑豆（亲本）	R
7	45 号 34-1	R	47	瓦窑黄豆	R
8	62 号	R	48	翁县苏村青皮豆	R
9	62 号-1	R	49	无名	R
10	A13	R	50	无名（串）5 号	R
11	A4	R	51	无名 2 号	R
12	A9	R	52	无名④	R
13	B8	R	53	无名优	R
14	C	R	54	湘春	R
15	D	R	55	堰城里外绿	R
16	J4132	R	56	阳江	R
17	保黑	R	57	英德大青豆	R
18	丹阳晚黄豆	R	58	粤夏 07-1	R
19	鄂	R	59	在妙大豆	R
20	丰都六月黄	R	60	浙春 2 号	R
21	福建晚老地	R	61	32	M
22	福建 218 毛豆	R	62	58	M
23	福建大青豆	R	63	Feb-92	M
24	广东西部 81	R	64	95019	M
25	桂 0118-1	R	65	62 号-2	M
26	桂 0120-2	R	66	92 号	M
27	桂春豆 1 号	R	67	A15	M
28	桂夏 1 号	R	68	A3	M
29	桂夏 4 号	R	69	B17	M
30	河州黄豆	R	70	F	M
31	湖南 2 号	R	71	白脐鹦哥	M
32	华春 5 号	R	72	博罗	M
33	吉 21	R	73	博罗 9 号	M
34	吉 32	R	74	潮州	M
35	监利牛毛黄	R	75	东莞（亲本）	M
36	金坛苏州青	R	76	冬豆	M
37	库 6	R	77	福建黄豆	M
38	辽 00136-1	R	78	赣 03-18	M
39	辽 00139-1	R	79	高州	M
40	绿皮豆	R	80	贡 114-1	M

（续表）

序号	栽培大豆材料	R/M/S	序号	栽培大豆材料	R/M/S
81	桂 0338-1	M	122	2808	S
82	桂 M32	M	123	95016	S
83	桂夏 2 号	M	124	10 黑豆	S
84	海南黑豆	M	125	11 黑豆	S
85	黑豆 39	M	126	129-3 浅福	S
86	黑农 37	M	127	145 号吉林柱黑豆	S
87	沪 23-9-7	M	128	Ⅱ29	S
88	华夏 6 号	M	129	41 号 B 好	S
89	化州	M	130	427/519	S
90	黄皮八月渣	M	131	44 号 87-72	S
91	佳海	M	132	47 号干于落叶青	S
92	江苏 1138-2	M	133	52 龙川佗城	S
93	靖西秋黄豆	M	134	56 号 58	S
94	开封 73-3	M	135	58-26	S
95	库 10	M	136	58 号黑豆 95	S
96	库 150	M	137	87-72	S
97	库 223	M	138	95C-10	S
98	邝城	M	139	A	S
99	乐业六月豆	M	140	A1	S
100	龙川佗城（亲本）	M	141	A10	S
101	龙州	M	142	A11	S
102	绿兰子	M	143	A12	S
103	毛豆 2 号	M	144	A-139 黑粒	S
104	南国黑豆	M	145	A-139 黄粒	S
105	南农 Q103	M	146	A-139 绿	S
106	潜山昆仑青豆	M	147	A14	S
107	泉豆 7 号	M	148	A2	S
108	日本毛豆	M	149	A316	S
109	上海青	M	150	A-389	S
110	四川冬豆	M	151	A-433	S
111	四川绿兰子	M	152	A5	S
112	天峨拉马豆	M	153	A6	S
113	望江黄豆	M	154	A7	S
114	翁县苏村青皮豆（绿皮）	M	155	B1	S
115	阳春小粒	M	156	B10	S
116	油 05-4	M	157	B11	S
117	自贡东豆	M	158	B12	S
118	自贡冬豆	M	159	B13	S
119	1	S	160	B14	S
120	23	S	161	B15	S
121	36	S	162	B16	S

（续表）

序号	栽培大豆材料	R/M/S	序号	栽培大豆材料	R/M/S
163	B18	S	202	迟熟黑豆	S
164	B19	S	203	春豆	S
165	B2	S	204	大粒黄豆	S
166	B21	S	205	大浦大粒青	S
167	B22	S	206	东安黄豆	S
168	B24	S	207	东农 41	S
169	B25	S	208	东莞青溪	S
170	B3	S	209	东兴青皮豆	S
171	B4	S	210	防城那良青豆	S
172	B5	S	211	丰平黑豆	S
173	B6	S	212	凤山八月黄	S
174	B7	S	213	凤山立夏青豆	S
175	B9	S	214	扶隆豆	S
176	BA1224POI	S	215	福豆 234	S
177	BR83-147	S	216	福豆 310	S
178	B 优	S	217	福豆 8 号	S
179	B 早豆优	S	218	福建	S
180	CSIR 棕毛	S	219	富川白毛八月豆	S
181	F5301	S	220	干于落叶青	S
182	F9 GB13 7-4-1	S	221	赣豆 4 号	S
183	H38	S	222	赣州豆	S
184	HS88 LI SAVANA	S	223	革步小黄豆	S
185	J3014	S	224	公正黄豆	S
186	J4032	S	225	贡 984-1	S
187	JN9816-09	S	226	贡豆 369-1	S
188	JN9843-08-43	S	227	贡秋豆 04-2	S
189	PI471938	S	228	贡秋豆 370-1	S
190	Unioh	S	229	贡选 1 号	S
191	Z2322	S	230	广大粒	S
192	矮秆小豆	S	231	广东 1 号	S
193	矮脚早	S	232	广东 21（亲本）	S
194	安豆 3 号	S	233	广东 2 号	S
195	巴西 19	S	234	广东 6 号（廉江 30）	S
196	苞萝黄	S	235	广东 7 号（湖南 78141）	S
197	保褐选子	S	236	广东 8 号（博罗大粒，本地 1 号）	S
198	本地 2 号	S	237	广东 9 号（博罗小粒，本地 2 号）	S
199	本地黄	S	238	广东西南	S
200	本地九月黄大豆	S	239	广秋毛豆	S
201	莱豆 8 号	S	240	广无河西花大豆	S

（续表）

序号	栽培大豆材料	R/M/S	序号	广西野生大豆材料	R/M/S
241	广中粒	S	283	黄大豆	S
242	桂 0112-3	S	284	黄豆子	S
243	桂 0114-4	S	285	黄绿小豆	S
244	桂 0238-1	S	286	吉 23	S
245	桂 0238-2	S	287	吉 25	S
246	桂 199	S	288	吉 26	S
247	桂 4-228	S	289	吉 30	S
248	桂 98-1	S	290	吉 31	S
249	桂春 1 号	S	291	吉 33	S
250	桂早 1 号	S	292	江-17 高州	S
251	桂早 2 号	S	293	江西秋大豆	S
252	河南巨丰	S	294	江西武宁黑皮豆（秋大豆）	S
253	鹤之友	S	295	江阳碧绿青	S
254	黑豆	S	296	金牙黄豆	S
255	黑豆 14	S	297	金牙中黄	S
256	黑豆 18	S	298	晋豆 39	S
257	黑豆 51	S	299	靖西春豆	S
258	黑豆 83	S	300	靖西青皮甲	S
259	黑豆 8 号	S	301	库 112	S
260	黑豆 95	S	302	库 154	S
261	黑龙江	S	303	库 161	S
262	黑秣食豆	S	304	库 168	S
263	黑嘴黄豆	S	305	库 283	S
264	湖北油 92-1077	S	306	库 4	S
265	湖南 1 号	S	307	库 61	S
266	湖南 78141	S	308	邝县六月黄	S
267	花地 16 号	S	309	奎丰 4 号	S
268	花皮豆	S	310	乐昌	S
269	花柒黄毛豆	S	311	乐昌 22	S
270	华春 1 号	S	312	乐业春豆	S
271	华春 2 号	S	313	廉江	S
272	华春 3 号	S	314	廉江 30（绿皮）	S
273	华春 6 号	S	315	廉江大粒	S
274	华夏 1 号	S	316	临江	S
275	华夏 2 号	S	317	临江牛毛黄	S
276	华夏 3 号	S	318	柳豆 1 号	S
277	华夏 4 号	S	319	柳豆 3 号	S
278	华夏 5 号	S	320	龙川新龙	S
279	华夏 7 号	S	321	龙州迟熟豆	S
280	化州蚁鋪	S	322	绿皮大豆	S
281	化州蚁虾	S	323	毛豆疑似墨江	S
282	环江六月豆	S	324	毛豆 75-3	S

（续表）

序号	栽培大豆材料	R/M/S	序号	广西野生大豆材料	R/M/S
325	梅州	S	365	苏协	S
326	美国 PI416973	S	366	宿迁红管豆	S
327	蒙庆 3 号	S	367	通山薄皮黄豆甲	S
328	密荚黄豆（迟）	S	368	望江棕色豆	S
329	密荚黄豆（早）	S	369	文华黄豆	S
330	密山大粒黄	S	370	翁县苏村	S
331	那北豆	S	371	乌豆	S
332	那坡黑眼豆	S	372	无名 1	S
333	那坡小黄豆	S	373	无名 2	S
334	耐寒 65	S	374	无名 6	S
335	南方夏大豆	S	375	无名串 5	S
336	南国珠豆	S	376	无名春豆	S
337	南京绛色豆	S	377	无名黑豆	S
338	南农 307	S	378	无名黄豆	S
339	南农 493-1	S	379	吴川	S
340	南农 506	S	380	吴川附近（大粒）	S
341	南农 701	S	381	五月黄	S
342	南农 803	S	382	象阳春	S
343	南农 87-17/湘春豆 14	S	383	象阳春春豆	S
344	南农 Z250	S	384	小黄豆	S
345	南雄（亲本）	S	385	严田青皮豆	S
346	年海 1	S	386	羊眼圈	S
347	年海 10（乐昌）	S	387	阳春	S
348	年海 2	S	388	阳春黑豆	S
349	年海 7（福建，青皮）	S	389	阳春绿皮豆	S
350	年海 8（黄绿小豆）	S	390	英德大黑豆（病株）	S
351	平果豆	S	391	英敏小黑豆	S
352	坡稔黄豆	S	392	永乐黄豆	S
353	祁县紫金豆	S	393	芋田大豆	S
354	黔江棕色豆	S	394	跃进 2 号	S
355	青浦红豆	S	395	粤春 03-5	S
356	秋 95-3	S	396	粤春 05-2	S
357	衢 9806	S	397	粤春 07-1（白）	S
358	泉豆 8 号	S	398	粤春 07-1（紫）	S
359	胜利 4 号	S	399	粤夏 05-2	S
360	四川（尤）	S	400	粤夏 07-2	S
361	四川新桥（石庙）-1	S	401	越南大黄豆	S
362	四川早豆	S	402	越南黑豆	S
363	四粒金	S	403	增城	S
364	泗阳临河草青豆	S	404	增城黑豆	S

（续表）

序号	栽培大豆材料	R/M/S
405	湛江黑豆	S
406	浙 H03046	S
407	浙春 3 号	S
408	郑州大籽青豆	S
409	中豆 24	S
410	中豆 8 号	S
411	中豆 9 号	S
412	中黄 13	S
413	中黄 24	S
414	中黄 25	S
415	中油 88-25	S
416	中作 A6001	S
417	中作 c63	S
418	中作 G4015	S
419	中作 SD365-1	S
序号	广西野生大豆材料	R/M/S
1	GW51	R
2	GW56	R
3	GW1	M
4	GW2	M
5	GW8	M
6	GW10	M
7	GW26	M
8	GW32	M
9	GW36	M
10	GW40	M
11	GW44	M
12	GW49	M
13	GW53	M
14	GW57	M
15	GW3	S
16	GW4	S
17	GW5	S
18	GW6	S
19	GW7	S
20	GW9	S
21	GW11	S
22	GW12	S
23	GW13	S
24	GW14	S
25	GW15	S
26	GW16	S
27	GW17	S
28	GW18	S
29	GW19	S
30	GW20	S
31	GW21	S
32	GW22	S
33	GW23	S
34	GW24	S
35	GW25	S
36	GW27	S
37	GW28	S
38	GW29	S
39	GW30	S
40	GW31	S
41	GW33	S
42	GW34	S
43	GW35	S
44	GW37	S
45	GW38	S
46	GW39	S
47	GW41	S
48	GW42	S
49	GW43	S
50	GW45	S
51	GW46	S
52	GW47	S
53	GW48	S
54	GW50	S
55	GW52	S
56	GW54	S
57	GW55	S
58	GW58	S
序号	湖南野生大豆材料	R/M/S
1	W327C	R
2	W381	R
3	W235	M
4	W279	M
5	W289	M
6	W319C	M
7	W321C	M
8	W336	M
9	W232-1	S

（续表）

序号	湖南野生大豆材料	R/M/S	序号	湖南野生大豆材料	R/M/S
10	W234	S	53	W324C	S
11	W236	S	54	W325C	S
12	W237	S	55	W326C	S
13	W238	S	56	W328C	S
14	W240	S	57	W331	S
15	W241	S	58	W334	S
16	W242	S	59	W339	S
17	W243	S	60	W380	S
18	W245	S	61	W382	S
19	W246	S	62	W383	S
20	W247	S	序号	江西野生大豆材料	R/M/S
21	W248	S	1	JW141	R
22	W249	S	2	W64-1	R
23	W270	S	3	W121-2	R
24	W271	S	4	W130-1	R
25	W272	S	5	W168-1	R
26	W273	S	6	JW1	M
27	W274C	S	7	JW2	M
28	W275	S	8	JW10	M
29	W276	S	9	JW15	M
30	W277	S	10	JW51	M
31	W278	S	11	JW197	M
32	W280	S	12	W55	M
33	W281	S	13	W63-3	M
34	W282	S	14	W81-1	M
35	W283	S	15	W82-2	M
36	W284	S	16	W86-3	M
37	W285	S	17	W87-2	M
38	W286	S	18	W89-2	M
39	W287	S	19	W96-1	M
40	W288	S	20	W109-1	M
41	W290	S	21	W115-2	M
42	W291	S	22	W116-2	M
43	W292	S	23	W120-1	M
44	W293	S	24	W142-3	M
45	W295	S	25	W144-2	M
46	W297	S	26	W145-3	M
47	W298	S	27	W153-1	M
48	W299	S	28	W171-3	M
49	W318C	S	29	W180-3	M
50	W320C	S	30	W253	M
51	W322C	S	31	W260	M
52	W323C	S	32	W262	M

（续表）

序号	江西野生大豆材料	R/M/S	序号	江西野生大豆材料	R/M/S
33	JW19	S	76	W70-2	S
34	JW24	S	77	W72-2	S
35	JW25	S	78	W73-1	S
36	JW26	S	79	W74-3	S
37	JW28	S	80	W75-3	S
38	JW34	S	81	W76-1	S
39	JW36	S	82	W77-2	S
40	JW39	S	83	W79-1	S
41	JW43	S	84	W82-2	S
42	JW59	S	85	W83-1	S
43	JW62	S	86	W84-2	S
44	JW80	S	87	W85-2	S
45	JW107	S	88	W88-1	S
46	JW110	S	89	W92-3	S
47	JW111	S	90	W93-2	S
48	JW114	S	91	W94-3	S
49	JW121	S	92	W95-2	S
50	JW132	S	93	W97-3	S
51	JW185	S	94	W98-2	S
52	JW188	S	95	W99-1	S
53	JW198	S	96	W101-3	S
54	W19-1	S	97	W102-1	S
55	W20-1	S	98	W103-3	S
56	W30-3	S	99	W106-2	S
57	W34	S	100	W106-3	S
58	W36-3	S	101	W110-2	S
59	W46-2	S	102	W111-3	S
60	W46-2	S	103	W112-1	S
61	W49-2	S	104	W113-3	S
62	W49-2 *	S	105	W117-2	S
63	W50-3	S	106	W122-1	S
64	W51	S	107	W124-3	S
65	W53-1	S	108	W128-1	S
66	W54-1	S	109	W131-2	S
67	W56-3	S	110	W132-3	S
68	W57-2	S	111	W133-2	S
69	W58-1	S	112	W134-3	S
70	W59-1	S	113	W135-2	S
71	W60-1	S	114	W136-1	S
72	W66-1	S	115	W137-2	S
73	W67-2	S	116	W138-1	S
74	W68-1	S	117	W140-2	S
75	W69	S	118	W143-2	S

（续表）

序号	江西野生大豆材料	R/M/S	序号	江西野生大豆材料	R/M/S
119	W152-1	S	137	W239	S
120	W156-2	S	138	W251	S
121	W157-1	S	139	W252	S
122	W158-1	S	140	W254	S
123	W160-3	S	141	W255	S
124	W16-2	S	142	W256	S
125	W162-2	S	143	W257	S
126	W163-2	S	144	W258	S
127	W164-2	S	145	W259	S
128	W167-3	S	146	W261	S
129	W172-2-1	S	147	W263	S
130	W176-2	S	148	W264	S
131	W177-1	S	149	W265	S
132	W178-3	S	150	W266	S
133	W184-1	S	151	W267	S
134	W189	S	152	W268	S
135	W189	S	153	W269	S
136	W192-1	S			

注：R：感病率<30%，M：70%≥感病率≥30%，S：感病率>70%。

附表 7　大豆资源对大豆疫霉菌 PGD1 的抗性反应

序号	资源库编号	品种名称	来源地	R/I/S
1	ZDD22233	桥头黄豆	广东	R
2	ZDD22244	懒人豆-5	广东	R
3	ZDD16866	化州大黄豆	广东	R
4	—	龙川牛毛黄 绿皮	广东	R
5	ZDD16740	坡黄	广东	R
6	ZDD16869	蚁公苞	广东	I
7	ZDD22237	夏至青豆	广东	I
8	—	粤夏 121：吴江青豆×华春 1 号	广东	I
9	—	粤夏 118：华夏 4 号×福豆 310	广东	I
10	—	粤夏 2011-1	广东	I
11	—	番禺毛豆	广东	I
12	ZDD16872	春黑豆	广东	S
13	ZDD22234	大粒青皮豆-1	广东	S

（续表）

序号	资源库编号	品种名称	来源地	R/I/S
14	ZDD22242	四九黑豆-2	广东	S
15	ZDD16675	大白毛豆	广东	S
16	ZDD16682	龙川牛毛黄	广东	S
17	ZDD16771	清远大青豆	广东	S
18	ZDD16846	英德褐豆	广东	S
19	ZDD22191	恩平青豆	广东	S
20	—	阳春小粒黑豆	广东	S
21	—	本地 2 号（博罗）	广东	S
22	—	英德大湾青豆	广东	S
23	—	英德黑豆	广东	S
24	—	粤夏 109：连南黑脐	广东	S
25	—	粤夏 110：连南浅色脐	广东	S
26	—	粤夏 123：龙川青豆	广东	S
27	—	粤夏 122：英德黑豆	广东	S
28	—	粤春 05-2	广东	S
29	—	粤春 07-1	广东	S
30	—	粤春 2011-4	广东	S
31	—	粤春 2011-3	广东	S
32	—	粤夏 2011-2	广东	S
33	—	华夏 13 号	广东	S
34	—	华春 11 号	广东	S
35	—	粤春 2012-2	广东	S
36	—	D76（辽豆 1 号×赣豆 5 号）	广东	S
37	—	粤夏 101：桂早 1 号×B3	广东	S
38	—	粤夏 102：桂早 1 号×B13	广东	S
39	—	粤夏 103：桂早 1 号×B13	广东	S
40	—	粤夏 107：华春 5 号×B18	广东	S
41	—	粤夏 108：华夏 1 号×A7	广东	S
42	—	粤夏 119：华夏 1 号×福豆 310	广东	S
43	—	粤夏 116：福豆 234×华春 1 号	广东	S
44	—	粤夏 106：福豆 234×华夏 3 号	广东	S

（续表）

序号	资源库编号	品种名称	来源地	R/I/S
45	—	粤夏 112：福豆 234×B8	广东	S
46	—	粤夏 115：福豆 310×B13	广东	S
47	—	粤夏 120：吴江青豆×华春 1 号	广东	S
48	—	粤夏 117：中豆 31×B13	广东	S
49	—	粤夏 104：华夏 5 号×福豆 310	广东	S
50	—	粤夏 105：华夏 5 号×吴江青豆	广东	S
51	—	粤夏 113：中黄 24×桂夏豆 2 号	广东	S
52	—	粤夏 114：中黄 24×桂夏豆 2 号	广东	S
53	—	粤夏 111：桂春豆 1 号×华夏 3 号	广东	S
54	—	巴西 16 号	巴西	R
55	—	巴西 25 号	巴西	R
56	—	巴西 1 号	巴西	S
57	—	巴西 2 号	巴西	S
58	—	巴西 4 号	巴西	S
59	—	巴西 5 号	巴西	S
60	—	巴西 10 号	巴西	S
61	—	巴西 17 号	巴西	S
62	—	巴西 18 号	巴西	S
63	—	巴西 22 号	巴西	S
64	—	巴西 23 号	巴西	S
65	—	巴西 24 号	巴西	S
66	—	TGX1448-2F	非洲	R
67	—	SOYA	非洲	R
68	—	A13	非洲	I
69	—	S460/6/59	非洲	I
70	—	TGX1908-8F	非洲	I
71	—	A1	非洲	S
72	—	A2	非洲	S
73	—	A4	非洲	S
74	—	A5	非洲	S
75	—	A7	非洲	S

（续表）

序号	资源库编号	品种名称	来源地	R/I/S
76	—	A8	非洲	S
77	—	A9	非洲	S
78	—	A11	非洲	S
79	—	A12	非洲	S
80	—	A14	非洲	S
81	—	427/5/7	非洲	S
82	—	S460/6/14	非洲	S
83	—	S518/61/43	非洲	S
84	—	S519/6/93	非洲	S
85	—	S519/6/4	非洲	S
86	—	S519/9/14	非洲	S
87	—	TGX1830-20E	非洲	S
88	—	TGX1903-3F	非洲	S
89	—	OCEPARA-4	非洲	S
90	—	TAC-6	非洲	S
91	—	SOMA	非洲	S
92	ZDD17112	武鸣白壳黄豆	广西	R
93	ZDD17233	马山仁蜂黄豆	广西	R
94	ZDD22365	泰圩褐豆 2	广西	R
95	ZDD17044	凤山八月豆	广西	R
96	ZDD17143	宁明海渊本地黄	广西	R
97	ZDD17068	十月黄	广西	R
98	ZDD17022	77-27	广西	R
99	ZDD17106	马山周六本地黄	广西	R
100	ZDD17021	灵川黄豆	广西	R
101	ZDD22318	黎塘八月黄	广西	R
102	—	扶绥昌平黑豆	广西	R
103	—	浦北泰圩大黑豆	广西	R
104	—	马山周六本地豆	广西	R
105	—	八月黄	广西	R
106	—	田东青豆	广西	R

（续表）

序号	资源库编号	品种名称	来源地	R/I/S
107	—	木黄豆	广西	R
108	—	秋豆 1 号	广西	R
109	—	桂豆 3 号	广西	R
110	—	平果豆	广西	R
111	—	兴尾黄	广西	R
112	—	马山古寨小黄豆	广西	R
113	—	地苏黄豆	广西	R
114	—	都安弄社小黄豆	广西	R
115	—	五竹青皮豆	广西	R
116	—	象豆 253	广西	R
117	—	瓦窑黄豆	广西	R
118	—	GW16	广西	R
119	ZDD22344	泰圩大青豆 1	广西	I
120	ZDD17011	半斤豆	广西	I
121	ZDD06803	大乌豆	广西	I
122	ZDD17042	环江八月黄	广西	I
123	ZDD17072	忻城棒豆	广西	I
124	—	黎塘黑豆	广西	I
125	—	十月黄	广西	I
126	—	宁明黑豆	广西	I
127	—	金芽黄豆	广西	I
128	—	本地黄豆	广西	I
129	—	北流西垠黄豆	广西	I
130	—	都安弄社青皮豆	广西	I
131	—	大兴青皮豆	广西	I
132	—	龙豆 7 号	广西	I
133	ZDD06763	柳城十月黄	广西	S
134	ZDD17028	黄皮八月豆	广西	S
135	ZDD17226	寺村黑豆	广西	S
136	ZDD17227	石芽黄	广西	S
137	ZDD06814	恭城青皮豆	广西	S

（续表）

序号	资源库编号	品种名称	来源地	R/I/S
138	ZDD17256	响水黑豆	广西	S
139	ZDD17032	十月黄	广西	S
140	ZDD22316	忻城七月黄 2	广西	S
141	ZDD17009	全州小黄豆	广西	S
142	ZDD17157	绿皮豆	广西	S
143	ZDD06792	山黄	广西	S
144	ZDD06773	柏枝豆	广西	S
145	ZDD17204	上树黄豆	广西	S
146	ZDD17010	石塘茶豆	广西	S
147	ZDD17149	合浦外地豆	广西	S
148	ZDD17016	二早豆	广西	S
149	ZDD17125	响水黄豆（黄荚）	广西	S
150	ZDD17258	科甲黑豆	广西	S
151	ZDD17189	狗叫黄豆	广西	S
152	ZDD17075	隆林隆或黄豆	广西	S
153	ZDD22309	环江六月黄 1	广西	S
154	ZDD17113	罗圩平果黄豆	广西	S
155	ZDD17015	白花豆	广西	S
156	ZDD17153	十月青	广西	S
157	ZDD17203	羊头十月青	广西	S
158	ZDD17074	小颗黄豆	广西	S
159	—	武鸣黑豆	广西	S
160	—	宜山黑豆	广西	S
161	—	南丹本地黄	广西	S
162	—	黑豆子	广西	S
163	—	北流黄豆	广西	S
164	—	北流民乐黄豆	广西	S
165	—	桂豆 1 号	广西	S
166	—	扶绥本地小青豆	广西	S
167	—	隆安黄豆	广西	S
168	—	六月黄	广西	S

（续表）

序号	资源库编号	品种名称	来源地	R/I/S
169	—	扶绥巨力黑豆	广西	S
170	—	桂 98-157	广西	S
171	—	大化本地豆	广西	S
172	—	平果珍珠豆	广西	S
173	—	东兴青皮豆	广西	S
174	—	响水黄豆	广西	S
175	—	忻城大颗黄	广西	S
176	—	龙州本地早黄豆	广西	S
177	—	田东思林黑豆	广西	S
178	—	宁明双春黄豆	广西	S
179	—	密蜂豆	广西	S
180	—	马山古寨黄豆	广西	S
181	—	鸡窝豆	广西	S
182	—	小颗六月黄	广西	S
183	—	小颗黄	广西	S
184	—	坡稔黄豆	广西	S
185	—	东兰青皮豆	广西	S
186	—	来宾石芽黑豆	广西	S
187	—	武鸣罗圩高产黑豆	广西	S
188	—	鸡母豆	广西	S
189	—	昭平黑豆	广西	S
190	—	北流塘岸黄豆	广西	S
191	—	山黄	广西	S
192	—	马山古寨青皮豆	广西	S
193	—	忻城小颗青	广西	S
194	—	大六月黄	广西	S
195	—	都安拉仁八月黄	广西	S
196	—	天等青皮黄豆	广西	S
197	—	都安加贵黄豆	广西	S
198	—	本地青皮豆	广西	S
199	—	本地种	广西	S

（续表）

序号	资源库编号	品种名称	来源地	R/I/S
200	—	马山琴让黄豆	广西	S
201	—	本地黄豆（武鸣长岗）	广西	S
202	—	本地黑豆	广西	S
203	—	都安弄律绿黄豆	广西	S
204	—	本地小黄豆	广西	S
205	—	桂夏豆 3 号	广西	S
206	ZDD24239	桂 199	广西	S
207	—	桂 0120-2	广西	S
208	—	桂 021	广西	S
209	ZDD22068	郭公坪黄豆	湖南	R
210	ZDD14770	禾亭药豆	湖南	R
211	ZDD06527	乌壳黄	湖南	R
212	ZDD14730	黑耶黑壳豆	湖南	R
213	ZDD14743	花垣褐皮豆	湖南	R
214	ZDD14712	城步南山青豆	湖南	R
215	ZDD14675	平江八月黄<乙>	湖南	R
216	ZDD22084	新桥绿皮豆 2	湖南	R
217	ZDD14671	沙市八月黄	湖南	R
218	ZDD14648	黔阳黄豆	湖南	R
219	ZDD22126	汨罗褐豆	湖南	R
220	ZDD14736	会同黑豆	湖南	R
221	ZDD14782	长沙泥豆	湖南	R
222	ZDD22102	汨罗黑豆 1	湖南	R
223	ZDD14662	绥宁八月黄<甲>	湖南	R
224	ZDD14740	石门茶黄豆	湖南	R
225	ZDD22069	溆浦绿豆选	湖南	R
226	ZDD06529	大黄豆	湖南	R
227	ZDD14739	君山大青豆	湖南	R
228	ZDD14685	八月大黄豆<乙>	湖南	R
229	ZDD14723	石门黑黄豆	湖南	R
230	ZDD14782	长沙泥豆	湖南	R

（续表）

序号	资源库编号	品种名称	来源地	R/I/S
231	ZDD14615	石门大白粒	湖南	I
232	ZDD22081	汨罗青豆 2	湖南	I
233	ZDD14747	湘西茶黄豆	湖南	I
234	ZDD14775	衡山秋黑豆	湖南	I
235	ZDD22075	横阳大黄豆 2	湖南	I
236	ZDD14602	通选一号	湖南	I
237	ZDD14599	华容重阳豆乙	湖南	I
238	ZDD22082	汨罗青豆 3	湖南	I
239	ZDD14726	花垣黑皮豆	湖南	I
240	ZDD22103	汨罗黑豆 2	湖南	I
241	ZDD14727	永顺黑茶豆<甲>	湖南	I
242	ZDD14673	平江大鹏豆<乙>	湖南	I
243	ZDD14672	攸县八月黄	湖南	I
244	ZDD22078	石头乡黄豆	湖南	I
245	ZDD14746	吉首酱皮豆	湖南	I
246	ZDD14741	桃江红豆	湖南	I
247	ZDD14638	永顺黄大粒	湖南	I
248	ZDD22079	桥市八月黄	湖南	I
249	ZDD14732	黔阳黑皮豆	湖南	I
250	ZDD14751	平江大鹏豆<甲>	湖南	I
251	ZDD22097	横阳青皮豆	湖南	S
252	ZDD22061	人潮溪黄豆 3	湖南	S
253	ZDD22087	人潮溪绿皮豆	湖南	S
254	ZDD14722	常德春黑豆	湖南	S
255	ZDD14745	龙山茶黄豆	湖南	S
256	ZDD22065	王村黄豆 3	湖南	S
257	ZDD22124	白花冬黄豆	湖南	S
258	ZDD14653	吉首黄豆	湖南	S
259	ZDD14652	辰溪大黄豆	湖南	S
260	ZDD22071	桂花豆	湖南	S
261	ZDD14645	新晃黄豆	湖南	S

（续表）

序号	资源库编号	品种名称	来源地	R/I/S
262	ZDD14724	东山黑豆	湖南	S
263	ZDD14738	板桥十月黄	湖南	S
264	ZDD22104	新桥黑豆	湖南	S
265	ZDD22072	麻竹豆	湖南	S
266	ZDD14694	花垣八月豆	湖南	S
267	ZDD14651	沅陵早黄豆	湖南	S
268	ZDD06531	黄豆 2 号	湖南	S
269	ZDD14682	大同黄豆	湖南	S
270	ZDD14728	永顺黑茶豆<乙>	湖南	S
271	ZDD22123	紫花冬黄豆	湖南	S
272	ZDD14688	岳阳八月爆	湖南	S
273	ZDD14720	八月青豆	湖南	S
274	ZDD14683	零陵茅草豆	湖南	S
275	ZDD14678	常宁五爪豆	湖南	S
276	ZDD14749	黄双八月黄<丁>	湖南	S
277	ZDD14666	圳上黄豆	湖南	S
278	ZDD14700	内溪双平豆	湖南	S
279	ZDD22093	野竹青皮豆 4	湖南	S
280	ZDD22094	辰溪青皮豆 1	湖南	S
281	ZDD14759	湘 328	湖南	S
282	ZDD14742	保靖茶黄豆	湖南	S
283	ZDD22110	野竹黑豆	湖南	S
284	ZDD22118	建财乡黑豆	湖南	S
285	ZDD22107	黄家铺黑豆 3	湖南	S
286	ZDD22111	马劲坳黑豆	湖南	S
287	ZDD14676	官庄黄豆<甲>	湖南	S
288	ZDD14684	八月大黄豆<甲>	湖南	S
289	ZDD14699	内溪青豆<乙>	湖南	S
290	ZDD14695	花垣绿皮豆	湖南	S
291	ZDD14783	矮生泥豆	湖南	S
292	ZDD22127	野竹褐豆	湖南	S

（续表）

序号	资源库编号	品种名称	来源地	R/I/S
293	ZDD14748	城步八月褐豆	湖南	S
294	ZDD14765	衡南高脚黄	湖南	S
295	ZDD22132	峦山紫豆	湖南	S
296	ZDD14734	吉首黑皮豆	湖南	S
297	ZDD14654	吉首白皮豆	湖南	S
298	ZDD14664	绥宁八月黄<丙>	湖南	S
299	ZDD14703	凤凰青皮豆<乙>	湖南	S
300	ZDD14686	十月小黄豆	湖南	S
301	ZDD14752	官庄黄豆<乙>	湖南	S
302	ZDD14649	沅陵矮子早<甲>	湖南	S
303	ZDD06528	黄毛豆	湖南	S
304	ZDD14711	溆浦绿豆	湖南	S
305	ZDD22049	汨罗八月黄	湖南	S
306	ZDD14659	金南黄豆	湖南	S
307	ZDD22092	野竹青皮豆 3	湖南	S
308	ZDD14705	凤凰迟青皮豆	湖南	S
309	ZDD22073	小沙江黄豆	湖南	S
310	ZDD14701	新晃青皮豆	湖南	S
311	ZDD22113	辰溪黑豆 1	湖南	S
312	ZDD14725	花垣小黑豆	湖南	S
313	ZDD14698	内溪青豆<甲>	湖南	S
314	ZDD14680	茬前黄豆	湖南	S
315	ZDD14753	城步九月褐豆	湖南	S
316	ZDD14635	永顺二颗早	湖南	S
317	ZDD14657	城步九月豆	湖南	S
318	ZDD22101	黄沙镇黑豆	湖南	S
319	ZDD14707	沅陵青皮豆<甲>	湖南	S
320	ZDD22100	南县八月黑豆	湖南	S
321	ZDD14689	常德中和青豆	湖南	S
322	ZDD14719	十月青豆	湖南	S
323	ZDD14617	石门夏黄豆	湖南	S

（续表）

序号	资源库编号	品种名称	来源地	R/I/S
324	ZDD14731	新晃黑豆	湖南	S
325	ZDD14708	沅陵青皮豆<乙>	湖南	S
326	ZDD14714	铜宫十月黄	湖南	S
327	ZDD14744	永顺茶黄豆	湖南	S
328	ZDD14697	永顺青颗豆	湖南	S
329	ZDD14733	官茬黑豆	湖南	S
330	ZDD14690	益阳堤青豆	湖南	S
331	—	粤夏 128；湖南慈利	湖南	S
332	ZDD14729	龙山黑皮豆	湖南	S
333	ZDD06543	红珠豆	湖南	S
334	—	新田八月黄	湖南	S
335	—	湖南慈利白花	湖南	S
336	—	湖南慈利紫花	湖南	S
337	—	湘春豆 13 号	湖南	S
338	—	湘春豆 15 号	湖南	S
339	—	湘春豆 21 号	湖南	S
340	—	湘春豆 22 号	湖南	S
341	—	湘春豆 24 号	湖南	S
342	—	湘春豆 26 号	湖南	S
343	ZDD14476	茶豆	江西	R
344	ZDD14409	大黄珠	江西	R
345	ZDD06483	上饶黑山豆	江西	R
346	ZDD14469	晚豆	江西	R
347	ZDD14438	青皮豆	江西	R
348	ZDD14286	晚黄大豆	江西	R
349	ZDD14320	田豆	江西	R
350	—	赣豆 3 号	江西	R
351	ZDD14289	六月豆	江西	I
352	ZDD14401	晚黄豆	江西	I
353	ZDD14363	田埂豆	江西	I
354	ZDD14407	高安八月黄	江西	I

（续表）

序号	资源库编号	品种名称	来源地	R/I/S
355	ZDD21904	大青豆	江西	I
356	—	吉 0706-6	江西	I
357	ZDD14274	二暑早	江西	S
358	ZDD14391	蚂蚁包	江西	S
359	ZDD14472	铁籽豆	江西	S
360	ZDD06461	上饶八月白	江西	S
361	ZDD21855	黄田洋豆	江西	S
362	ZDD14304	黄皮田豆	江西	S
363	ZDD06468	横峰浙江豆	江西	S
364	ZDD06477	上饶矮子窝	江西	S
365	ZDD14331	八月黄	江西	S
366	ZDD14335	婺源青皮豆	江西	S
367	ZDD21856	丰城麻豆	江西	S
368	ZDD14319	苏茅钻	江西	S
369	ZDD14394	猫眼豆	江西	S
370	ZDD14338	箍脑豆	江西	S
371	ZDD14441	上饶青皮豆	江西	S
372	ZDD06464	横峰蚂蚁窝	江西	S
373	ZDD14389	红皮大豆	江西	S
374	ZDD06501	瑞金青皮豆	江西	S
375	ZDD14409	大黄珠	江西	S
376	ZDD21907	新余大粒青	江西	S
377	—	吉 98-2	江西	S
378	—	清豆 1 号	福建	R
379	—	明夏豆 1 号	福建	R
380	ZDD06439	将乐乌豆	福建	R
381	ZDD21528	白花黄皮	福建	R
382	ZDD06418	宁化红花青	福建	R
383	ZDD21757	蚁蚣包-2	福建	R
384	ZDD21742	大青豆-2	福建	R
385	ZDD21578	珍珠豆-2	福建	R

（续表）

序号	资源库编号	品种名称	来源地	R/I/S
386	ZDD21538	黄皮田埂豆-1	福建	R
387	ZDD21604	黄皮田埂豆-2	福建	R
388	ZDD06438	沙县乌豆	福建	I
389	ZDD21732	莱皮豆	福建	I
390	ZDD21485	泉变 11	福建	I
391	ZDD21598	小黄豆-2	福建	S
392	ZDD21540	蚁蚣包	福建	S
393	ZDD21562	古黄豆-4	福建	S
394	ZDD21535	黄豆-2	福建	S
395	ZDD21704	竹舟青皮豆-1	福建	S
396	ZDD21692	下冬豆	福建	S
397	ZDD06444	漳平青仁乌	福建	S
398	ZDD06410	诏安秋大豆	福建	S
399	ZDD06426	长汀高脚红花青	福建	S
400	ZDD21543	小黄豆	福建	S
401	ZDD06358	东山白马豆	福建	S
402	—	H54	海南	I
403	—	H17	海南	S
404	ZDD16876	定安小黑豆	海南	S
405	ZDD16877	葵黑豆	海南	S
406	—	H51	海南	S
407	ZDD16874	黑壳乌豆	海南	S
408	—	H53	海南	S
409	—	H64	海南	S
410	—	H21	海南	S
411	—	H19	海南	S
412	—	H16	海南	S
413	—	H42	海南	S
414	ZDD13519	新进白豆	四川	R
415	ZDD13802	洛史-1	四川	R
416	ZDD12413	大黑豆	四川	R

（续表）

序号	资源库编号	品种名称	来源地	R/I/S
417	ZDD13748	酱色豆	四川	R
418	ZDD20736	白毛豆	四川	R
419	ZDD13634	绿黄豆	四川	R
420	ZDD13636	绿豆子	四川	R
421	—	贡秋豆 6 号	四川	R
422	—	贡豆 19	四川	R
423	—	贡 315-3	四川	R
424	ZDD13543	六月黄	四川	I
425	ZDD20754	小白豆	四川	I
426	ZDD12903	眉山绿皮豆	四川	I
427	ZDD20776	大绿黄豆	四川	I
428	ZDD12864	崇庆九月黄	四川	I
429	ZDD13810	合哨茶豆	四川	I
430	ZDD13693	小黑豆	四川	I
431	ZDD12887	汉源红花迟豆子	四川	I
432	—	资中六月早	四川	I
433	—	贡秋豆 5 号	四川	I
434	—	贡秋豆 7 号	四川	I
435	—	贡秋豆 5104	四川	I
436	—	贡 532-6	四川	I
437	ZDD13772	大香豆	四川	S
438	ZDD13808	皂角豆	四川	S
439	ZDD12397	八月黄	四川	S
440	ZDD13357	黄豆	四川	S
441	ZDD13321	六月黄	四川	S
442	ZDD13230	大黄豆-1	四川	S
443	—	自贡冬豆	四川	S
444	ZDD12400	十月黄	四川	S
445	ZDD12407	曾家绿黄豆	四川	S
446	ZDD13598	早黄豆-2	四川	S
447	ZDD12389	乌眼窝	四川	S

（续表）

序号	资源库编号	品种名称	来源地	R/I/S
448	ZDD12404	迟黄豆	四川	S
449	ZDD13481	白毛子	四川	S
450	ZDD13222	六月黄-2	四川	S
451	ZDD13329	观阁小冬豆	四川	S
452	ZDD12418	大黑豆	四川	S
453	ZDD13617	绿皮豆-2	四川	S
454	ZDD13689	黑豆子	四川	S
455	ZDD13336	双花黄角豆	四川	S
456	ZDD12902	汉源前进青皮豆	四川	S
457	ZDD13433	赶谷黄-2	四川	S
458	ZDD13274	冬豆	四川	S
459	ZDD13821	花大豆	四川	S
460	ZDD13431	白毛豆	四川	S
461	ZDD13795	棕色早豆子	四川	S
462	ZDD12908	邛崃西江黑豆	四川	S
463	ZDD13696	黑药豆	四川	S
464	ZDD13409	白水豆	四川	S
465	ZDD13673	大白毛豆-1	四川	S
466	ZDD12860	新都六月黄①	四川	S
467	ZDD12419	小绛色豆	四川	S
468	ZDD13218	白大豆	四川	S
469	ZDD13330	大豆	四川	S
470	ZDD12910	汉源巴利小黑豆	四川	S
471	ZDD13681	半年豆-2	四川	S
472	ZDD12395	八月黄	四川	S
473	ZDD12890	南川小黄豆	四川	S
474	ZDD13209	城南早豆-2	四川	S
475	ZDD13407	黄豆	四川	S
476	ZDD13411	早黄豆	四川	S
477	ZDD12848	通江赶谷黄	四川	S
478	ZDD12873	邛崃白毛子	四川	S

（续表）

序号	资源库编号	品种名称	来源地	R/I/S
479	ZDD13295	桩桩豆	四川	S
480	ZDD12844	剑阁八月黄	四川	S
481	ZDD13646	青皮豆	四川	S
482	ZDD13815	扁子酱色豆	四川	S
483	ZDD12847	通江黄豆	四川	S
484	ZDD12896	彭县绿豆	四川	S
485	ZDD13440	早黄豆-1	四川	S
486	ZDD13765	猪肝豆	四川	S
487	ZDD12403	黄白壳	四川	S
488	ZDD12389	乌眼窝	四川	S
489	ZDD12453	渠县八月黄	四川	S
490	ZDD12680	犍为泉水豆	四川	S
491	ZDD12688	长寿十月黄	四川	S
492	ZDD12845	剑阁化林鸡窝	四川	S
493	ZDD20671	贡豆 7 号	四川	S
494	—	贡豆 13	四川	S
495	—	南豆 5 号	四川	S
496	—	南豆 8 号	四川	S
497	—	南豆 20	四川	S
498	—	南豆 21	四川	S
499	—	南豆 22	四川	S
500	—	南豆 23	四川	S
501	—	南豆 25	四川	S
502	—	南充 F7256-1-3	四川	S
503	—	贡秋豆 4 号	四川	S
504	—	贡豆 15	四川	S
505	—	贡豆 18	四川	S
506	—	贡豆 20	四川	S
507	—	贡豆 22	四川	S
508	—	贡秋豆 702	四川	S
509	—	贡 2026R-3	四川	S

（续表）

序号	资源库编号	品种名称	来源地	R/I/S
510	—	贡豆 378-1	四川	S
511	—	贡 606-17	四川	S
512	—	贡 444-1	四川	S
513	—	沛县小油豆	江苏	R
514	ZDD04620	泰兴牛毛黄	江苏	I
515	—	南农 802	江苏	S
516	—	南农 88-31	江苏	S
517	—	南农 901	江苏	S
518	—	南农 99-10	江苏	S
519	—	南农 T1028	江苏	S
520	—	徐豆 8 号	江苏	S
521	—	仪征大粒黄豆	江苏	S
522	ZDD03916	铜山天鹅蛋	江苏	S
523	ZDD03947	邳县软枝条	江苏	S
524	ZDD04086	滨海大白花	江苏	S
525	ZDD04092	滨海大黄壳子甲	江苏	S
526	ZDD04275	铜山青大豆	江苏	S
527	ZDD11226	灌云海白花	江苏	S
528	ZDD19699	泗豆 2 号	江苏	S
529	ZDD24063	徐豆 9 号	江苏	S
530	—	楚秀	江苏	S
531	—	南农 902	江苏	S
532	—	徐豆 14	江苏	S
533	—	徐豆 18	江苏	S
534	—	油 01-65	湖北	R
535	—	油 02-33	湖北	R
536	—	中豆 32	湖北	R
537	—	中豆 33	湖北	R
538	ZDD11703	曙光黄豆	湖北	R
539	ZDD11951	扇子白黄豆	湖北	R
540	—	中豆 30	湖北	R

（续表）

序号	资源库编号	品种名称	来源地	R/I/S
541	ZDD05494	洪湖六月爆	湖北	I
542	ZDD05572	荆黄 35 乙	湖北	I
543	ZDD12023	迟黄豆 1	湖北	I
544	—	中豆 31	湖北	I
545	—	油 03-68	湖北	S
546	—	中豆 8 号	湖北	S
547	ZDD05879	猴子毛	湖北	S
548	ZDD11588	74-424	湖北	S
549	ZDD11624	迟黄豆 2	湖北	S
550	ZDD11866	茶黄带豆 1	湖北	S
551	—	中豆 29	湖北	S
552	ZDD17325	宣杂	云南	S
553	ZDD17375	黄豆	云南	S
554	ZDD16282	杂豆-6	贵州	R
555	ZDD06562	白毛豆	贵州	S
556	—	浙 A8809	浙江	S
557	ZDD21440	早熟毛蓬青	浙江	S
558	—	科新 4 号	北京	R
559	—	中黄 29	北京	R
560	—	中品 03-5302	北京	S
561	中品 03-5291	Hartwig×晋 1267	北京	S
562	中品 03-5293	Hartwig×晋 1267	北京	S
563	中品 03-5353	Hartwig×晋 1265	北京	S
564	中品 03-5355	Hartwig×晋 1265	北京	S
565	中品 03-5359	Hartwig×晋 1265	北京	S
566	中品 03-5361	Hartwig×晋 1265	北京	S
567	中品 03-5364	Hartwig×晋 1265	北京	S
568	中品 03-5413	Hartwig×晋 1261	北京	S
569	中品-5362	Hartwig×晋 1265	北京	S
570	中品-5366	Hartwig×晋 1265	北京	S
571	中品-5368	Hartwig×晋 1265	北京	S

（续表）

序号	资源库编号	品种名称	来源地	R/I/S
572	中品-5373	Hartwig×晋 1265	北京	S
573	—	科丰 14	北京	S
574	—	科丰 15	北京	S
575	—	科丰 36	北京	S
576	—	科丰 53	北京	S
577	—	科丰 6 号	北京	S
578	—	中黄 13	北京	S
579	—	中黄 35	北京	S
580	—	中黄 40	北京	S
581	—	中黄 42	北京	S
582	—	中黄 58	北京	S
583	—	中黄 59	北京	S
584	—	冀 NF58	河北	S
585	—	邯豆 5 号	河北	S
586	—	冀豆 12	河北	S
587	—	冀豆 17	河北	S
588	—	冀豆 21	河北	S
589	—	冀黄 105	河北	S
590	—	郑 9525	河南	R
591	—	豫豆 12	河南	S
592	—	豫豆 16	河南	S
593	—	豫豆 21	河南	S
594	—	豫豆 24	河南	S
595	—	濮豆 6018	河南	S
596	—	鲁豆 4 号	山东	R
597	—	菏豆 12	山东	S
598	—	菏豆 18	山东	S
599	—	鲁 9812-1	山东	S
600	—	鲁黄 1 号	山东	S
601	—	鲁宁 1 号	山东	S
602	—	齐黄 29	山东	S

（续表）

序号	资源库编号	品种名称	来源地	R/I/S
603	—	圣豆 9 号	山东	S
604	—	汾豆 60	山西	S
605	—	汾豆 9909	山西	S
606	—	晋豆 19	山西	S
607	—	晋豆 22	山西	S
608	—	晋豆 25	山西	S
609	—	晋黄 5 号	山西	S
610	—	晋选 30	山西	S
611	—	皖豆 28	安徽	R
612	—	合豆 2 号	安徽	S
613	—	皖豆 20	安徽	S
614	—	皖豆 3 号	安徽	S
615	ZDD10270	小黑豆	陕西	S
616	ZDD10539	大黄豆	陕西	S
617	ZDD10615	老鼠皮	陕西	S
618	ZDD19519	绿皮豆	陕西	S
619	—	合丰 50	黑龙江	I
620	—	合丰 52	黑龙江	S
621	—	中特 1 号	日本	S
622	—	IA2020	日本	S
623	—	WDD1583	不详	R
624	WDD00114	L68-1774	不详	I
625	—	特选 11 号	不详	S
626	WDD00063	L70-4558	不详	S
627	WDD00066	L63-2435	不详	S
628	WDD00069	L63-2999	不详	S
629	WDD00081	L68-1864	不详	S
630	WDD01762	L74-838	不详	S
631	WDD01791	L79-1685	不详	S

附表8　热带亚热带地区大豆品种抗白粉性状病鉴定

品种名称	抗病情况	品种名称	抗病情况	品种名称	抗病情况
华春1号	S	泉豆26	R	南夏豆35	R
华春2号	R	泉豆27	R	桂夏豆119	R
瓦窑黄豆	R	泉豆5号	R	贡夏1044	R
华春3号	S	圣豆40	R	贡夏1045	R
华春4号	S	滇86-5	R	广大20	R
华春5号	R	滇豆4号	R	广大22	R
华春6号	S	滇豆7号	R	广大23	R
华春7号	S	桂0513-3	R	桂1701	R
华春8号	R	桂1605	S	桂1702	R
华春9号	R	桂春16号	R	桂1703	R
华春10号	S	桂春1号	R	桂夏1801	R
华春11号	S	桂春豆1号	S	桂夏1901	S
华春12号	R	本地2号	R	桂夏1902	R
华春13号	R	华夏1号	R	苏夏19-35	S
华春14	R	华夏2号	R	华南201901	S
华春15	R	华夏5号	S	华南201902	S
桂早1号	S	华夏6号	S	毛豆64	R
浙春3号	R	华夏7号	R	上海青	S
华春21	R	华夏8号	S	桂夏1号	R
粤春2013-1	R	华夏9号	R	桂夏3号	S
粤春2014-2	S	华夏10号	R	桂夏7号	R
华春17	R	华夏13号	R	桂夏6号	R
华春20	R	华夏14号	R	贡夏豆9号	R
华春16	R	华夏16号	S	贡夏豆12号	R
赣豆8号	R	华夏17号	S	贡秋豆4号	R
泉豆7号	R	华夏18号	S	贡秋豆5号	R
桂1016	R	华夏19号	R	英德青豆	R
2015XT-33	R	华夏20号	R	粤夏03-4	R
2015XT-35	S	华夏21	R	粤夏05-3	R
福豆12	S	华夏22	S	粤夏05-5	S
福豆15	R	华夏23	S	粤夏2014-4	R

（续表）

品种名称	抗病情况	品种名称	抗病情况	品种名称	抗病情况
福豆 234	S	华夏 24	S	桂 0103-1	S
福豆 310	R	华夏 25	S	桂 0112-3	R
莆豆 5 号	R	华夏 26	R	桂 0114-1	S
莆豆 019	R	华夏 27	R	桂 0114-4	S
莆豆 041	R	华夏 28	R	赣豆 5 号	S
莆豆 611	R	华夏 29	S	埂青 82	R
莆豆 704	S	华夏 30	R	柳豆 3 号	R
莆豆 8008	R	华夏 31	R	福建 1 号	R
泉豆 24	R	南夏豆 25	S	龙川新龙 3	R
简阳五月黄	R	闽诚豆 8 号	S	S8	S
贡夏 6973	R	BX1	R	S10	R
贡夏 7103	R	BX2	R	S12	S
贡夏 8173	R	BX3	R	S15	R
贡选 1 号	R	BX4	R	S18	R
桂夏豆 116	R	BX5	R	S20	R
桂夏豆 117	R	BX6	R	S21	R
桂夏豆 118	R	BX7	R	S25	R
赣豆 7 号	S	BX8	R	S30	R
耐荫黑豆	S	BX9	R	S37	S
南农 99-6	R	BX10	R	S38	R
新晃黑豆	S	BX11	R	S39	S
永顺黑豆	R	BX13	R	S49	R
粤夏 2012-1	R	BX14	R	S52	S
粤夏 2013-4	S	BX15	R	S62	S
粤夏 2014-6	S	BX16	R	S69	R
粤夏 2016-2	S	BX17	R	S72	S
粤夏 2016-4	S	BX18	R	S75	R
粤小黄粒 1	S	B22	R	S79	R
粤小黄粒 3	S	B23	R	S83	R
华夏 3 号	S	B24	R	S85	R

（续表）

品种名称	抗病情况	品种名称	抗病情况	品种名称	抗病情况
E2-18 测	S	B25	R	S89	R
EMS-57	S	IAC-6	R	S93	R
M3-500-32	S	S427/5/7	S	S105	R
M4-283	S	S460/6/14	R	S107	R
南豆 12	R	S460/6/34	R	S113	S
桂夏豆 2 号	S	S460/6/59	R	S123	R
Y3	S	S519/6/14	R	S126	R
Y4	S	TGX148-2f	R	SSL	S
Y5	S	TGX1908-8f	R	S130	S
Y6	S	TGX1909-3f	S	S139	R
Y15	S	KOKO	R	S147	S
Y1697	S	TGX1803-20E	R	S150	R
华夏 1716	R	TGX1903-3F	R	SVS22-2	R
华夏 1719	S	TGX1908-89	R	S189	R
华夏 1724	S	TGX4830-20F	R	S213	S
华夏 1800	S	OCE-para	S	S218	R
华夏 1350	R	S1	R	S224	R
华夏 1926	R	S2	S	S225	R
M5-桂 2-497	S	S3	R	S267	S
S270	S	东农 252	R	远育 6 号	R
十月寒	S	东农 253	R	蒙 91-413	R
95-3	S	青酥一号	R	阜 1232	R
冀豆 12	R	青酥二号	R	阜 1306	R
冀豆 17	R	嫩富 12	R	中作 X8110	S
五星 4 号	R	双青豆	R	阜豆 9765	R
天隆 1 号	R	黑大豆	R	蒙 119807-2	R
中豆 8 号	R	黑珍珠	R	阜 07268	R
中豆 29	R	Willams82	R	阜 1612	S
中豆 32	R	Harlon	R	阜 169	S
中豆 33	R	Harosoy13XX	S	阜 02-1	R

（续表）

品种名称	抗病情况	品种名称	抗病情况	品种名称	抗病情况
油 6019	S	Williams79	R	圣豆 1005	R
中豆 41	S	L76-1988	R	周豆 26	R
皖豆 35	R	Chapman	S	周豆 23	S
皖豆 37	R	PRX146-36	R	淮豆 6018	S
皖豆 38	S	PRX145-48	S	商 951099	R
郑 1307	S	L85-3095	R	濮豆 857	S
郑 1311	S	L85-2352	R	蒙 1102	S
郑 1440	S	Harosoy62XX	S	中黄 321	S
郑 196	R	Harosoy	S	阜豆 16	R
郑 92116	R	Williams	R	秋乐 1205	S
郑 0163	R	豫豆 25	R	浙鲜 9 号	R
郑 59	S	豫豆 29	S	浙鲜 8 号	R
郑 9805	S	皖豆 15	R	阜豆 15	S
齐黄 34	R	鲁豆 4 号	S	莆豆 611	R
齐黄 35	R	绥农 10 号	S	南 99-6	R
菏豆 12	S	Young	R	丰城黑豆	S
中黄 24	R	柳豆 1 号	R	波阴黑豆	S
中黄 30	S	黔豆 5 号	R	南农 99-10	R
中黄 39	S	黔豆 6 号	R	阜 161	S
中黄 301	S	黔豆 7 号	R	阜 05-01	R
中黄 901	R	黔豆 8 号	R	南农 88-31	S
中黄 302	R	黔豆 10 号	R	豫豆 22	S
中黄 303	R	天隆 1 号	R	浙秋豆 2 号	R
早熟 1 号	S	天隆 2 号	R	中品 661	R
浙春 4 号	S	滇豆 6 号	R	中黄 13	R
鄂豆 10 号	R	黑农 690	R		
矮脚早	R	阜郓 10174	S		
泰兴黑豆	S	商豆 1310	S		
东农 251	R	科 9302	S		

注：R：抗病；S：感病。

广州大豆白粉病菌（GZ01）ITS DNA 序列

ATTACAGAGTGCGAGGCTCAGTCGTGGCGTCTGCTGCGTGCTGGGCCGACCCTCCCAC-CCGTGTCGATTTGTATCTTGTTGCTTTGGCGGGCCGGGCCGCGCTGTTGCAGTCCGCATGGA-CATGCGTCGGCCGCCCCCCCGGTGTTCCACTGGAGCGCGCCCGCCAAAGACCCAACCAAAA-CTCATGTTGTTTGTATCGTCTCAGCTTTATTATGAAAATTGATAAAACTTTCAACAACGGATC-TCTTGGCTCTGGCATCGATGAAGAACGCAGCGAAATGCGATAAGTAATGTGAATTGCAGAA-TTTAGTGAATCATCGAATCTTTGAACGCACATTGCGCCCCTTGGTATTCCGAGGGGCATGCC-TGTTCGAGCGTCATAACACCCCCTCCAGCTGCCATTGTGTGGCTGCGGTGTTGGGGCTCGT-CGCGATGCGGCGGCCCTTAAAGACAGTGGCGGTTCCGACGTGGGCTCTACGCGTAGTAACT-TGCTTCTCGCGACAGAGTGACGACGGTGGCTTGCCAGAACAACCCTCTTTTGCTCCAGTCAC-ATGGATCACAGGTTGACCTCGAATCAGGTAGGAATACCCGCTGAACTTAAGCATATCAATA-AGCGGAGGAAAAGAAA

注：<1-4 18S rDNA；5-225 ITS1；226-379　5.8S rDNA；380-563 ITS2；564.>628 28S rDNA